生态修复规划与管理

PROJECT PLANNING AND MANAGEMENT
FOR ECOLOGICAL RESTORATION

约翰·里格（John Rieger）

[美] 约翰·斯坦利（John Stanley）　著

雷·特莱纳（Ray Traynor）

朱　江　赵智聪　王忠杰　　　译

U0286422

中国建筑工业出版社

著作权合同登记图字：01-2021-1408 号

图书在版编目（CIP）数据

生态修复规划与管理/（美）约翰·里格
（John Rieger），（美）约翰·斯坦利（John Stanley），
（美）雷·特莱纳（Ray Traynor）著；朱江，赵智聪，
王忠杰译 . —北京：中国建筑工业出版社，2021.9（2023.1 重印）
书名原文：PROJECT PLANNING AND MANAGEMENT FOR
ECOLOGICAL RESTORATION
ISBN 978-7-112-26519-0

Ⅰ.①生… Ⅱ.①约…②约…③雷…④朱…⑤赵
…⑥王… Ⅲ.①生态恢复—研究 Ⅳ.① X171.4

中国版本图书馆 CIP 数据核字（2021）第 177014 号

责任编辑：李玲洁　姚丹宁
责任校对：张　颖

生态修复规划与管理
PROJECT PLANNING AND MANAGEMENT
FOR ECOLOGICAL RESTORATION

约翰·里格（John Rieger）
[美] 约翰·斯坦利（John Stanley）　著
雷·特莱纳（Ray Traynor）
朱　江　赵智聪　王忠杰　译
*
中国建筑工业出版社出版、发行（北京海淀三里河路9号）
各地新华书店、建筑书店经销
北京雅盈中佳图文设计公司制版
北京中科印刷有限公司印刷
*
开本：787毫米×1092毫米　1/16　印张：16¼　字数：341千字
2021年9月第一版　2023年1月第二次印刷
定价：**78.00元**
ISBN 978-7-112-26519-0
（37699）

目　录

序

生态修复师一生都在努力清理别人制造的环境麻烦。攫取自然资源似乎成了神灵赐予我们的权利，成为人类的天性，人们不能像尊重自己的生命一样尊重自然环境。如果我们想让大自然善待我们，我们就必须回报和善待大自然，全球暖化的因果关系使我们清楚地认识到这一点。是时候收拾我们留下的烂摊子了，这本书阐释了如何能做到这一点。

一个世纪前，环境保护主义者建议企业家应该理智地使用自然资源，并远离环境保护区，而现在，生态修复师发现自己正在修复被大批企业家亵渎的自然环境。那些应该为破坏环境负责的人宁愿去保护自己的现金储备也不愿意协助修复受损的生态系统。但是，忽视环境问题的时代已经过去，生态修复正在成为我们新的工作和生活方式。

政府许可与环境法规是许多生态修复项目的重要推动力，但是，推动生态修复的公共政策并不统一，相反，这些法律法规更像是一系列有关自然资源管理的公众意见的总结。环境法规呼应了我们依赖自然世界的深刻理解，但其中的一些漏洞让那些寻求短期利益的人钻了空子，这些漏洞包括了公共机构中的政策授权，而这些政策并不总是与生态修复者所倡导的生态完整性和可持续性相兼容。

新兴的行业都会受到众多不同方面的期望，以及对专业标准缺乏共识的冲击，这种困惑也反映了我们学科的年轻化和流动性，以及每个生态修复项目固有的社会性、生态性和经济复杂性。生态修复师必须熟练地应对这些趋势，以吸引专业的、富有激励意义的项目和就业机会，从而促进生态修复师的职业道路和个人抱负。本书提供了能使生态修复师面对这些挑战时得以成功的思路和技术武器。

年轻的生态修复师对环境的关注主要源于课堂，他们在进入实际工作后可能会为有限的预算和严格的标准而感到震惊，从而削弱修复环境的热情。如果他们在完成学业时吸收了本书的精髓，他们将会为未来的工作做更充分的准备。

生态修复工程的现场是理想和现实冲突的地方，生态修复师经常被夹在中间，既是运动员又是裁判员。他们必须知道自己在做什么，因为项目投资人每个月都要偿还项目的抵押贷款。这就是本书的用武之地！这本书由经验丰富的生态修复从业者撰写，他们进行了大量生态修复项目相关的研究，并成功地战胜了许多挑战。他们已经积累了几十年的项目经验，通过本书传授知识，使我们的新手受益，并为那些更外围的从事生态修复项目工作的人提供帮助。

作者约翰·里格（John Rieger）、约翰·斯坦利（John Stanley）和雷·特莱纳（Ray Traynor）致力于改善环境福祉和完善修复实践的双重理想。在本书中，他们最关心的问题是明确生态修复师如何清理环境的混乱和返回生态完整性的方式，以适应当代现实情况和限制性因素，同时促进生态修复学科发展——这并不是一件容易的事！

如果生态修复学科要保持目前的发展势头，将需要大量的有能力的具备奉献精神的从业者。本书在连续的行动计划框架内提出了实用的建议以培养专业能力，它的内容可以使生态修复师信心十足，以面对每个项目中可能出现的复杂情况并保持积极的态度。

在本书中，合理的项目管理是反复出现的主题。过去有太多的修复项目是基于天真的理想主义，结果由于规划和预算不足，导致工程进度的滞后和人员协调的困扰。另一个关注点是在满足那些受生态修复影响最直接的人（利益相关者）时，关注相互冲突的价值观的重要性。对于生态修复师来说，这不是一个小问题，利益相关者可能成为未来的客户，或者至少他们的意见会影响下一份工作的合同授予者。

我们可以逐步利用生态修复的优点来增强公众的环保意识，每个修复项目无论从多大程度上限制了其成果的完整性和不可避免的遗憾，总的来说都是有益的。最终，我们将建立一个项目工作框架，这不仅可以证明我们的努力是有用的，而且可以通过它来产生有效的实践标准。我们良好的工作将提高公众对于保护自然而受益的认识，我们不能孤立地完成这项伟大的事业。作为专业人士，我们需要互相帮助，这正是约翰·里格、约翰·斯坦利和雷·特莱纳为即将阅读本书的生态修复从业者所做的。

安德烈·克莱威尔（Andre Clewell）
国际生态修复学会（SER）名誉主席
美国佛罗里达州埃伦顿市

前　言

　　生态修复正成为世界各国土地管理中日益重要的组成部分。几十年来由于生物多样性减少和自然区域功能下降，土地管理人员已开始通过各种生态修复工作，引导自然环境重新恢复为健康的、可正常运转的生态系统。在特定场所和环境中，由于其退化原因、操作限制以及各方面压力的不同，生态修复没有一劳永逸的解决方案。我们发现，处理不好一系列复杂的胁迫压力，以及缺少全面客观的项目修复程序是导致很多生态修复项目失败或效果不佳的主要原因。三十年来，我们一直致力于生态修复工作，并参与了各种各样的生态修复项目，从分析退化原因到树种选择等等。在这期间，我们也看到有些项目在经历了短期的生态改善后，又回到原来那条生态系统退化的老路上，而这个问题一直大量存在。

　　生态修复工程由具有丰富经验和知识的个人或团队来实施。如今，越来越多的专业人员和志愿者开始参与生态修复工作，这其中包括业内的生态修复师、土地管理工作者、涉及生态修复项目的项目经理或负责人、研究学者和投资人，以及工人等。

　　这是一本系统介绍如何规划、实施和管理生态修复项目的工具书。书中提供了大量具体的生态修复技术和知识要点以确保项目的最终成功。只有在全面、客观、深思熟虑之后，生态修复项目才更有可能实现目标。

　　2000年，生态修复学会（SER）出版了第一版《生态修复项目开发和管理指南》（Clewell，Rieger和Monroe，2000），本书的资深作者参与了该指南的制定，发布在SER的网站上（Clewell，Rieger和Munro，2005），并在第一版的《生态修复：新兴职业的原则、价值观和结构》（Clewell和Aronson，2007）中再版。虽然这本指南并不完全符合SER指南中列出的步骤，但它是建立在这个基础之上的。

　　本书是生态修复学教科书中极好的配套教材。本书对生态修复中的实践方法加以介绍，弥补了大学课堂中生态修复学实践操作方面的缺憾。

　　我们希望，本书所述的实践经验和方法，能使更多人有动力去参与和实施生态修复项目。生态修复项目将扭转地球生态退化的趋势，借由此书我们将与那些希望和环境重建友好关系、维护健康可持续的生活方式的人们共同进步。

致　谢

本书是根据约翰·里格（John Rieger）、约翰·斯坦利（John Stanley）和雷·特莱纳（Ray Traynor）以及众多专业人士在各种生态修复研讨会上收到的反馈意见而演变而来的。如果没有生态修复学会、湿地培训学院、利福尼亚生态修复学会、加利福尼亚交通运输部和加拿大公园等机构赞助这些研讨会，我们就没有机会完善本书中提出的概念。

感谢时任生态修复学会执行董事唐·福尔克（Don Falk）对本书的大力支持，以及《生态修复科学与实践》系列丛书的编辑 James Aronson 给予的极大耐心，帮助我们整理思路、梳理资料以使本书完成。同样要感谢的还有海岛出版社（Island Press）的 Barbara Dean 和 Erin Johnson，他们指导我们了解出版的要求；感谢绿篱农场（Hedgerow Farms）的 John Anderson，Liz Cieslak 和 Emily Allen 对植物材料的建议；感谢 Carol Janis，Gladys Baird，Kent Askew，Tom Griggs 和 Dave Strickland 对本书草稿的评论和建议，以及 Bob Allen，Haigler "Dusty" Pate，Keith Bowers，Ken Burton 和 Michael Toohill，感谢他们对于重点项目的遴选和解释方面的贡献。

特别感谢 Julie St. John 和 Elsa Hanly 对手稿的评论和指正；还要感谢 Andre F. Clewell 审阅手稿并撰写了序言；衷心感谢 Mary F. Platter-Rieger 在摄影、计算机技术方面的支持，在准备图形和照片方面提供的关键协助，以及"参考文献"部分的准备工作以及在书稿漫长完成过程中的社论评述；最后要感谢家人和朋友的鼓励和支持，使我们最终看到了这本书的完成。

导　言

对我们来说，当看到一块曾经被遗弃的、退化中的土地重新成为一个可持续的、健康的生态系统，并可维持其生物多样性时，没有什么比这更令人高兴的事情了。同时让人鼓舞的是，来自世界各地、各行各业的人们也开始加入到我们的队伍中，为我们赖以生存的星球所展开的恢复生态环境的全球行动而努力。

尽管参加生态修复活动看起来是令人兴奋和有意义的，但是修复过程中的挑战和压力也是多种多样的，而且它们很有可能会阻碍我们去实现最终的目标。恢复受损的生态系统需要智慧和毅力，我们必须运用合理的专业判断来决定采取什么样的干预措施，以及如何安排工作，以确保在预算范围之内。

修复过程中的许多问题和限制会使我们的工作更加复杂，比如预定苗木会准时到达吗？苗木的品质如何？流域内相邻地区或上游地区是否存在持续性的环境退化问题，是否会对我们要完成的修复工作造成负面影响？当地居民是否尊重并支持我们的项目？还有一些状况之外的困难，诸如应对极端天气事件的影响，如何解决工作人员从未按时到达现场等问题。另外，我们在河边新种植的苗木，可能会被大雁发现并被其视为"午餐"。这些问题都需要我们提前做好准备。

本书对生态修复项目进行了较为全面的介绍和总结。我们写这本书的目的，就是希望通过多年的工作经验，鼓励大家一起为生态修复事业而努力。客户和项目投资人应该了解修复工作需要付出更大程度的努力，需要客观判断项目资金如何分配；项目负责人需要知道如何进行有效的修复；苗圃的工作人员需要知道为何要在特定环境给修复项目做不同的苗木储备。

当然，本书不是一本万能的指导手册，没有一本书能够解决我们在项目中面临的所有问题。相反，这是一本引导大家解决问题的书。我们根据积累的一些经验告诉大家有哪些策略和技术在修复过程中是行之有效的。我们将带领大家完成修复项目的每个环节，会指出许多项目中常见的问题和陷阱，并引导各位了解与任何项目密切相关的思维过程。

"生态修复"一词被生态修复学会（SER）定义为"生态修复是指协助已经退化、损害或者彻底破坏的生态系统恢复到原来发展轨迹的过程。"我们努力以彻底和持久的方式进行生态修复。有时由于一些无法控制的原因，我们的工作范围可能会变得有限，无法按照生态修复学会的定义进行生态修复。我们有时会不得不采用一些"做手术"的策略来治愈受伤的大自然，因为有些被破坏的环境不能仅靠补给养分而恢复健康。有些专家也会把"生态修复"解释为"生态系统管理"或"生态工程"，在这本书中，我们不会探讨项目是否符合生态修复的严格定义，而是更关心如何尽我们所能地去恢复生态系统，如何在各种限制条件下、在短期内达到令人满意的恢复状态。

生态修复项目的进度可快可慢，这取决于生态修复师们采用的方法。大多数客户都渴望业绩，希望看到投资回报。虽然这是可以理解的，但这会阻止我们考虑采用更自然、最小干预等方法帮助恢复受损的生态系统。这些方法被生态修复专家泰恩·麦克唐纳（Tein McDonald）称为"精简修复法"，这是她和她的澳大利亚同事在项目中经常使用的生态修复技术。北美的客户通常没有那么耐心。本书中所描述的项目和例子强调了更积极的工作策略，以满足我们的投资人、其他利益相关者以及项目监管机构的需求。

在进行恢复的过程中，我们尽可能去探查生态修复过程中的每一个环节，以便使受损的生态系统在现有条件下，通过多种方式进行恢复、适应和延续。我们认为，实现这些目标需要结果导向的思路。相比修复前的生态系统状况，我们对修复后的状态更有兴趣。有些时候，由于历史原因和环境条件的变化，项目场地已经无法恢复到干扰前的状态，这需要生态修复师向客户和监管人员解释这一情况。

基于这些原因，生态修复师应该清楚什么是高质量的生态修复，生态修复学会的《生态修复入门》和《生态修复：新兴行业的原则、价值和结构（第二版）》（Clewell 和 Aronson，2013）对此有所阐述。这两本书都由海岛出版社（Island Press）出版，是生态修复协会出版的关于生态修复系列丛书的一部分。这些出版物侧重于恢复原则的论述，而不是应用。它们定义并解释了一个执行良好的生态修复项目的基本属性，以及如何延续其以前的生态轨迹而恢复健康的发展过程。作为环保主义者和地球公民，我们应该利用各种机会去实践生态修复过程。生态修复师则应该努力提高自身的专业水平，在全球范围内共同努力，来修复我们严重受损的星球。

本书的论述基于一个观点，即生态修复是一个结构性的过程，并通过有序的运作模式来完成。在这种方法论的基础上，我们倡导四个基本步骤：规划、设计、实施和维护。从生态修复项目的概念规划到完成项目的经营管理，每个步骤都有思路框架和技术路线。在本书中，我们强调项目管理的作用，并提供一些技术清单和流程图作为项目管理的辅助工具，因为我们知道有许多项目正是由于管理不善而导致失败。

实施生态修复工程是一个发现问题和解决问题的过程，因此，我们强调生态修复师要扮演多重角色。在与客户和监管人员讨论新项目时，他或她必须能提出有效的恢复策略，这需要就资金、后勤保障、目标定位和潜在结果等各个方面进行坦诚的讨论。在项目现场，生态修复师要变成一名生态侦探，辨别出干扰前的生态景观风貌、生态系统运作方式，判断生态系统受损原因，以及选择适合的生态参考模型等。最后，生态修复师需要变成精算师，去解决如何在预算范围内，将受损的生态系统恢复到参考模型所设定的生态状况等问题。

在整本书中，我们都在强调生态修复的实践。本书不涉及"生态修复学"的理论研究，其他书籍则对这一主题进行了深入的探讨（例如，Falk，Palmer 和 Zedler，2006；van Andel 和 Aronson，2006）。

除了服务于专业的生态修复师外，本书中介绍的方法和工具也将极大地帮助环保志愿者、志愿协调员和土地所有者，以及希望恢复退化环境的个人和非政府组织（Non-Govemmental Organization，NGO）。

本书可以为参与投标和委托项目的规划设计人员，或有生态修复项目捐助的非政府组织和个人使用。书中的一些项目还包括项目计划书和施工安装文件，这些都是合法并符合监管要求的。同时，我们也重新整合了《生态修复：新兴行业的原则、价值和结构（第二版）》（Clewell 和 Aronson，2013）一书中的相关条目，并更加详细地介绍了它们的内容。在此过程中，我们遵循该书作者 Clewell 和 Aronson（2013）的观点，在很大程度上，本书是对上述该书第 9 章"规划和评估"的一个扩展，这两本书相辅相成，互为补充。

第 1 部分

项目规划

第 1 章探讨的是生态修复项目的规划。首先，需要先了解一个修复项目的基本框架，包括项目的规划、设计、实施和维护四个阶段，了解每个阶段的目标、内容、时间、地点和方式，这对于成功完成项目至关重要。

第 2 章重点介绍项目管理，以全面了解如何管理项目。这是对生态修复项目相关管理实践的经验总结，文中提供了许多工具，包括调查清单、记录表格和一系列必答问题来帮助推进项目。值得注意的是，并不是说所有技术工具对每个修复项目都有价值，一个工具或者方法适用于某一项目，却不一定适用于另一个。这就是生态修复的本质，即没有两个项目是完全一样的。环境不同，或者调研中呈现出的信息不同，在项目中都需要采用不同的方法做出不同的决策或选择。我们的目的是为项目提供足够的知识储备来应对各种突发状况。

最具挑战性，有时甚至会令人沮丧的工作之一是项目定位。一般情况下，一个项目是可以"自定义的"；然而，很多项目需要经过深入调查和深思熟虑之后才能准确定位。第 3 章主要阐述关于规划的内容，将介绍如何去理解场地，这有助于在面对场地时快速形成总体概念。对于一些大型项目，初始工作只是该项目中众多子项目的一部分。预算是项目的主导，它决定了可以花多少钱购买材料、雇用多少工人和使用什么设备。这就是为什么在项目中经常会出现过程的反复，生态修复师需要在"想做的"和"能做的"以及"多少钱"之间不断平衡。最后，或因资源条件，或因某些特定的约束条件，大多数项目会达成某种程度的妥协或折中。我们发现在项目进程中，由于使用的方法不同，项目中出现的机会和压力会相互转化。这就需要应用不同方法去最大化该项目的潜在效益。

第 1 部分的内容主要探讨生态修复项目的思路和目标。它为后面的设计、施工和维护提出综合部署；规划定位以及建立项目需求分析会对后续决策提供思路。相对应的，监测和评估也需要第 1 部分的内容和知识作为基础。在项目实际实施之前，对项目开发全过程从头到尾地进行推演、分析，将会更加清晰地了解项目全貌。

第 1 章

生态修复项目框架

由于尺度和复杂程度不同，每个生态修复项目都是唯一的，所采取的策略也各不相同。经观察发现，遵循四个阶段工作框架可以为生态修复项目提供结构化的方法，这将极大地帮助生态修复师以最少的时间和成本去推动项目进程。

1.1 四阶段工作框架

在项目过程中包含四个连续阶段：规划阶段、设计阶段、实施阶段和维护阶段。由这四个阶段构成的工作框架可应用于不同尺度、不同环境条件和地理区位的生态修复项目。该框架强调目标导向的修复过程，框架的构建旨在为规划和设计过程提供更规范的方法，从而通过规划目标来驱动修复项目中的每一个步骤。其中，每个步骤又可分解成一系列的项目环节，从项目规划和管理开始，一直到后期维护，应始终关注、聚焦在结果上。整个过程可能会涉及几个或几十个步骤，具体取决于项目的复杂程度。应仔细评估每个步骤，并适时吸取以前的经验，在制定工作计划时，注意这一点将避免重复性失误，并在开展下一步工作之前有更多的时间去思考如何实现目标。

我们鼓励使用资料清单、表格和草图作为组织思路、数据、计划和行动的起点，并随着项目的发展进入四阶段工作框架。流程图、表格和检查清单的运用是一个生态修复项目趋于合理而全面的良好开端：流程图有助于了解生态修复项目中众多步骤之间的关系；检查清单和表格则有助于确定项目中每个步骤所需的具体信息，以便可以提前识别需求和其他项目承诺，使项目得以顺利实施。实施阶段的项目方案评价检查表（附录 8）是多年来众多项目以及若干专家的经验总结。

1.1.1 规划阶段

一个项目的基础是在规划阶段建立的，这将极大地促进项目的完成。与利益相关者协调并与项目发起人达成共识的过程对于项目的开展至关重要。无论是处于有意识的还是无意识的，项目规划都是项目成功实施的基础。

应为项目精心制计规划任务和规划目标（见第3章：项目目标及定位），并对此加以鼓励。列举并阐明这些项目目标有很多好处，比如将这些目标记录下来，可为以后的项目所用；再如，可用来和团队成员、投资人、利益相关者、关键决策者和政府监管机构等进行沟通或讨论。

规划目标将构成许多工作决策的基础，包括设计策略、设计方法、植物材料以及施工进度等。在形成规则目标的过程中需要对利益相关者进行深入的评估和协调，项目投资人之间的共识对于项目发展过程至关重要。所涉及的许可机构或监管部门都应该纳入目标评估过程，需要审批的项目通常会具有特定的约束条件，这些条件应尽早考虑，因为它们将直接影响那些用于判断修复工作成效的评估标准。除此之外，有些条件下可能会增加之前未考虑到的情况，并可能影响所需的预算和材料。

在起始阶段，规划目标会在项目小组中产生，因为项目组成员通常对现场和环境更加了解。这是一个寻找最大公约数的阶段，项目组可以去测试各种"假设"。"头脑风暴"法将为进一步的对话奠定初步基础。为了协助头脑风暴，一个很重要的工作是做好现状分析。有些项目是短期的，结果可以立刻显现。不过，一个完善的生态修复项目需要着眼于具有长期影响的行动计划。一个生态修复项目被利益相关者和投资人提出，这时候生态修复师最好有一个全面的现状分析和SWOT-C分析（评估现场分析中发现的各种因素的过程；请参见第4章），这将有助于最终目标的形成。一旦达成共识，规划目标确定，建立项目需求，项目方案和实施计划也会逐步提出。这个系统框架鼓励生态修复师检查项目现场工作中可能影响恢复工作成果的所有因素。现状分析过程将在第4章详细介绍，其中包括一个全面的现状分析方法。

并非所有计划都能按预期进行，现在许多规划人员开始将风险管理技术应用于生态修复项目中（第2章；附录3）。风险评估会概述项目中可能出现的问题，由此产生的风险规避方案是风险管理的关键内容。这项技术可以帮助修复团队减少威胁项目成功的潜在问题。同时，风险管控的目的是在项目开发过程中早期制定备用计划（Plan-B），以便在出现问题时，项目团队可以立即采取行动，以最大限度地减少其对项目规模、进度和成本的影响。

1.1.2　设计阶段

设计是生态修复项目的第二个阶段，在这个阶段将遇到无数的选择，选择的路径将很大程度上取决于项目规划阶段的决策。只有少数情况下，简单的设计方案就可以满足需求，例如单一植物群落的小型场地设计；大多数时候，对于具有多个植物群落的大型项目，则需要一定的管理和施工策略。如果项目重点是某个目标物种（利益相关者特别关心的物种）的恢复，则需要为该物种建立特定的栖息地设计方案。在设计阶段，对各个方面需要做出明确的决策，例如，由于场地的复杂性和多样性可能不允许通过播种或栽植来精确地配置植物。第6章提供了生态修复项目设计阶段的一般指导原则，并提出一些解决具体问题的方法。不过在这种情况下通常需要动物行为学和生态学等方面的学科基础。

规划目标在项目进程中反过来会指导生态修复的方案设计。第 6 章介绍的四种设计方法将帮助我们在制定连续计划时做出决策。最初的概念规划将阐述管理策略等一系列问题，施工要素可能会根据项目场地的尺度和复杂程度而受到限制。从概念规划发展到方案设计，随着深化设计和细节的逐步深入，在目标为导向进行项目检查的迭代过程将对设计方案不断进行完善。我们认为，由于利益相关方，尤其是监管机构，在项目审查中会有各种意见，因此调整是必然的，这就需要协商谈判和管理技巧来解决问题。在不止一个项目里，生态修复师不得不进行一些认为不必要的修改。有时很难做到各方面都非常完美，正常情况下，任何更改都不会影响设计的整体结构，因为我们一直都在和项目利益相关者、投资人、项目发起人沟通，上述更改设计整体结构的灾难性后果应该不会发生。

经过这些调整之后，修复项目进入下一个阶段，即意味着需制订更多具体的项目实施计划。如果这个项目一开始就是面向管理的，那么在项目协议的条款上会有明确的工作要求。一般情况下，会有一系列与项目管理相关的施工内容。一个例外的情况是利用火烧来达到管理目的。任何施工要素都应有清晰的计划和描述，以确保可进入有效的实施阶段。

1.1.3 实施阶段

所有的生态修复项目都有实施阶段，包括从简单到非常复杂的项目类型。一些难度较大的项目需要借鉴其他大型工程建设项目，这取决于我们在项目计划中的具体决策和实施策略，以确保项目最大可能取得预期的结果（第 9 章）。

根据项目的规模和复杂程度，有些项目我们可能只需要一些简单的示意图和表格就可以进场施工了，这取决于项目的难度。与施工和安装工作相比，基于管理的生态修复工作则需要一套截然不同的参数和说明，文字说明主要是告知人们具体的工作内容、工作方式和时间，项目现场通常需要绘制图纸或其他形式的指示标识设立在场地中，例如永久性标记。

任何一个项目都可能有着各种各样的施工和安装工作，其实施手段也各不相同。在这种情况下，项目不仅需要空间设计方案、数据表格和实施计划，还需要技术规范和技术导则，以确保使用的产品和材料对场地环境影响最小。清晰明确的指示至关重要，然而，即便是专家，也可能会产生误解。能够解答问题和指导现场工作的人员（工程监理人员）应该非常熟悉现场情况，监理人员是确保项目有效实施的关键。现场检查可以确保所使用的产品和材料是合格的，不良的材料或者不合格的苗木、种子都会严重影响项目的实施效果。通常，植物栽培和工程施工的维护期是 90 天至 2 年，这是修复项目中最脆弱的阶段，植物的成活率与灌溉、除草以及防止生物入侵等现场工作密切相关。一般情况下，植物栽培和维护阶段完成后即表明该修复项目完成，下一步就可以转交给当地工作人员或其他利益相关者进行长期管理。

1.1.4 维护阶段

除了常规的维护工作以及监管部门的管理要求外，工作人员需要花一些时间进行专业培训，以符合利益相关者提出的后期维护要求。在某些情况下，新栽植的苗木在短时间内可能还没有完全适应环境而存活下来。生态系统包括许多不同的要素，其中一些要素需要几年甚至几十年才能充分发挥生态效益。由于恢复条件的不同，某些生态修复项目在应对外界压力时需要精心的护理，直到生态系统变得足够强大以抵抗压力为止。

后期维护的目标是为了延续和巩固实施阶段的修复工作，并帮助项目走上预期的生态修复轨迹，具体的工作方法和管理模式取决于项目的生态系统类型。根据机构许可或其他法律法规要求实施的项目，通常需要 3 ~ 5 年的连续监测，而一些大型或重点项目，其监测期甚至要超过 10 年。

场地的监测和维护通常是土地管理时容易被遗忘的部分，即使没被遗忘，这部分工作也很难获得充分的资源、时间或资金保障。一些持续增加的外部压力会迅速恶化修复后的区域环境，许多情况下需要在项目早期进行特定的植物培育驯化，以确保在实施阶段能够更好地适应外界环境，把损失降到最低。因此，无论后期维护工作是否包括定期除草、设置栅栏或设置堤坝等，通常都需要某种形式的维护，以确保在新的植被的引入过程中可以持续推进前期的修复成果，而不是处于被忽视或任由其衰退的状态。

场地监测将记录项目场地的变化。无论项目是否得到批准或者达到了甲方的要求，后期维护的一个重要内容就是场地监测和文档记录。我们鼓励所有生态修复师收集数据并编写进度报告去记录场地发生的一切状况。生态修复这一学科领域还很年轻，知识年复一年地增加。生态修复师可以从最简单或最容易上手的项目中获得经验，从业者之间的沟通交流也有助于促进生态修复实践领域的积累。

以上介绍了生态修复项目的四个阶段，并简要讨论了每个阶段的主要任务和功能（图 1-1）。接下来的章节将提供更广泛的信息和方法，以帮助我们完成修复项目的全过程。

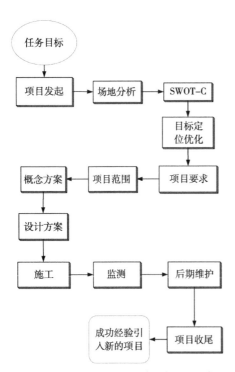

图 1-1 项目开发过程涉及多个任务，对于成功的生态修复项目而言，每个任务都有关键要素的输入和成功经验的输出

1.2 生态修复策略

归根结底，生态修复最终将依赖生态系统的自身演替（自我维持）能力。生态修复工作可以分为两大基本策略：①规划管理；②施工和栽培（图 1-2）。基于项目管理的生态修复旨在重启一个没有场地压力源情况下可能发生的生态过程，这个过程将激活生态系统自身演替过程。施工方面则首先要获得完成修复所必需的材料，并记录实施过程。当树木栽种后，需要一段时间的维护和监测，以确保发展中的生态系统的持久性。施工过程中还会通过布置或合并同类项目而改变实施中的工作分类和组合。施工和栽培包括植被种植、设置岩石以及改变场地竖向等工作。我们需要根据场地退化程度、导致退化的原因、项目起止时间、项目预算以及项目目标定位来选择具体的策略和方法，大多数项目都要求修复团队同时结合施工和管理来实现总体目标。

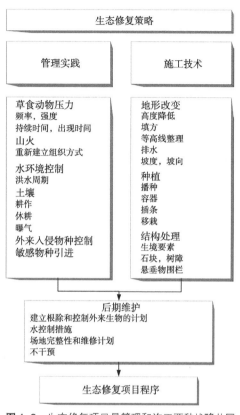

图 1-2 生态修复项目是管理和施工两种战略共同产生的结果

1.2.1 管理策略

管理策略通常涉及对当前和过去规划管理实践的改变以及各种管理技术的使用。管理策略通常包括长期的修复内容，这些工作不一定会让环境发生立竿见影的变化。土地管理因所涉及的当地文化和资源而异。在美国，当山火开始极大地改变植被群落结构和组成成分时，就要进行全面灭火。有趣的是，与美国的灭火相比，英国在数百年来一直通过有规律的山火维持生态系统的健康，由此产生的生态系统是大量的环境敏感物种和本地物种的栖息之所。在美国，需要用火来防止松柏类植物不被其他树种取代，从而维持一个松柏类特定的演替过程。通过将火作为生态系统中的要素进行管理，促进了生态系统的养分循环和其他过程。这一策略会使该场地部分退化，但不能退化到生态系统的自然恢复力无法再生的程度。目前，山火已逐渐引入北美许多森林管理中，以帮助林地物种的再生（图 1-3）。

管理策略的另一个例子是改变北美西部地区的放牧方式。随着牲畜存栏的下降，禁止或季节性控制河岸和草甸地区的放牧量，已使这些地区的植物群落和本地野生动物种群得以再生。转移牧群可以控制过度放牧和次生影响，例如改善山间小溪的水土流失，其他管理策略包括控制水位上升或下降以增强或阻止物种繁衍，以及定期除草以减少竞争，让本地乡土植物再生。

图 1-3 图中左侧的森林具有较高的物种多样性和较低的森林密度，这是一场可控燃烧的结果。美国俄亥俄州，克利夫兰（Lucy Chamberlain 摄）

有时，生态修复只需要解决或控制生态系统中的某个物种或某个要素。比如在整个北美中西部地区，捕捉褐头牛鸟（图 1-4）的做法已经帮助当地的 Kirtland's warbler、德州的 Black-capped vireo 和加利福尼亚州的 *Vireo bellii Pusiuns* 等本地鸟类种群数量保持稳定甚至增长。在新西兰，清除岛屿上外来捕食者是重建濒临灭绝或敏感物种栖息地的常用做法。

图 1-4 从澳大利亚斯威特沃特河引入的一种改良的鸟类捕捉器，旨在清除巢中寄生的褐头牛鸟。3 年来，在没有其他鸟类巢穴寄生的情况下，最小腹绿鹃达到了 300% 的数量增长。美国加利福尼亚州，圣地亚哥（John Rieger 摄）

1.2.2 施工和栽植策略

与规划管理工作相比，用于生态系统恢复的施工和栽培策略往往需要更多的资源。施工一般包括地形整理，如改变坡度和高程，设置护栏、屏障和临时灌溉系统等。施工内容还包括拆除构筑物（如水坝或分水闸），以及拆除或重建基础设施（如地下管网和道路）等。一个很好的例子是重建一条之前被"移走"的溪流，使土地更适宜农业种植，这包括了"新"河道的开挖和"旧"河道（人工改道）的填埋。施工往往需要大量的资金去购置修复工程所需的材料。是选择更加面向管理的策略还是面向施工的策略，则取决于场地条件和目标定位。

对特定地点的研究表明，某种要素正在消失，而该要素正好是维持该生态系统持续存在的主要原因。一般情况下，这种因素往往是非生物的，比如水文系统的改变，最明显的就是在海湾和海岸周围建设堤坝从而造成自然潮汐的消失。由于农业活动或城市化发展引起的地面沉降及土壤流失，导致地表高程可能比过去更低，又或者由于河流泥沙沉淀或各种填埋导致地面上升等。

第 2 章

生态修复项目管理

本章会帮助我们成功交付生态修复项目，以满足对该项目感兴趣的人员和组织的期待和要求。

项目管理是将知识、技能、工具和技巧应用于生态修复项目，以实现利益相关者的目标（PMBOK [1] 2008）。项目管理的存在让项目团队能够在指定的预算内，根据项目发起人的目标（范围）和需求按时完成工作任务。

项目管理始于最终目标，重点关注如何实现项目相关者满意的结果。同时，项目管理为生态修复团队或相关人员提供了修复的结构化过程，帮助他们协调工作，以便在确定的目标内，在既定的时间达成既定的结果。

项目管理可以帮助我们找到解决生态修复问题的适合的方法，并帮助我们完成实施过程。项目管理过程使项目经理能够将目标、预期的场地改进和环境要求集成到一系列的项目需求中。这些将成为生态修复团队在整个项目运转过程中遵循的技术路线。

首先，本章从描述修复项目的四阶段生命周期开始；接着，详细地介绍五个基本的项目管理概念；然后，将阐述研究项目管理的各类组成要素，并研究如何建立正确的项目进度表和预算；最后，系统地探讨在修复项目中的风险管理，并思考如何提升项目经理的工作效率。

2.1 生态修复项目的四阶段生命周期

生态修复项目都有一个共同的生命周期过程，包括规划、设计、实施和维护四个阶段。项目发展过程是以结果为导向的，其中包括定位、设计、开发和交付四个方面（图 2-1）。

这些内容与项目管理过程形成鲜明对比：生态修复项目的每个生命周期阶段都有一个与该阶段相关的特定过程，并产生一个特定的产品（也可称为交付成果）。修复项目的可交付成果可以是一个规划设计方案（如植物配置方案），或者一个目标（如计划安装 200m 长的屏障围栏），甚至可以是一项服务（如鸣鸟种群调查）。在每个阶段完成后，所产生的可交付成果

1　译者注：项目管理知识体系，Project Management Body of Knowledge，PMBOK。

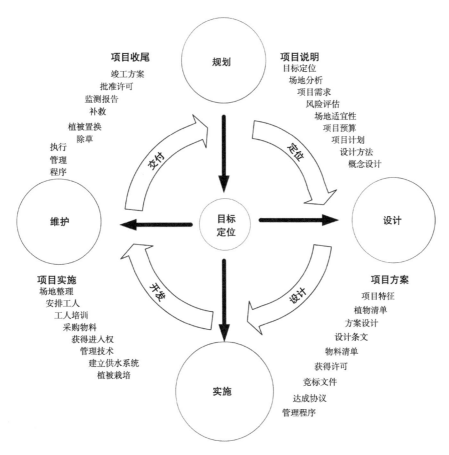

图 2-1　项目开发的四个阶段包括了多项工作内容和成果，其核心是项目目标定位。这是一个循环系统，项目完成后积累的知识和经验可以应用在新的项目或后续项目中

将在接下来的工作阶段中使用。例如，在规划阶段与项目发起人和其他利益相关者共同制定的项目范围和规划说明构成了设计开发阶段的工作基础。又比如，当设计阶段完成后，设计方案转交给实施团队进行施工和安装等。当施工阶段完成，紧接着就是后期维护，维护阶段的工作会一直持续到整个项目结束。从上一个项目吸取的经验教训可以带入下一个项目，从而将项目生命周期与工作计划联系起来，形成生态修复项目的工作范式。这有助于向利益相关者解释项目的全过程。

生态修复项目的每个阶段都有不同的起点和终点。项目经理有责任确保项目的每个阶段按照计划完成，并有预期的可交付成果。

所实施的项目管理包括：

（1）在规划阶段通过规划目标来定义项目；

（2）在设计阶段确定项目的策略和细节，包括项目的量化和管理实践的协议；

（3）获取所有必需的资金、设备和材料，并开始实施；

（4）达成所有目标，核算总成本，并确定已经完成的施工内容，进行后期维护，最终完成项目。

2.2　生态修复项目管理的要素

项目管理包含三个基本要素：人员、步骤和工具。项目经理要与这三个要素相互作用，以确保项目取得成功。项目经理领导整个团队，相关人员通常会被组织到各个团队中工作，与技术专家和新手们一起制订计划、实施项目，同时征求其他利益相关者的意见。

2.2.1　人员

1. 项目经理

项目经理的职责是在问题变成问题之前做出判断，他们必须回应所有利益相关者的意见和建议，在项目团队和利益相关者之间进行沟通是项目经理的工作重点。项目经理协调所有项目内容，以确保它们按计划完成，同时还需要对团队的成员进行必要的技术培训。

2. 利益相关者

利益相关者是指与项目及其结果有利益关系的任何人。在大多数修复项目中，利益相关者可以分为内部利益相关者、外部利益相关者和其他利益相关者共三种类型（PMBOK，2008）。

项目团队由内部利益相关者（包括志愿者、法律顾问和承包商），外部利益相关者（能够从项目中受益的个人或组织，例如赞助商和邻近的土地所有者），和其他利益相关者（可以促进或阻碍项目交付的组织，如在环境保护方面代表公共利益的政府监管机构，非政府组织等）组成。对利益相关者进行分组和分类将在很大程度上帮助识别哪些个人和组织可以帮助或阻碍项目的完成。尽早让利益相关者介入项目规划过程可以让他们对项目目标产生"认同感"，减少或消除许多其他问题。否则这些问题以后可能会改变利益相关者接受项目目标的程度，从而影响项目计划和实施。

内部利益相关者是指项目发起人聘用的个人或组织，他们将编制和使用规划成果、收集信息和改进方案。内部利益相关者包括项目发起人和项目团队，后者包括技术顾问、承包商和志愿者等。

外部利益相关者是个人或组织，他们将从项目带来的改善中受益，或者以某种方式直接受到项目的影响。该群体包括：赞助项目的个人或组织；公众，通常由个人或组织代表；附近的社区成员和邻近的土地所有者；提供资金或倡导该项目的组织或个人。

其他利益相关者是能够促进或阻碍项目完成的个人或组织。包括受影响的特殊利益团体、监管机构和其他政府机构（包括代表环境保护和自然资源保护方面的公益机构和政府机构）。

3. 项目团队

项目经理自始至终与项目团队成员一起协同工作，以确保他们交付的成果符合项目投资人的预期和项目目标定位。

对于规模较小、较简单的项目，项目经理作为项目组的主要工作人员之一，要完成相当比例的工作。但是，在某些情况下，可根据需要邀请一些专家进入团队。大多数大型的、复杂的项目都会组建多学科的生态修复项目团队，它们通常由项目经理、专家团（如生物学家、风景园林师、生态学家、土木工程师、水文学家、植物学家、地质学家和土壤学家等），以及各种顾问、承包商和开展相关活动的志愿者共同组成。一些项目团队还包括重要的利益相关者代表。当利益相关者具有重大决策影响力时，这一点尤其重要。

依据项目的复杂程度，一个四人的核心团队——包括项目经理、生态学家、风景园林师和土木工程师，可以处理和完成项目中所有的规划和设计工作。而较大或较复杂的项目，或涉及高风险活动的项目，通常需要更多元化的团队组成以及更加协调紧密的项目管理工作。

2.2.2　过程

项目管理的每个过程需要提交指定的成果，并明确了谁将实施该步骤以及何时实施。项目经理依靠五个过程来管理项目，这五个过程包括启动、规划、实施、管控和收尾，可帮助项目经理形成技术路线，并确保项目走上正轨（图 2-2）。这些过程是环环相扣的，上一个过程的成果是下一个过程的开端。

1. 启动

项目经理应确保项目中的每项任务都能如期开始，其中包含完成任务的必要信息和材料。

2. 规划

项目经理规划项目的工作流程，包括确定所需的工作量和负责人。一般的规划要包括规划目标、规划范围、工程预算等内容，场地分析和风险评估也是规划的一部分。

3. 实施

为了达到项目的交付要求，实施过程需要整个项目团队的共同努力。项目经理需确保整个团队成员履行其工作，并且帮助他们保持专注力。

4. 管控

项目管控涉及对项目要求与绩效的评估，并采取必要的纠正措施以确保项目的成功交付。项目管控是一项

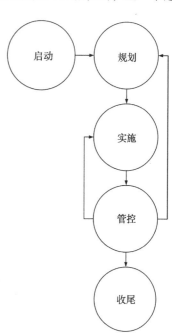

图 2-2　成功的生态修复项目管理一般包括五个步骤

具有前瞻性的工作,这包括针对初始阶段的积极预防以及针对实施阶段的纠正措施以应对项目中可能出现的各种问题(PMBOK,2008)。项目管控通常被认为是项目适应性管理的内容,它可以让人们快速有效地响应已发现的问题。通过进行经常性的评估以及与既定目标进行对比,可以判断项目团队所做的工作是否正确。有效率的项目经理会经常召开团队会议,以评估关键性工作的状态。

5. 收尾

收尾过程是最后的项目管理阶段。收尾的目的是让该项目产生一个有序、正式的结果,所有与项目有关的工作都是完整和可确认的。一旦一个项目完成收尾,将不再实施该项目的其他工作。

2.2.3 工具

项目经理进行管理所使用的工具主要包括用于制定进度表和预算,以及了解项目潜在风险的各种方法。项目经理、团队成员和其他人员等都将使用这些方法,用以成功管理项目直到项目完成。

2.2.3.1 建立项目进度表

项目经理设定项目进度表,以便能够计划和管控项目的所有相关工作。项目团队也需要项目进度表来计划和实施要完成的工作。

项目进度表的类型和格式有很多。Martin 和 Tate(1997)确定了有四种类型:里程碑进度表、可交付成果进度表、工作情况进度表和项目计划表。里程碑进度表使团队根据项目目标,将其划分为子目标,并为每个子目标指定时间节点;可交付成果进度表用于显示所有项目内容交付的时间情况;工作情况进度表显示每个可交付成果的所需时间和截止日期;项目计划表对于生态修复项目来说最为有效,因为它可以一目了然地显示整个项目进程,且易于开发和维护。我们在实际项目中也喜欢用这种格式,因为它对于希望看到"项目全局"的内部和外部团队成员很有用。

可见,项目计划表是生态修复项目最常用的进度表类型。它建立在上述前三种进度表的基础上,包括开始和结束日期,每项工作的持续时间以及重要的工作里程碑。项目计划表通常以甘特图(有时称为条形图)形式出现。

1. 建立项目进度表

在创建项目进度表时,项目经理应首先列出项目要求中已确定的每个可交付成果,以及负责完成该成果的人员或资源。Martin 和 Tate(1997)建议使用便笺纸(Post-it®Notes)来确定日程安排中的每个可交付成果,并将它们放置在大海报尺寸的纸上(图2-3),也可以使用一些有关工作进度的计算机软件。将所有可交付成果按发展逻辑顺序摆放好后,可以关联成

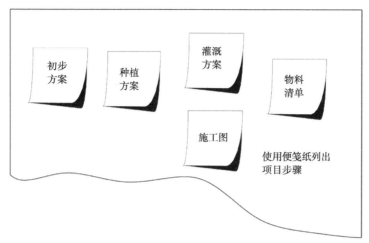

图 2-3　建立项目进度表首先要确定所需的各种任务和行动

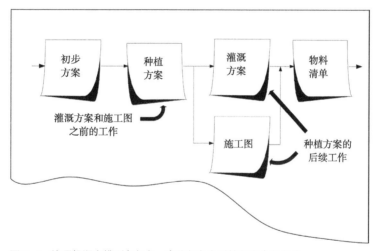

图 2-4　按逻辑顺序排列各任务；有些任务会反馈到多个任务中

网络流程图形成交付成果，并需要在下一个任务开始之前与已完成的任务之间用箭头线来连接，显示"之前"和"之后"的关系（图 2-4）。

　　当确认了所有任务后，在便笺纸上记录完成每项任务的起止时间（持续时间）（图 2-5）；然后，从左侧的"项目启动"开始向右依次移动，按次序完成每项任务，并记录起止时间。项目经理确定的任何关键日期都应整合到项目进度表中。例如，如果在工作空档期，比如由于雨季禁止放坡或担心影响野生动物（例如，产生可能干扰鸟类的噪声）而导致施工设备无法在工地上运行，这些限制条件都应该反映在项目进度表中。

　　估算每项工作的持续时间可能会充满挑战，尤其是当我们估算超出专业领域的工作持续时间时。幸运的是，生态修复项目的大部分工作（如栽植、灌溉、土方工程、侵蚀控制、播

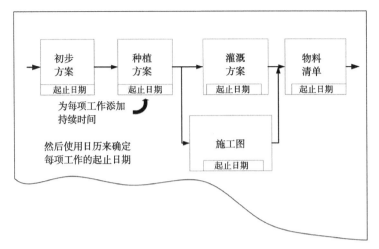

图 2-5   按照逻辑顺序和持续时间来完成任务并进行检查。最长的路径将确定
完成项目所需的时间

种等）和景观设计、园林绿化项目的现场工作活动类似。比如，假设规格相同，那么在生态修复项目中种植 500 株一加仑大小植物所花费的时间与在公园中种植 500 株一加仑大小的苗木所需的时间大致相同。当然，场地条件、规格和其他因素，如工人的类型不同（即志愿工人还是有薪工人）都将影响实际的生产率，例如，不同类型的工人（义务劳动还是有偿劳动），有着不同的劳动生产率。但是，如果仔细观察，我们总会找到一个具有足够相似条件的模型项目，从而能够将其用作估算的基准。

确定工作持续时间的另一种方法是使用 PERT 法（项目评估技术，Project Evaluation and Review Technique，PERT；附录 4）。采访其他专业人士以获得一系列估计值将为项目进度表提供必要的数据，这项技术的一个重要作用是减少或至少控制"拍数字"的趋势。用"拍数字"的方式预测工期将会极大地误导项目进度表，这是不可接受的。

2. 甘特图

甘特图清楚地显示了每个项目的开始和结束日期。项目过程（或任务）可以通过多种方式安排在甘特图上，包括从最高优先级到最低优先级，或者按照完成日期的顺序，甚至可以由实施这项工作的人员或小组进行排列（框 2-1）。甘特图可以通过显示每项任务的起止日期来快速直观地展示整个项目当前的状态（制作甘特图的步骤过程详见附录 1）。甘特图的强大之处在于它易于创建、易于更新，并且在整个项目的生命周期中对规划和管理都非常有用。当向赞助商或其他利益相关者解释项目的状态时，甘特图特别有效。对于大多数项目而言，甘特图都可以充分发挥作用，但它可能不适用于更复杂的项目或者同时涉及多个因素的项目。甘特图的一个缺点是，它不一定能显示出项目范围内由于特殊情况出现从而改变结果的情况，也就是说，甘特图通常只将每个任务视为独立的工作，而不考虑其相互关联（Frame，1995）。

框 2-1 甘特图元素

（1）列出需要的工作内容（工作细化分解）。

（2）预估每项工作所需的时间。

（3）建立时间节点。

（4）确定所需的资源。

（5）在工作开始日期和结束日期之间画线连接。

2.2.3.2 建立项目预算

生态修复项目中，原材料和施工的费用可能令人望而生畏，特别是在场地需要重大改造以符合修复规划的目标时。准确估算项目的总成本对项目经理来说非常重要，这样他们可以根据项目进度表，申请足够的资金来完成合同范围内的工作内容。我们已经遇到过好几个项目，在项目完成之前就已经用尽了所有资金，从而导致项目烂尾，团队陷入困境，让投资人和许可机构深感失望。项目管理的首要目标是按照既定的规划范围、项目进度和预算来交付成果，因此在项目开始时建立适当的成本目标对未来项目的成功至关重要。为了制定准确的项目预算，下面要分析研究两个关键要素：项目基本预算和项目改进预算。综合起来，这两个要素构成了项目的整体预算。

1. 项目基本预算

项目基本预算会告诉项目投资人项目开发建设将花费多少，以及是否可以在项目投资人提出的预算内完成项目。这是对项目团队完成所有任务所需的人工和材料成本的估算，不包括实施阶段用于场地改造的部分。

项目基本预算的基础是项目最终成果和相应付出的工作量。项目经理使用甘特图将工作分配给牵头负责的团队成员，然后根据时间表估算完成每项工作任务所需要的资源消耗（工时、天数、周数或月数，视情况而定）。执行任务的每个组员的单位工作成本（比如每小时 85 美元，或每人每月 13600 美元）属于劳动力成本，如果需要其他工种（如土木工程师每小时 150 美元，生态学家每小时 115 美元），则工时和成本需相应分摊。一旦确定了每项任务后，就可以进行汇总以确定总劳动力构成（附录 2）。

对于给定的任何项目，都需要某些材料才能完成修复工作，与交付成果相关的任何材料成本都应进行估算并包括在预算中。在规划和设计阶段，材料成本通常包括邮费、影印费、许可程序费、方案评审费和差旅费等。办公室管理费通常不作为单独的项目列入预算中，而是计入每种劳动类型的工时费率中。将完成每项任务所需的所有材料成本相加，得出材料的最终总成本。

其他的费用，如不可预见费、利润和项目管理成本通常不包括在本阶段基本预算中。如果需要，这些通常会列入项目改进预算中，下文对此将有所阐述。

这时，重要的是计算施工期的维护成本，包括场地维护工作、管理活动以及任何可能的补救措施的劳动力成本。在监测期内进行监测和报告的人工成本估算往往容易被忽略，需要政府许可的项目通常有特定的监测时间要求，这有助于从监管机构获得有关监测内容的指导，这些监管机构最终将签发项目所需的许可。项目投资人需要了解，在完成项目改进直到监管机构批准之前，他们需要为这些项目的各组成部分（维护、管理、补救、监测和报告等）提供资金，直到监管机构在许可证上签字为止。

2. 项目改进预算

确定实际的项目改进预算是项目管理的基本内容，通常会要求项目经理在各类修复规划工作完成之前进行项目改进成本的估算。当缺乏足够的信息时，请不要随便"拍"一个数字。当提供改进预算报告后，如果低估了工作量，我们将与项目投资人进行一场艰苦的斗争来增加预算。只有在极少数情况下可以凭借经验快速估算，如规划定位非常明确，风险极低且团队人员对工作了如指掌，那么对于以亩（英亩）为单位的成本（如植物群落或栖息地类型）预算是有用的。但是，进行这样粗略的成本预算很难善始善终，就更不要说城市、区域的大尺度项目了。

我们还发现，在确定合理准确的项目改进预算之前，必须完成一定量的规划工作（框 2-2）。由于场地条件和项目类型的不同，粗略预算的风险太大。如果缺少场地条件、作业区面积、施工季节、许可条件等一些细节，很难估计某些专业工作（例如，排水成本、屏障的修补、设备成本和补救除草等）的费用。在修复工作中有太多不确定因素，这使我们大多数人经常在缺乏细节的情况下难以制定项目改进预算。但如果执意去做预算，反而给已经不确定的工作带来更多风险。有句话说的很对：猜测越多，预算更改的可能性就越大。我们认为改善预算的不确定性是可以减少的，但前提是要有良好的规划。

2.2.3.3 修复项目的风险管理

生态修复领域的风险无处不在，因而在修复过程中出现问题的可能性非常高。但是，可以采取某些策略来提高项目的成功率。风险管理是一种项目管理工具，用于在风险发生之前尽可能避免或降低风险。优秀的项目经理会制定备用方案，当不好的情况发生时，项目团队就不会措手不及。

你们是否曾经遇到过以下问题？

（1）苗木已经在运输中，附近的土地所有者通知你们，栽植这些苗木会挡住他们回家的去路，从而导致栽植过程停止。

（2）项目组核心成员生病了，无法完成对项目至关重要的设计工作。

框 2-2　自下而上的预算方法

最好使用自下而上的方法来制定切合实际的项目预算。这种方法要求生态修复师对未来的工作类型和项目场地所面临的问题有所了解，并且了解的细节越多越好。请使用附录 2 所示的项目成本估算清单。

（1）确定一个可用于产生初步物料清单的设计模型。

（2）确定要在项目上实施的主要工作内容。

（3）利用设计模型对每一个物料清单上的项目进行数量预测。

（4）将模型应用于建议的修复区域，并生成整个生态修复项目所需模型数量的估计。

（5）添加模型中未包含的任何特殊项目（例如供水系统、排水系统、岸线整修等）。

（6）计算每个工作项目的数量。

（7）为物料清单上的每个项目分配单位成本（在这里，风景园林师和景观承包商可以为生态修复师提供相关数据）。

（8）估算安装或实施每个项目所需的劳动力成本（可以咨询景观设计承包商）。

（9）将工作所需的所有设备、每台设备所需的时间和设备工作成本进行列表。

（10）总计材料、人工和设备成本。

（11）增加一个偶然因素来说明可能遗漏的工作或未确定的内容。如果这是预算的第一阶段，那么增加预算总额的 25%～50% 都是有可能的。

（3）设计过程很顺利，但到了施工阶段却发现由于种子结实率较低，一些物种栖息地无法修复。

如果要避免这些问题，则必须从项目一开始就让对上述问题有解决方案的人员参与进来，并且让他们参与整个项目风险评估。通过参与，他们会在其最有效率的方面做出贡献：确定项目将面临的风险，然后确定应对这些风险的方法。他们一开始可能是被迫为我们的项目解决问题，但是逐渐他们很可能会成为最热心的项目支持者，因为他们很快会形成强烈的项目所有权意识。

生态修复师可以通过项目风险评估为项目和项目发起人增加价值，我们建议每个项目经理在项目早期的规划阶段就进行风险评估。否则，就是拿所有的规划和设计成果去碰运气，让一些原本可以完全能避免的错误给项目带来高风险的代价。风险评估是生态修复规划阶段的一个重要部分；如果使用得当，可以大大提高准时交付成果的可能性和成本控制的有效性。

对于修复项目而言，风险评估应该在每个阶段专注于回答"可能会出什么问题？"。Carl Pritchard（1997）建议，可以将风险分类，以便于管理和识别。我们建议项目经理应专注于两类风险：技术风险和环境风险。技术风险一般是和前期工作相关，尤其是与项目可交付成果以及负责交付这些成果的团队成员有关；环境风险主要和场地与气候因素有关。

通过集思广益，我们的团队应设法发现这两种风险，评估每种风险的影响，评估风险发生的可能性并监测风险，制定适当的对策以避免或最小化负面影响。

每个项目都有自己的风险组合。与利益相关者一起进行头脑风暴，将生成特定于该项目的风险列表。生态修复项目的环境风险和技术风险通常包括以下情况：

（1）自然灾害：洪水；火灾；冰冻；降水不足；侵蚀（风、水）；沉降；草食/啃食；虫害；次生破坏。

（2）管理/技术：项目要求的变化；员工变动；团队成员技能的局限性；项目设计的可靠性；设计的可维护性（例如，系统无法自我维持）；材料可用性；政治意愿；政府监管参与；团队成员和利益相关者之间的协调不足。

（3）工作进度：不切实际的日程安排；劳动力/志愿者短缺；材料短缺；由于供应商问题导致无法接收供应；与供应商沟通不畅；劳动力生产率未达到预期水平；不可预见的现场条件；启动困难；恶劣天气影响施工或志愿者缺席；农业害虫防治活动。

（4）成本方面：进度延误；缺乏了解；被低估的项目资金；计算错误；故意破坏；材料价格通货膨胀（减少采购）；项目要求变更；捐助者未能履行承诺。

应当注意那些会影响多个类别的风险。为这些风险精确分组并不重要；对项目各个方面的风险进行检查则更为重要。根据在风险管理方面的经验，我们推荐以下风险管理步骤：

（1）确定所有可能发生的已知风险。

（2）根据项目范围、进度和成本的高中低程度为每个风险因素进行分级。

（3）评估在项目跨度的某个时间发生风险的可能性。

（4）分配总体风险等级（风险等级 = 影响 × 概率）。

（5）对风险进行排序，从高影响/高概率风险到低影响/低概率风险。

（6）制定对策（仅针对高影响/高概率风险），以帮助避免或降低风险。根据风险的数量，重点研究其中前八个风险，这样会更好地掌控总体。

（7）选择要实施的备份计划（"B计划"）。

（8）如果经过前面的分析后，团队不能将风险降低到可以接受的水平，那么就需要把问题交给项目投资人。

相关案例如下：一家重要的本地植物供应商不能在3月份之前送达所需的柳树，这是高影响/高概率风险，风险等级最高（HH级）。在团队讨论期间我们提出了相对应的风险管理措施：寻找可替代的供应商；收集柳树插条并建立繁殖区；延后项目开始时间直到供应商可以送货；推迟到8月份栽种柳树；调整种植清单。

在风险管理计划中产生的所有信息都可以放在一个工作表中，该表将信息组织成易于理解的格式（风险管理步骤；附录 3）。

带领团队完成风险评估过程并了解可能发生的潜在问题，项目经理通常会与团队就如何避免这些问题达成共识，从而增加项目的成功前景。当然，不是每一个风险问题都能被识别和预防，但至少要准备好应对那些可以避免的陷阱。

2.3　成为一个合格的项目经理

成为项目经理是一件充满挑战性的事情。要想成为优秀的项目经理，需要熟练地建立项目需求和有效的沟通方式。在 J. Davidson Frame（1995）的《项目的组织管理：如何最好地利用时间、技术和人员》一书中，对良好的项目管理提出了四个原则：

（1）深思熟虑，不要认为项目会遵守我们的计划；

（2）项目是复杂、独特且面向多个目标的任务集合，需要仔细计划和执行；

（3）在规划阶段多花些时间，这将改善项目成果，并降低昂贵的返工的可能性；

（4）提前考虑并预测可能出现的问题，事先准备好应对预案，以减少工作延误。

仅仅了解规避风险的工具并不是成为一个高效的项目经理的全部，还需要明确利益相关者的需求，以便确定项目要求并构建可满足利益相关者需求的项目目标。一个高效的项目负责人（项目经理）还应承担以下责任：

（1）大力倡导该项目；

（2）管理项目团队；

（3）和团队、利益相关者一起进行项目定位并确定项目进度和成本预算；

（4）跟踪项目进程并及时调整项目管理要求；

（5）促进解决涉及项目范围、进度和成本等问题；

（6）向利益相关者介绍项目进展情况和存在的问题；

（7）接受和评估利益相关者的意见；

（8）和团队一起进行经验教训评估；

（9）评估团队成员的状态和绩效，并适时进行调整。

2.3.1　建立项目需求

一个项目的要求实质上包括以下几点：①利益相关者对项目的愿景；②该项目的目标及定位；③预期的行动计划；④所有环境许可的证明。将这些要求转化为明确而具体的项目需求是项目团队的第一个重要里程碑。项目需求是项目的"内容"，描述了要交付给项目投资人的具体工作报告，这是项目发展中最具有挑战的方面之一，因为通常会有折中和替代的内容，这也是必要的。团队的所有成员都有权查询项目需求报告。

当建立起项目需求时，请考虑以下准则：

（1）以结果为导向；

（2）清晰、简明地陈述目的；

（3）多使用行为动词来表达（比如创立、发展、监测、建立、安装和去除）；

（4）明确的里程碑时间（时间节点），比如起止日期、强制完成日期；

（5）要实事求是；

（6）尽量用图示语言（比如方案、表格、图表等）；

（7）获得利益相关者的批准（利益相关者在需求清单上签字）。

1. 确定利益相关者目标

所有项目的存在都是为了满足某些利益相关者的目标（需求）。当利益相关者的目标得到满足时，就可以判断该项目是否成功（Martin 和 Tate，1997）。因此，项目经理必须使项目团队专注于回答以下问题：

（1）项目应该完成什么？

（2）利益相关者是否明确了项目的所有目标？

（3）我们可以通过生态修复技术解决需求吗？

（4）谁是最直接受到需求影响的利益相关者？

（5）利益相关者是否认同这些需求是有价值的？

（6）是否存在可能限制或阻碍恢复工作的政策或法规？

（7）该项目什么时候完成？

（8）完成后的效果会是什么样的？

（9）利益相关者是否也有同样的期待？

（10）生态修复成果应该多久以后能显现出来？

（11）是否有一些特殊的因素可以控制实施方法或项目进度？

明确这些问题的答案只是一方面，把握利益相关者的期待是很难的，因为项目发起人和其他利益相关者之间可能也有非常不同的观点，有些观点甚至可能相互冲突。在这些不同观点中找到适当的解决办法是项目管理中的重大挑战。项目团队必须非常明确利益相关者的需求和期待，并且将这些期待融入项目规划和管理中，以确保项目成功。

2. 处理项目需求的变更

项目需求总是会发生变化的，因此每个项目经理都应该建立一个系统来仔细审检和控制项目需求的变化。当处理任何需求变更时，项目经理应在变更文档中记录变更内容并得到项目发起人的批准，如果是更改对项目范围、进度或成本有重大影响的内容，则更是如此。根据更改的程度，变更文档的记录方式会有所不同：变更至少应描述该操作对项目的影响，包括其在成本、进度或范围方面的影响，并由项目发起人或其他适当的利益相关者在文档上签名并注明日期。如果变化很大，则需要团队成员列出受影响的工作和相关人员，并向利益相关者提供详细的进度和成本分析。

变更文档应包括以下信息（Frame 1995）：

（1）变更请求日期；

（2）变更请求人姓名；

（3）变更说明；

（4）声明变更对项目的影响；

（5）受变更影响的任务和人员；

（6）变更成本估算；

（7）提出变更请求者的个人签名，并解释变更对项目范围、成本或进度情况的影响；

（8）利益相关者同意变更的证据（利益相关者签名）。

3. 有效和清晰的沟通

频繁、清晰、准确的沟通对于成功完成项目至关重要，因此为每个项目创建交流计划会非常有用。该计划包括沟通交流的细节（形式、内容、详细程度），信息的类型（状态报告、数据、进度表、技术文件），使用的方法（如会议、书面报告等）以及信息制作和发布的时间表。

最常见的交流形式包括会议、电话和电话会议、正式信件和备忘录、传真和电子邮件等。电子邮件是一种非常快速、安全且有效的信息传送方式。制作项目网站可以用于向项目组以外的社会大众宣传该项目，包括项目学术研究文章的发表、项目信息的传播以及提供外界对项目感兴趣的相关链接。

团队会议的主要目的是传达信息，另外一个不太明显的功能是建立稳固的团队和相互关系。在会议期间，团队成员会发现他们不是孤军奋战；相反，他们是一个大部队中的一员，团队协作的成功取决于团队成员共同的努力。典型的项目会议类型一般包括以下类型：

（1）启动会议：给项目搭建平台、进行角色分配和职责分工的开工会议；

（2）阶段会议：定期或不定期会议，用以检查项目绩效并讨论问题；

（3）总结会议：一般是在收尾阶段召开的会议，讨论哪些工作进展顺利，哪些需要改进。

在以上会议类型中，总结会议通常被忽略。当项目完成后，让团队成员聚在一起讨论项目可能并不容易。但是，如果我们或我们的团队计划以后继续从事生态修复的相关工作，则强烈建议举行经验总结会议。生态修复工作可能会充满挑战，当犯错或发生意外时，团队的响应和反馈是非常重要的。如果未对这个意外事件及其对策进行记录，则有可能（无论是因为人员变更还是时间的流逝）会忘记曾经很重要的行动。

富有成效的会议一般都包含以下要素：

（1）创建一个议程；

（2）记录行动计划；

（3）确认每项任务的负责人和截止日期；

（4）记录所有决策；

（5）供以后讨论的项目议题（我们将其称之为"停车场议题"）——在会议期间提出的与当前议程项目无关但在另一时间将很重要的问题（Hindle，1998）；

（6）指派一名会议主持人。对特别的会议，可以由项目经理或其他指定人主持。

产品服务商可以极大地帮助我们获取所需的信息，并为参加人数众多的会议或可能遇到复杂问题的会议提供指导。另外，请记住，会议纪要不必太过冗长。实际上，行文越简洁，就越容易追踪之前已分配的任务。

第 3 章

项目目标及定位

一个生态修复项目通常是以极大的热情、极高的期待以及强烈的团队意识开始的，这是对恢复生态环境这一令人兴奋的想法的一种本能反应。但是，在进入项目不久，团队成员可能会发现，他们对所要做的事情的想法并不完全相同。例如，一个简单的根除入侵性杂草的项目基本不会出现这种潜在的意见冲突；然而当入侵物种对本地植物群落造成了重大破坏，留下了大片空旷的土地，项目变得复杂，而每个团队成员对项目的见解就会有所不同，因而很有可能陷入潜在的冲突。

幸运的是，规划目标和项目定位有助于在生态恢复项目的所有参与者之间建立共识。如第 2 章所述，这些参与者不仅仅是现场工作的人，还包括范围更为宽泛的"利益相关者"（我们将更大的利益相关之团体和组织统称为项目"利益相关者"）。在思路达成一致的过程中，所有项目参与者对如何解决问题表达各自想法，所有这些观点整合成为可以代表利益相关者共识的一个任务说明，然后将其扩展为一系列规划目标；从这些目标中派生出具体的目标策略，而目标策略又产生了具体的行动计划，这些行动措施将被实施并最终实现每个规划目标。

这个循序渐进的决策机制最终会产生一个清晰而明确的共识，任务说明、规划目标、行动计划等共同定义了一个生态修复项目。明确项目定位的重要功能就是防止偏离核心任务和既定目标中阐明的项目商定范围。这将有助于避免浪费精力和资源，并防止在规划过程中某些利益相关者产生误解。

生态修复工程的项目经理从一开始应该明白，某些情况的发展变化将挑战他们对项目提出的目标定位。在项目发展过程中，可能会遇到预算不足、设计条件变更、项目投资人提出意见，以及不可预见的场地环境条件等问题（请参阅第 2 章的风险清单）。这就是为什么制定决策机制如此重要，它将有助于我们管理和实施项目，从而最终交付利益相关者所期望的成果。

3.1 项目的定义

项目的定义，是指对项目要做什么，以及何时、何地完成等方面进行的全面描述。此外，定义中还包括特定操作、预算和总体进度，最终结果是形成一个技术文件，可以供团队成员，其他利益相关者和公众参考（类似于国内的规划技术成果）。

开始项目定义的过程需要首先进行初步的场地分析（见第 4 章），以及进行一个称为"leitbild"的愿景推演过程（下文将详细阐述）。理想情况下，这些初始数据将验证项目的初始任务，并为初步目标提供结构框架。之后，通过更详细的场地分析和参考模型分析，进一步完善目标定义（见第 5 章）。这个迭代过程是必要的，因为在现场或进行下一步研究之前，新的情况通常不会出现。

项目定义从陈述初步规划目标开始。建立目标的过程通常来自项目投资人和其他主要利益相关者的关注，也是对场地初步分析之后的回应。从参考场地获得数据并导出的参考模型将指导项目的目标定位。然而，在没有合适的参考场地可利用时，则需要开发一套参考模型作为替代方案（见第 5 章）。随着项目在开发周期中运转，一个更清晰的生态修复空间形象开始呈现，这时会提供给团队成员更多关于项目定义的可能。

当项目团队评估场地条件并确定项目必须解决的特定要求时，应在现场分析过程中测试和完善项目目标（框 3-1）。此过程可能需要进行初步的现场试验，以验证其适用性（框 3-2）。最后，项目文件总结了定义过程，并记录了项目必须遵守的首要设计条件，项目必须紧盯着成功的方向。

框 3-1　重点项目介绍：现场试验可以发现最具成本效益的修复方法

项目：巴拉塔里亚（Barataria Preserve）保护区的入侵植物清除和湿地恢复；美国路易斯安那州让·拉斐特（Jean Lafitte）国家历史公园（National Historic Park）和巴拉塔里亚保护区（Barataria Preserve）

在巴拉塔里亚保护区建立之前，让·拉斐特国家历史公园充斥着大量建设活动——从失败的居住社区到石油采掘，再到改变湿地地形和中断湿地水文的工程管线等。为管道、石油勘探和各种其他活动而开挖的一系列水渠破坏了大约 20 英里长的自然水系。开挖产生的弃土通常在水渠两侧倾倒，这些弃土堆的宽度范围从 20 ~ 80 英尺，高度从 2 ~ 8 英尺不等。

事实上，保护区在湿地上游建立了高地栖息地，并将之作为横跨大部分保护区的线性栖息地。在这些新的高地地区，入侵植物开始出现，其中以乌桕为主。但是入侵树种的影响并不像挖掘出的弃土那样对湿地水系的影响那么严重，遍布各处的弃土堆才是改变水文环境的主要原因，这些弃土堆导致那里的水文发生变化并严重影响了湿地的原始植被和功能。

路易斯安纳州立大学和国家公园管理局合作进行了多种测试，选择了最有效的方式清理弃土堆并填埋水渠。该试验测试了两种方法：第一种方法是将弃土结合附近湖泊中挖出的淤泥一起填埋到开挖的水渠中，尽量让河道恢复到原来的竖向高程；第二种方法是仅使用弃渣材料，使河道处于较浅但并非原始的状态。这两种方法的监测为后来的恢复工作提供了数据。尽管这两种方法存在一些差异，但项目组最终决定使用第二种方法，不导入任何其他淤泥材料。导致此决定的原因之一是第一种方法会增加费用（大约是第二种的 8 倍以上）以及运输和交通等各种问题。美国生态修复管理部门批准了资金，保护区能够将 4.4 英里长的水渠转化成浅水栖息地，并在保护区内重建正常的湿地水文系统。

施工结果与预期一致；但是不同的旅游团到保护区游憩所带来的影响却远超预期。由于保护区对狩猎、诱捕、垂钓以及娱乐性游船是开放的，这些人为活动确实影响到了保护区的生态修复工作。总而言之，移除入侵树木、挖掘弃土堆和部分回填水渠被认为是一个成功的整体，保护区正在寻求更多的资金来修复剩余 10 英里的水渠。

框 3-2　确立生态修复目标定位的优点：

（1）确定项目应取得的目标；

（2）确定项目的全部内容和项目无关的内容；

（3）形成生态恢复项目规划和设计的框架；

（4）帮助确定项目实施策略；

（5）帮助项目团队充分利用资源，让团队专注于实现预期目标的工作上；

（6）构成项目完成后评估的基础。

3.1.1　生态功能

由于生态系统是一个相互作用的复杂集合，可能难以从中分离出单个系统的研究过程。然而，这是生态修复师面临的责任和挑战，因为生态系统中缺乏某个功能可能会深刻影响该生态系统的整体健康状况和长期可持续性。

简而言之，生态功能是在既定的生态系统中发生的所有自然过程和事件的组合。这个过程可以分为生物和物理两大类。一些常见的物理过程包括日照时长、太阳活动、温度、侵蚀和渗水等；生物过程包括成活率、死亡率、分解、竞争关系、捕食、食草性、寄生和共生关系等。这些事件本质上往往是独立的，它们的特征是具有不同的开始和结束进程，但通常某个事件会触发其他事件进而放大问题产生的过程。例如，洪水、火灾和干旱之类的事件都属于改变物理和生物水平的过程。

理解和解释生态系统，并检测缺失或性能不佳的生态功能是进行生态修复最重要的任务。这需要我们对试图恢复的生态系统类型有全面的了解，辨别功能组成的各个要素之间相互依赖和相互作用的关系，观察健康和不健康的生态系统，进而弥补缺失的部分。

全球范围内对于湿地面积减少和质量下降的关注引发了许多关于湿地功能恢复的研究。尽管某些功能是湿地或湿地环境所特有的（Hammer，1997），但大多数功能可以适用于所有环境（Tongway 和 Ludwig 2011；Tongway 2010；Friederici 2003）。以下列表介绍了在生态修复项目场地上已确定具有的一些常见功能：

（1）营养物质转化（初级生产）；

（2）元素循环，包括固碳；

（3）去除和保留营养物和化合物；

（4）维持本地基因库；

（5）维持植物种群（多样性）；

（6）维持动物种群（多样性）；

（7）保护濒危物种（动植物）；

（8）自我恢复能力（从破坏中恢复）；

（9）抵御入侵物种；

（10）抵御食草动物暴发；

（11）授粉；

（12）支持食物链和食物网；

（13）减少洪水危害；

（14）控制侵蚀；

（15）河岸或海岸线稳定；

（16）保水力；

（17）地下水排放；

（18）地下水补给；

（19）在高水位期间进入避险状态；

（20）为重点物种提供栖息地；

（21）维护栖息地的连通性和扩散能力；

（22）土地利用缓冲区。

如第2章所述，生态修复开始的第一步是现状问题分析，我们的目标是确定缺失或表现不佳的生态功能。利用从现场调研和甲方资料收集到的信息，逐步掌握场地生态系统各种属性的状况。接下来，记录需要改进或需要引入的要素，并建立一个初步的解决方法列表。

一个简单的工作表（表 3-1）是一种有效的工具，可用于组织有关特定项目现场的初步想法。当发现其他信息时，项目计划在这一阶段将会是一个迭代反复的过程。

场地检查工作表 表 3-1

编号	现状条件	理想的修复状态	需要采取的行动
1	几种杂草密集生长的地方	杂草在生物量和覆盖度方面影响很小	人工除草；使用除草剂；提供能产生更加密集覆盖性能的植物与杂草竞争；使用覆盖物；在播种前烧掉杂草；清除种子库
2	局部受到侵蚀的河道水系	稳定的地表坡度，能够承受地表径流而不产生大量土壤运动；增加植被以减缓水流运动和侵蚀能量；避免集中排水和能量积聚	通过压实和覆盖来稳定表面
3	动物种群缺乏多样性	在现状基础上，哺乳动物、爬行动物和鸟类数量增加 50%；更多样化的小生境	在适当位置引入岩石堆、交错倒下的树木、密集的植被板块，并引入可能的水体
4			
5			

项目进入这个阶段，生态修复师将拥有制定生态恢复计划的基本要素。在完成现状分析的过程中，对恢复场地的状况以及要修复的内容有了大致的了解，并且这种了解将继续发展、修改和优化（在第 4 章中介绍）。生态修复规划的总体思路将持续发展、修正和调整。只有在完成了现状分析过程之后，才能完全优化项目的目标。工作表可以继续细化，相关目标的语言表述也更加精确。规划目标和定位是任何修复规划的关键基础。

3.1.2 规划愿景

"Leitbild"是一个德语单词，意为"理想"或"指导原则"，在生态修复规划中表示"愿景模型"。这是一种可视化的概念规划方法，无需考虑项目规划设计中的任何约束条件（Middleton，1999）。"Leitbild"模型起源于德国（Larson，1995），最早用于溪流和河道修复，目前在许多欧洲国家得到应用。在开始一个项目时，人们通常会基于对某个区域的了解以及各种生态系统通常会发生的预期变化对场地进行景观化或可视化构想。这种愿景最有可能包含一种没有人类结构或修饰的状况，并且不受资源的限制。

本质上说，"Leitbild"愿景模型是一种环境模拟，是对以下问题的回答：比如这个项目需要多久完成，需要多少资金，有没有外界的限制等等。利用现有的数据，项目团队可以制定一个"理想"方案，然后进行迭代修正，因为除了受资源条件限制外，方案会根据物理、生物、财务、法律和政策等相关信息再进行调整并不断改进（Valentin 和 Spangenberg，2000；Muhar，Schmutz 和 Jungwirth，1995）。这个愿景模型会受到所需修复生态系统的自然功能属性的限制。"Leitbild"会产生一个现实的项目过程，该项目会根据场地的实际情况和可用资源进行调整，同时保持场地生态轨迹的历史连续性。"Leitbild"愿景模型不是一个工程化的设计方法，而是一种反工程化方式的表达；作为一个有效工具，它可以帮助我们探索项目更多的可能。

建立一个愿景模型是项目目标陈述的第一步，利用这个模型，我们可以充分了解项目场地的所有可能性。"Leitbild"愿景模型的优势如下：

（1）将注意力集中在对场地最有利的方面；

（2）引发出更丰富的规划和设计决策；

（3）帮助修复团队更好地可视化项目目标；

（4）让项目团队不仅研究当前尺度（短期），也要研究未来尺度（长期）；

（5）创新解决问题的方法，将注意力集中在"可能的"事情上，而不是在"可行的"事情上。

3.2　规划步骤

所有项目都是从需求开始的。对于生态修复项目而言，这个需求就是让场地重新回到原来的生态轨迹上。建立可行的生态修复项目过程是从描述规划关注的问题开始的。在问题陈述之后要建立一个任务陈述，并开始关注项目的过程，整个过程将消除现场的干扰并恢复缺失的要素。接下来，收集数据（见第4章）以了解场地并制定一系列特定目标，重点是完成规划目标内的既定任务。一系列特定目标是建立在项目定位的基础上，其次是行动计划。特定目标的描述必须是具体的，行动计划也应是非常具体的。

项目需求可以从先前的步骤中确定，并成为未来项目行动计划的基础。可以制定一份项目的纲要说明作为修复团队的工作指南，其他人也可以通过这份纲要了解项目进度情况。项目纲要说明不仅包括规划目标、项目定位、设计条件，还包括项目进度和预算。各利益相关方就这份说明中的要素达成一致意见是非常重要的。

但是，正如第2章所述，不同项目的利益相关者的参与程度不同。根据项目类型、地点和相关资源，一些利益相关者可能是技术方面的参与者，而另外一些可能是法律或者财务方面的参与者。项目发起人，通常是为工作提供资金的主体，他们参与项目是由于对即将进行的修复工作感到满意，而这也是他们希望得到确认的。

3.2.1　问题陈述

所有修复项目都应首先确定特定场地的生态健康状况和存在的问题。对于场地现状方面的问题，最初可以由相关的个人、委员会或组织来编写。通常情况下，市民会自发形成组织，采取行动纠正场地的退化。这个组织可以与政府机构接触，以采取一些行动。这个最初形成的组织对问题进行陈述，并指出现状的缺陷以告知决策者，使他们认识到采取行动的必要性。问题陈述是关于场地如何与特定的单个资源或系列资源之间产生联系的解释（例如河岸侵蚀，或鸟类缺乏水岸栖息地等）。

这里有一个问题陈述的样本："河岸的入侵植被和沿卡斯卡斯基亚河（Kaskaskia Creek）的障碍物导致了依赖水岸环境的野生物种，特别是鸟类种群数量的下降。"

3.2.2 任务陈述

任务陈述是一个简洁的陈述，阐明了团队要执行的特定任务或成立某个组织的目的。任务陈述是远景的、相对概括并简短的。一些生态修复项目只是某个更大项目的组成部分，以实现一个组织或机构的总体任务。一些组织或机构的总任务可能不完全是生态修复，不同利益相关者之间可能因预期的结果不同而产生分歧。为了避免资源浪费或者结果无法满足利益相关者的要求，必须在进行下一步工作之前解决这些问题。

以下是一个简单的任务陈述的示例："恢复牧场初始运营时的自然景观和栖息地环境。"

3.2.3 目标、定位和步骤

建立规划目标和目的是生态修复规划和设计过程中最有力和最明确的行动：之所以有力，是因为没有其他过程可以推动如此多的后续决策和后续活动；之所以明确，是因为目标一旦被提出，就会成为后续所有项目过程和结果的衡量标准。成功的生态修复项目都始于明确的规划目标，进而转化为具体的项目需求，这些需求正是项目团队用来指导下一步设计工作的技术路线和操作指南（框 3–3）。

框 3–3 重点项目介绍：成功的生态修复项目通常必须解决多个问题

项目：美国新泽西州，南开普梅（South Cape May）草地修复项目

新泽西州的一个小社区开普梅（Cape May）经常遭受洪水侵扰。市民向美国陆军工程兵团提出了防洪要求，但该兵团无法根据传统的成本效益分析来证明这项工作的可行性。但是，随着该地区项目资金的增加，人们决定需要的不仅仅是一个防洪项目。新泽西州和大自然保护协会合作，在现状复杂的条件下，提出为当地社区提供海岸线、沙丘和湿地的生态修复等服务的目标和构想。

开普梅岛的居民主要关心的是如何防止海洋淹没社区，这将需要调整海岸线并修复沙丘。湿地还受到一个废弃村庄的影响，该村庄纵横交错的道路，形成许多方形池塘和湿地地块，这造成了大量芦苇（一种侵入性物种）占领了湿地。此地的水文情况也发生了变化，对附近的开普梅角州立公园产生了负面影响。这个由美国陆军工程兵团和新泽西州环境保护局开发的修复项目包括几个要素，其中最重要的是海滩补给和沙丘重建，通过重建旧河道来恢复流经湿地的淡水，修建堤防和安装水控制装置。

大自然保护协会和新泽西州制定了一项水管理计划，让水在该地区流动起来，同时在一年中的各个时段保持适当的水位，以改善候鸟的栖息地。自 2007 年这项工程完成以来，这一地区再也没有发生过洪灾，而且入侵物种被消减至不到其原面积的 5%。大自然保护协会在 2013 年接管了开普梅草原的动态管理项目，专业人员将负责控制入侵物种和管理水位。尽管附近居民最关心的还是控制洪水，但是他们很快意识到这项修复工作的积极效应——每年有超过 20 万的游客到访，已经使这一地区成为重要的旅游景点。

规划目标在项目规划阶段的早期就会提出，并且用于帮助确定项目的总体定位（Doyle 和 Straus，1976）。规划目标是对某个目的或方向的完整说明；它本质上是通用的，范围广泛，并且足够灵活、足够有弹性，可以经历时间的考验。规划目标描述了预期的结果，描绘了理想状态下的画面或愿景，以清晰、简洁和易于理解的术语表述，并尽可能地包含所有内容，以满足广泛的利益相关者群体的需求。有效的目标具有以下特点：

（1）让我们能够专注于实现长期期望的结果，而不是试图只解决"紧急"问题；

（2）促进参与规划过程的众多利益相关者观点的一致性；

（3）可在多重的政府审核要求中保持项目的连续性；

（4）在满足利益相关者对资源最终状态的愿望下，奠定可以测试建议目标、行动和计划的基础。

总的来说，利益相关者之间的分歧应该以利于项目发起人的角度来解决。当然，对于任何一项重大挑战应当确保无论采取什么让步，该项目应符合生态修复规划的基本属性。

项目定位是战略性的，但规划目标本质上是更具有战术性的，是实现目的的手段（图 3-1）。理解"战略"和"战术"之间的区别和关系将有助于我们完成项目规划阶段的工作。如何理解和使用规划目标在 SMART 图中展示（框 3-4）。

参考以下示例项目考登保护区（Cowden Preserve）的目标示例及其相关的目标陈述。值得注意的是，目标是具体且可以衡量的，而定位则更注重方向的引导。

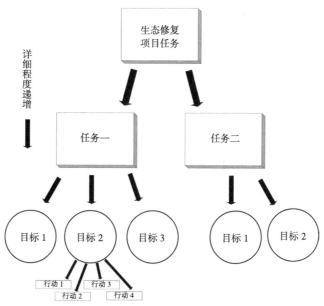

图 3-1 了解行动、目标和任务之间的关系是规划的关键

框 3-4 目标陈述剖析

S—specific 具体的

M—measurable 可量化

A—attainable 可实现

R—results-oriented 结果导向

T—time-specified 特定时间内

示例：在 2011 年 10 月 30 日之前，完成鲍勃河（Sir Bob Creek）岸线柳树林的建立。

目标陈述分析：

S：确定植物的树种类型；面积和种植地点不确定，但可以从设计图中获得。行动将涉及实施规划的柳树林的各个部分。

M：确定种植地点；可以合理地假设设计方案中确定的树种、规格和数量。

A：从表面上看，这似乎是一项合理的任务。虽然没有精确的数据，但是可以确定下一步工作。需要回答的问题包括：修复师能控制种植面积吗？修复师有可用的资源吗？植株数量够吗？等等。

R：这项任务显然是以结果为导向的。这不是中间步骤。

T：截止日期很清楚。在某些情况下，完成时间取决于前面的工作；在目前情况下，之前任务结束后的时间对后面的工作来说应该足够了。

以下是考登保护区修复规划的目标陈述：

目标 1：增加考登保护区本地野生物种的种群数量。

目标 2：通过修复卡斯卡斯基亚河（Kaskaskia Creek）河道和流域，重新建立考登保护区的本地鱼群。

目标 3：在考登保护区建成灌木林地，确保高海拔目标种群得到保护。

根据上述目标陈述，下列是关于考登保护区项目的规划策略：

（1）目标 1：增加考登保护区本地野生物种的种群数量。

基于目标 1 的规划策略：

1）在 2005 年 5 月之前，在考登保护区的卡斯卡斯基亚河附近建立 3 英亩的三角杨和柳树混植的水岸栖息地。

2）在计划栽植本土植物之前，移除在卡斯卡斯基亚河道的项目范围内所有入侵乔木和灌木。

3）在 2008 年之前，消除从卡斯卡斯基亚河与埃尔赫斯特（Elmhurst）交界处到该条河与阿博格（Arboga）交界处之间的牛鹂。

4）在 2004 年 11 月之前抢救进入退化阶段的本地植被。

（2）目标 2：通过修复卡斯卡斯基亚河河道和流域重新建立考登保护区的本地鱼群。

基于目标 2 的规划策略：

1）在 2008 年 8 月之前，移除影响卡斯卡斯基亚河鱼类迁移的障碍物。

2）在 2008 年 8 月之前，在 200 码长的河底基质中添加砾石，以帮助斯派特溪（Specht Creek，卡斯卡斯基亚河支流）的鱼类产卵。

3）在 2006 年 5 月 1 日之前，去除斯派特溪的人工分流改道。

4）在 2008 年 9 月之前，对卡斯卡斯基亚河上游流域所有测绘的侵蚀地区实施侵蚀控制措施。

行动计划是为了实现既定目标而采取的措施。行动计划是分散的，可以在项目进度表中进行调度使用（见第 2 章）。一项行动应该与目标直接相关，在可用资源方面应具体可行（Margoluis 和 Salafsky，1998）。通常，需要采取一系列行动来实现目标，目标越复杂，实现该目标就需要采取更多的行动。建议的行动计划包括场地改造、围栏建设、植物去除、植被栽种、获得许可，或者从整体项目的另外一方面进行建设以实现项目目标。为实现目标而采取的行动可以通过监测评估以符合项目进度的要求。

以考登保护区为例，可以生成以下行动计划来实现上述目标。

（1）目标 1 策略 1：在 2005 年 5 月之前，在考登保护区的卡斯卡斯基亚河附近建立 3 英亩三角杨和柳树混植的水岸栖息地。行动计划包括如下：

1）从本地苗圃购买树木（300 棵三角杨）；

2）购买灌溉管道、控制器等，招募志愿者；

3）聘请工人；

4）除草；

5）将场地的废弃物运走；

6）安装灌溉系统；

7）聘请承包商在场地周围安装防护围栏，对场地内的重要植物进行专门保护；

8）准备栽植场地；

9）在3英亩的洪泛区栽植300棵三角杨；

10）从卡斯卡斯基亚河其他区域收集柳树品种的扦插条；

11）在低洼处以每码2棵扦插苗的密度栽植柳树。

（2）目标2策略1：在2008年8月之前清除卡斯卡斯基亚河影响鱼类迁徙的障碍物。

行动计划如下：

1）绘制障碍物位置图；

2）确定所需要的设备；

3）制定清除每个现场障碍物的计划；

4）评估下游潜在影响，必要时制订缓解措施；

5）确定并设计进入每个障碍物场地的临时通道；

6）租赁所需要的设备；

7）组织志愿者，提供必要的培训；

8）拆卸障碍物；

9）将场地拆卸的废弃物运送到接收地点；

10）对上下游存在障碍的河岸重新设计等高线；

11）采取生态护岸或硬质护坡措施；

12）结合土壤稳定措施在河岸坡面上种植本地植被；

13）维护植被。

3.3 项目需求

项目需求为项目团队提供了详细的行动指南，供项目团队在整个项目开发过程中遵循。项目需求总结并明确表达了所有场地需求、利益相关者的期望以及项目额外赋予的要求。一个成功的项目是可以满足所有已知需求的项目。建立项目需求是将规划策略和目标结合，综合一系列的行动计划；此外，还包括所有的环境许可以及协议承诺等内容。

将规划内容转化成一系列清晰而具体的项目需求是规划过程中的重要步骤，也是项目管理中最具有挑战性的方面之一。在这里进行权衡的是所有已知的关于项目将要完成的事项都应转化为可采取的行动。明确项目需求是修复团队第一个重要的里程碑,可以视为成功的秘诀。在项目结束时,如果团队可以证明已满足每个需求,则该项目将被视为已完成并已实现其目标。

项目需求应该形成文案并发布给整个项目团队,以在整个项目制定过程中作为参考。需求文案成为最重要的检查表,用来检测和评估团队在项目上的表现。项目需求就是项目的根本,它描述了项目的每一个方面,然后在项目完成时,体现在交付给项目发起人的成果中。

3.3.1 建立项目需求的准则

建立项目需求应遵循的准则:

(1)以结果为导向;

(2)清晰、简明地陈述目的;

(3)多用行为动词来表达(比如创立、发展、监测、建立、安装和去除);

(4)明确的里程碑时间(时间节点),比如起止日期、强制完成日期;

(5)要实事求是;

(6)尽量用图示语言(比如方案、表格、图表等);

(7)获得利益相关者的批准(利益相关者在需求清单上签字)。

3.4 撰写项目说明书

一个基本的项目说明书包括项目定位、规划目标、项目需求、进度和预算以及项目组的各种设想。在公众和项目团队之间的工作关系背景下,项目说明书取决于项目的情况,可能会包含其他信息。比如可以包括利益相关者同意的签名表和会议记录、项目需求变更列表或项目风险评估与项目管理计划的副本等(结合第 2 章)。

第 2 部分

项目设计

我们通常不会从设计的角度考虑生态修复，因为许多项目对设计的要求并不高。但是对于一些休耕地、撂荒地或者其他已经发生严重改变的场地，则必须做出"何去何从"的决定，这些决定就是我们所说的设计，无论这些决定是由于环境要素的控制还是出于利益相关者的愿望。最常见的设计是"拷贝"以前存在过的样子，比如历史参考场地。

项目场地的条件将决定需要置换或重新建立哪些要素，以及要素的外观、形式或位置。通常情况下，这需要我们进行详细调查，才能更全面地了解所涉及的各种要素的性质。在第 4 章中，我们将详细讨论需要评估的各种非生物和生物条件，以了解项目场地的机会和制约因素。如果我们没有被限制在某个特定的项目地点，则可以在选择最终场地之前对多个可能的项目场地进行类似的分析。

项目设计受到多个因素的直接影响，最终结果表现为预算、时间进度、劳动力情况、植物材料和设备的可行性。设计通常是需要进行调整和"重新思考"的，在生态修复项目的设计阶段，我们的创造力和创新能力是制胜的法宝。

在规划过程中，我们需要确认场地的改进是具有可持续性的。作为修复策略，现场条件将决定是否需要给场地补充水源以供植物存活，在世界上许多地方，水不再像过去那样容易预测或者是现成的。因此，我们需要用发展的观点去思考如何让场地获得水源。

生态修复涉及的要素非常广泛。根据项目场地情况，可以使用多种操作方式来实现项目目标。今天，许多项目需要在短时间内，在脆弱的土壤以及一些可能已经板结的土地上栽种植物。植物材料有多种形式——种子、插条、容器栽培等。有一点需要明白，即我们的选择和需求也会影响预算。

第 4 章

场地分析

在前几章中，我们系统介绍了一种项目规划的方法，该方法为开展生态修复项目建立了框架。现在我们开始回答"什么使项目成功？"我们发现答案的第一部分在于项目管理过程：建立一种可以清晰识别并实现项目目标的方法，从而确保具体的项目策略可以充分、准确地响应利益相关者的需求和期望。

答案的第二部分是场地分析过程。图 4-1 说明了在项目形成阶段应评估的多个要素（分为四类），这些要素代表了整个北美地区几十个项目的经验汇总，其结果是列出了比任何一个项目都要复杂得多的要素清单，这里的每一个要素都将在本章加以讨论。

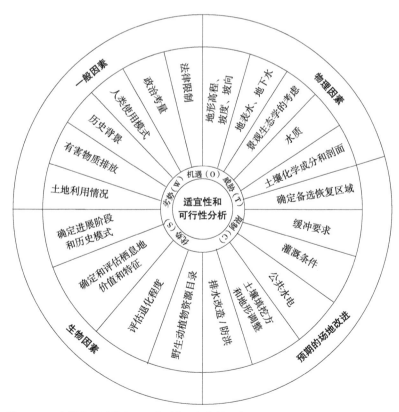

图 4-1 可行性分析过程中不同类别的现场分析因素

优势（Strengths）：

当前存在的一种强大的属性或固有的禀赋

劣势（Weaknesses）：

无法正常发挥功能，不足

机遇（Opportunities）：

很好的上升机会，面向未来

威胁（Threats）：

警告的迹象，即将发生的事

限制（Constraints）：

约束或有限度的事物或情况

图 4-2   现场分析过程中的每个因素都被分配到一个类别，用于现场评估和项目目标的细化

我们将现场分析过程描述为一个可以转动的轮盘，这些分析要素没有绝对的起点或顺序。特定的现场条件通常会引导我们解决最明显的问题，不管现场是否缺乏明确的信息。我们鼓励至少去接触一下每个要素，哪怕只是为了确认没有问题，这样可以避免项目中出现不必要的错误。从图 4-1 的轮盘中心看，每个要素被分配到指定的五个类别中（图 4-2），这将有助于制定项目需求。轮盘中心是 SWOT-C 分析（本章稍后讨论），这些关联会引导我们重新评估项目目标或增加新的要素。进行 SWOT-C 分析的结果是一系列合适且可行的目标，它们可支撑项目的最终目标，这些变化会直接影响项目的最终需求。

SWOT-C 场地分析从数据收集开始，涉及整个过程中的数据解释和分析，最后以符合项目目标的关键数据综合为结束。对优势、劣势、机遇、威胁和限制因素的分析（SWOT-C）为需要回应的可采取行动的项目提供了分析条件（见第 6 章），一个全面的场地分析将确保我们在修复项目中使用适合的参考生态系统和修复策略。随着数据被组织成 SWOT-C 格式，设计方法和概念设计方案也开始逐步形成。

将整个生态修复计划和设计整合在一起并非易事。当进行 SWOT-C 分析时，我们将开始找出导致场地问题的原因并制定适当的策略，分析的强度还取决于场地的复杂性以及所要求的恢复程度。

在罗马附近的蒂沃利哈德良别墅（Hadrian's Villa，公元前 117 年左右）考古现场发现了详细的场地分析图。有证据表明，罗马皇帝在设计维拉建筑群时考虑了风向、太阳高度角等气候因素和方位，在视野和坡度等地理因素方面最大限度地融合了别墅空间和周边的自然环境（Moore，1960）。

2200 多年后，当宾夕法尼亚大学的景观设计教授伊恩·麦克哈格（Ian McHarg）介绍了他的图形方法，并用它来解释多种环境因素及其在决策过程中的影响时，场地分析取得了重大进展（McHarg，1969）。麦克哈格的方法让风景园林师第一次以统一的格式组合关键场地数据，以便于解释和决策。使用地理信息系统（GIS）计算机软件，可以进一步完善这种统一的方法或技术。一些出版物对生态修复的场地分析进行了介绍（Harris，Birch 和 Palmer，1996；Zentner，1994；Packard 和 Mutel，1997；Bradshaw 和 Chadwick，1980；Anderson 和 Ohmart，

1985；Daigle 和 Havinga，1996），但没有讨论在制定生态修复方案时使用数据的过程。

理想的场地分析过程将着重于确定那些最有可能影响生态修复策略和结果的要素。

4.1　收集场地数据

一旦确定了要收集的数据类型、收集时间、人员和所需要的方法，就可以进行数据收集了。

有关可能影响项目场地现状的要素数据的收集，首先是通过文献检索、访谈和实地考察的方式进行收集，例如对历史学家、土地经理、当地农民和附近的土地所有者进行访谈（框 4–1）。附录 5 中的清单提供了一种有用的格式，用于输入来自场地分析调查的数据。

框 4–1　收集场地数据的一般原则

（1）汇总并查看场地所在区域的一般因素、物理因素和生物因素的现有资料。

（2）进行初步现场考察，以确定现场条件是否与规划师阅读和审阅的报告内容相符。

（3）与以前的土地所有者和附近的土地所有者联系，他们可以告诉规划师与场地相关的信息、研究、回忆录和报告。

（4）请联系政府机构人员、自然资源专家、学术人员、业余博物学者以及其他了解该场地或区域的人士。

（5）收集其他最有可能影响恢复项目成功的现场数据（见本章中关于 SWOT-C 的分析讨论）。

4.1.1　文献检索

数据收集是从搜索所有可用记录开始的。市、县、州以及联邦政府办公室有最丰富的数据资源，环境影响研究、野生动植物报告、土地利用规划以及其他政府报告都会包含相关数据，通常可以方便查阅。这些报告中包含的图纸是重要的信息来源，这些图纸数据通常足够详细和可靠，足以使项目团队建立基本数据框架，从中开始进行项目规划。随着 GIS 系统的广泛使用，这些数据通常可以电子方式获得，从而帮助我们进行准确的项目方案制作。

环境研究和报告的副本也可以在大学图书馆或研究所找到，大学研究团队可以成为另外一个数据来源，可以帮助建立某些野生生物物种、相关栖息地和范围等方面的基础数据。

应尽可能获得一份覆盖整个项目区域的最新土壤调查报告。在美国，土壤调查报告由美国农业部（USDA）和自然资源保护局（NRCS）制作并发布。尽管土壤测绘图可能无法达到项目所需的比例精度，但土壤调查将帮助我们了解项目场地上的土壤类型、土壤剖面和土壤成分等特性。

　　老照片是另一个重要的数据来源。家庭相册和家庭农场的其他存档历史记录通常会揭示很多有关过去土地使用和管理的信息，这些可能会影响我们的分析。比如，在一个早期定居者牧场公园（见第 14 章），一名团队成员查阅了档案记录，其中包括了许多今天已经不复存在的物种和森林分布的照片，比如高龄的美国悬铃木、三角杨和巨大的橡树，以及厚厚的巴克菊灌木丛，这些在很久以前都被养牛户清理掉了，现在则变成了牧民的定居点。这些老照片提供了关于该场地宝贵的历史线索，使研究小组能够就种植地点和植物组合做出明智的选择，如果没有历史记录，这些都是不可能做到的。

　　许多政府机构拥有过去的航拍照片，美国农业部土壤保护局（现为美国自然资源保护局，NRCS）进行的许多早期航空勘测可追溯到 20 世纪 30 年代后期。早期航拍照片常常可以显示本地植物群落的分布情况，这些植物后来因农业或其他目的而被清理。有时可以将一系列历史航拍照片组合在一起，校正到相同比例后，可以揭示出随着时间推移，场地景观的动态变化情况，这项技术对于分析需要生态修复的溪流、湿地、滨水岸线等特别有价值。这些照片也有助于追溯地形、地貌变化情况，这些可能会持续影响场地条件。

4.1.2　专家访谈

　　有时，文档化的数据很难或者根本无法获得，此时唯一可以收集场地数据的方法只有与知识渊博的人进行访谈。当地的历史学家和历史学会可能拥有的不仅仅是故事和传说，历史照片、日记、田野调查以及旅游手册都可能有用。例如，对整个旧金山湾进行的一个广泛数据收集计划，除了博物馆和其他数据来源外，该计划大量利用了采访活动（Grossinger，2001）。此外，以前的土地所有者和附近的邻居可能也拥有一些以前的场地信息，包括重要事件或个人经历等（Edmonds，2001；Anderson，2001；Fogerty，2001；Harris，Birch 和 Palmer，1996）。

4.2　场地调查

　　场地调查的目的是验证之前收集的数据信息，发现尚未记录或容易获得的新数据，并开始数据分析过程，综合了解场地特征并提出生态修复策略。但是，由于人们通常不知道如何进行场地调查，因此许多调查并不能产生足够的数据信息。在场地调查的数据收集过程中，遇到最常见的错误是遗漏了常规或明显的场地物理特征。为了解决这个问题，我们建议每次场地调查都要经过充分的准备并制定场地分析清单，下面将进行详细阐述。

4.2.1　调查前准备

　　常规的场地现状数据如植物分布图、地形数据、土壤现状图、野生物种范围图、地上地下设施情况、产权界线以及特殊的土地权属分布等，应该在调查现场之前进行汇编和审阅。这些图纸应该处理好格式，在场地调研中便于携带和使用。现在数码产品的使用能使这些地图能够加载到平板电脑、笔记本电脑或智能手机上，供野外调研使用。我们使用过各种尺寸和格式的图纸，发现 11 英寸 ×17 英寸纸张大小的阅读效果最好，这样的图幅可以显示足够的细节，同时提供紧凑的空间来做笔记和绘制潜在的设计思路或项目技术构想。无论项目场地规模是比例尺 1 英寸∶100 英尺的大场地或者 1 英寸∶20 英尺的小场地，我们发现这种图纸尺寸最适合携带，并易于结合现场记录和草图，并方便以后将这些内容转移到总体设计方案中。

不同的场地调查时间可能会产生不同的结果。一次春暖花开时期的场地调查将会产生许多关于非本地物种存在的信息，这些信息可能会影响我们设计除草计划。另一方面，暴雨期间的湿地考察可能会记录场地的地表水文模式，进而引导我们制定水土侵蚀控制措施。理想情况下，我们应该计划在几个月内进行多次场地调查，以便能够收集不同季节的场地数据。

尽管我们强调数据收集的全面性和综合性（Bradshaw 和 Chadwick，1980；Anderson，2001），但在实际工作中，收集数据的详略程度要由生态修复师和项目团队确定。我们要面对包括时间、成本、人力资源（承包商、志愿者或者员工）和利益相关者等方面的限制，这些限制会界定我们数据收集的框架。每个场地的需求决定了哪些要素要特别关注并获得所需的数据量。最有效、最安全的方法是开发和使用一套标准化的场地调研清单，以避免遗漏任何关键的场地因素。

4.2.2　场地分析清单

在进行场地分析时，必须有调研清单，否则很容易忽略对某些方面的调查。从一般因素（例如历史土地用途、政治考虑和社区参与）到物理因素（例如水文学、土壤和气候，包括小气候）再到生物学因素（例如植被、野生动物、栖息地特征）等不同的要素进行整合时，我们建议利用场地分析清单来找到项目成功的关键要素。从三个类别（一般要素、物理要素、生物要素）中，我们推荐使用一个框架来整理和分类收集的信息（附录 5）。

4.2.2.1　一般因素

一般因素主要是指人为因素造成的影响或条件，它们会以某种方式影响项目在该场地上的进行方式。其中的一些因素无法在现场调查到，必须从文件或其他专业研究（如历史、考古）中获得。

1. 场地和附近场地的土地所有权

应尽早确定场地的所有权，以确保我们拥有场地的访问权，并了解可能限制甚至阻止我们进行生态修复工作的规定或契约。确定地役权（将在下文讨论），这些地役权可能授予公用事业公司或相邻的土地所有者在我们场地上的优先访问权。水,特别是在美国西部陆地上的水,并不是以土地所有权的形式来确定水资源的归属。任何有关相邻土地所有者的管理实践的信息都应被视为分析的一部分。例如,我们可能会发现,每年对邻近土地上的消防道路进行清理可能会导致场地出现表面侵蚀和沉积问题;在相邻物业上缺乏足够的除草工作可能会导致场地上杂草丛生。应尽早与附近的土地所有者互动并强调相互理解,可以让邻近物业进行土地管理,以支持我们的生态修复目标。

2. 地役权和公共市政

所有的土地权属都必须妥善记录并准确绘制地图,以确保公共市政设施在项目期间可以无障碍地运行(如指定的泄洪道)。此外,任何可能被允许通过项目场地的访问安排都必须记录在案,以确保地役权不会被忽视。如果我们必须维持相邻土地所有者的访问权限,请确保将此作为场地设计的条件,在项目设计和管理策略中加以考虑。

土木工程师或执业土地监理非常适合帮助我们确定其他人(比如公共市政公司或者相邻利益相关者)在项目场地上拥有可能的优先权利。在规划过程的早期,市政管线(地上和地下)如给水、排水、燃气、电力、通信以及卫星电视等就必须确定下来,以便采取预防措施以避免公用设施冲突。最好在规划阶段就清楚地了解场地上和附近的所有公共设施,从而避免后期修复工作与公共服务设施发生冲突。市政公司可能会提供挖孔服务,以帮助我们标识地下管道设施情况,我们应考虑并记录其他项目,包括灌溉管道、排水管、涵洞以及服务基座或管道等旧的基础设施。

3. 有害物质

不幸的是,无数地区都有非法或合法处置的危险废弃物。异常的或对比强烈的物质材料应重点检查,这需要专家的帮助。从本质上讲,所有地区,特别是偏远地区都是非法倾倒有害物质的候选地。危险废弃物通常通过卡车运输,但是会被掩埋、回填并对填埋物进行地形处理,以避免被发现。

4. 历史背景

查阅档案,或者与以前的土地所有人或邻居联系,了解影响场地设计的其他信息。以前可能会是一个地下温泉、掩埋的地基或者储罐,或者是某些地质条件(比如地下水位较高)等都会影响我们的修复工作。如果项目场地曾经用于农业耕作,那么以前种的是什么作物?当时的土壤墒情如何?是否添加了土壤改良剂?是否使用了杀虫剂或除草剂?庄稼收成如何?是不是由于使用重型农业机械导致深层土壤被压实?

5. 土地利用情况

在相邻或附近的土地上是否存在现有或拟定的土地利用规划,这个情况是否会引起冲突或威胁我们的生态修复目标?在进行后续的生态修复工作之前需要解决这些问题,否则,我们将冒着投资"无果"的风险。例如,在拟定的住宅开发区域附近进行生态修复活动会带来一系列问题,包括邻居孩子的破坏、责任认定以及宠物的活动等。附近的公园空间和开放空间,虽然可能会产生一些良性的生态协同效应,但也必须进行检查以确保与我们的长期生态修复目标兼容。

6. 政治考虑

不要忽略在规划过程中尽早获得政治认可的重要性。一些社区会认为生态修复项目是一个令人讨厌的麻烦事,并试图阻止其发展。在某些情况下,冲突是由沟通不畅造成的。举行公开会议和实地考察,对利益相关者进行适当的培训可能会克服这个困难。当地的土地利用规划部门可以帮助确定项目的隐藏障碍,并成为解决社区居民问题的促进者。

7. 进入 / 进入管控 / 人类使用模式

项目场地上是否存在历史久远的人行道,马车道或远足小径?是否需要维护游览道路?越野摩托是不是问题?如果保留远足小径会不会破坏环境?社区居民有没有将项目场地作为社区活动的捷径,例如钓鱼或者溯溪的好去处?应该保留、禁止或者控制这种进入方式吗?如果长时间都有一个非正式的公共入口,则可能产生了一种必须适应的使用权。这些问题必须要考虑,并且可能需要在周围社区中实现一系列支持性的社会目标,以确保项目的长期成功。许多生态修复项目往往忽视了培养"社区参与"工作的重要性,如果不了解情况,也不参与生态修复过程,周围的社区可能会在不知不觉中破坏我们的努力。持续的越野活动、非正式的休闲活动、没有牵绳的宠物、垃圾丢弃等都可能成为阻碍项目成功的因素。

8. 文化资源

候选项目场地可能有当地原住民使用过的历史证据,或目前被当地居民用于资源利用或者宗教目的。历史记录和大学研究报告是识别重要文化资源的极好资料,这些文化资源应予以保存或恢复。无论是原住民的历史住所、具有宗教意义的遗址,还是前几代人相遇并雕刻了首字母缩写的"老橡树",我们都应该考虑生态修复活动是否可能干扰这些敏感的文化遗存。在大多数情况下,合格的考古学家通过调查场地、梳理记录以发现可能受到影响的任何重要资源,并提供避免冲突的策略,因为这些冲突可能会延迟生态修复计划。和熟悉场地的当地原住民交流,将帮助我们确定生态修复项目场地上的文化资源,比如用来收集植物材料的传统场地、神圣森林或者石头阵(Fogerty,2001)。一些生态修复项目(特别是草地和湿地恢复项目)会被设计成适合于植物材料收集的方式,以符合当地文化特点,比如在塔湖(The Lake Tahoe)地区的草原,甚至使用传统管理技术,比如山火,来维系当地文化习俗(Lewis,1993)。

9. 农业和检疫

在景观系统中,害虫成为独立的种群并不罕见。这些物种中有许多种群严重侵害了农作物,并已成为广泛控制措施的目标。荒废的农田可能存在一些未检查出来的害虫,直到我们开始修复这个场地时才发现。在项目需要重型机械来挖掘或运输时,需要进行检查以防止将其他地区的有害物种带入场地。当地农业顾问或者农业管理局可以提供任何潜在问题的宝贵信息。

10. 现有生态系统的压力

在场地调查期间，我们需要从不同角度获得全面的场地信息，包括评估那些可能会影响项目场地的场外因素（框 4-2）。高海拔山区、河流上游或者现状道路都会是常见的场地压力源。同时，还要注意某些条件的混合或叠加效应：地貌侵蚀造成植被减少，其原因可能并不是土层变化或其他物理原因，而是土壤污染。应注意到，植被出现的不规律性是检测项目现场发生情况的开始，现场调研和历史情况研究可能会澄清这些状况，任何"直线""方框"或者"矩形"的出现都可能暗示着曾经有过人类活动的影响。围栏不复存在可能是表明了放牧导致土壤紧实度增加；水槽的位置可能也是表明了过度的土壤压实。这个列表相当长，任何导致资源退化的原因都可能很简单或者很复杂。

框 4-2　经验学习：从流域角度分析问题

一家机构修复了一片位于溪流附近的低地洪泛区森林。尽管本地水生植物存活了下来并迅速成长，但项目场地很快因洪水带入了一个非本地入侵植物（芦竹 *Arundo donax*）。随后该机构被迫承担与控制项目场地入侵植物相关的额外费用。尽管修复项目所在区域的河段没有入侵植物，但许多上游河段密布这些芦竹，从而为项目所在地的外来植物入侵提供了源源不断的繁殖体。

项目规划人员发现，了解项目场地上游的情况非常重要，这些干扰可能会对河流修复项目产生不利影响。该机构认为，有必要制定一个流域范围的入侵物种管理计划，以确保目前和未来河流生态修复项目的完整性。

4.2.2.2　物理因素

物理因素包括物质的结构、组成以及运动方式，包括地表水和地下水。景观生态学也是我们讨论的内容，因为这门学科涉及生物和非生物的综合作用。

1. 地形

是否有近期地形变化的证据？斜坡地区是否对植物群落或物种栖息地有任何限制？现场调查是否会受地形影响？大于 10∶1 的沙土坡度或者坡度大于 2∶1 的其他土壤类型就会出现表面侵蚀，因此在生态修复的第一阶段就必须制定一系列措施应对可能的环境退化。陡坡，尤其是人造陡坡，有时被称为"最需要关注的区域"，如果不通过各种机械技术进行处理（如处理潜在滑坡点），未来地形的改变有可能会破坏项目的成功。

2. 海拔（高程）

是否因冻土线或者霜降而影响某些目标物种的生长条件或生长速度？海拔是否超过该场

地所需物种的生长环境？峡谷和沟壑通常因为湿润和凉爽的环境更适合物种生长。在湿地和潮间带工作时，需要考虑微地形的影响，有时厘米级的微小变化就可能会影响某些潮间带物种的修复，传统的土地测量员可能会忽略这些微小的地形变化。请确保土地测量员了解我们的项目要求。

3. 地质

基岩深度、岩石露出的位置以及某些特殊的地层可能会限制我们对该场地的使用。有害物质或元素的出现可能会和我们的生态修复相冲突，或者破坏修复的目标种群。有些植物群落仅限于生长在特定地质构造的土壤上（例如，来自蛇纹岩的土壤）。

4. 土壤

应该确定整个场地中不同位置土壤的深度和质地。土壤质地影响水渗透性、根系渗透性、保水保肥能力、收缩膨胀度以及腐蚀性。在进行实地调查之前，请先找到 NRCS（以前称为土壤保护局）、当地农业机构、以前或当前的土地所有者制作的土壤地图和研究报告。土壤地图和报告提供了广泛的信息，在我们的规划过程中具有重要价值以供进行规划决策。这些报告的信息包括项目地的土壤质地、土壤概况描述、表层土深度、适宜性植被、排水特征、适用的耕作类型、岩层深度以及腐蚀性等。区域土壤类型可以通过土壤渗透性和保水能力、pH 值等数据来确定。请谨记，这些数据只能让我们大致了解项目所在地区的土壤。

March 和 Smith（2011）曾经通过场地土壤调研数据、高程数据结合 NRCS 数字化土壤类型图，创建了场地潜在的植被群落地图，这些地图可用于指导选择适当的恢复目标。如果缺少土壤地图，我们强烈建议应进行取样以评估整个场地的土壤情况。应经常进行场地调查，核对土壤地图，以确定地形地貌没有变化；根据土壤地图，有计划地按比例在现场确定位置放样并划分坐标网格；确定土壤被盐、石油等化学物质降解的任何地点；在水体附近以及先前确定为关注区域的任何地方以及任何发现植被结构或海拔变化的地方获取土壤样本。

应该收集多少样本？在这里，常识和已收集到的信息将指导我们做出决定。如果已经知道某些区域地形受到干扰或发生了变化，则需要在这些区域进行更广泛的土壤采样。没有明显改变的地区将不需要那么多的采样。如果政府机构或之前的土地所有者提供的土壤地图显示了一种或几种类型的简单土壤集合，则可能不需要进行大量采样。大多数土壤调查报告都描述了典型的土壤剖面。挖几个浅的土壤测试坑，以确认项目场地条件与土壤调查中所述的情况相似。某些指示物种的存在可以提供有关土壤条件性质和范围的宝贵线索。如果我们怀疑土壤条件可能会随着深度改变而发生显著变化，那么挖几个深的土壤测试坑以检测下层土壤情况，如果需要修复的目标植物需要接近地下水位，则此操作尤其重要。随着时间的流逝，新的田野可能已经建立起来，但地下土壤的结构可能是未知的，或者与表层土有很大差异。如果需要改变地表高程，那么需要在挖掘时收集土壤深度数据，评估采样情况，以确保最终地形高程土壤剖面的清晰呈现。

通过简单且相对便宜的测试，土壤实验室可以提供重要的信息，并为改善土壤结构和提高植物生存能力提供专业意见。但是请注意，土壤实验室提供的信息通常是基于农作物产量的角度，而不是从天然植被恢复的角度进行分析。参考文献或者当地从业人员可能会提供一些帮助，至少要确保对 pH 值、电导率（EC）、有机物含量、质地、大量营养素和微量营养素以及任何其他当地已知的化学物质进行实验室测试。

让表层土始终保持一定的厚度也是具有挑战性的。废弃地和最近使用过的农田通常富含肥料和空气沉降物养分，从而促使杂草先于本地植物生长。某些技术（如除草剂、灌溉、干式循环等）可以管理土壤种子库，并产生不同的结果。最近在英国和丹麦推广的一项土壤倒置技术，能够翻转表层下 3 英尺的土壤，这项技术可以将杂草种子埋在深层土以下，从而不会和本地植物竞争表层土的营养。

5. 水文

是否有水流？流速是多少？附近有没有水文站，流经场地的河流能否根据水文站的数据构建水位图？场地是部分还是全部被洪水淹没过？如果没有可用数据，能否通过调查河岸或近水岩石或树木的特征来确定河流的高流量水位（普通高水位线）？通常，有必要探索调研现场以外的区域，以了解造成项目场地排水问题的原因。因土地利用导致的坡度变化可能会对项目场地产生影响，比如居住用地或者商业用地的增加，因此请尝试确定是否有计划或方案来减少地表径流量。自然水网可能就在场地上，并且可以轻松识别。然而，如果该场地曾经经历过一段时间的农业生产，则可能会安装设备或改变地形以重新引导水系以保护农田。仔细检查场地周边的坡向以确定水系变化的迹象，这可能会提供重要的帮助。我们需要决定如何使用这些特征，同时，将河道改回自然原始路径是否符合我们的修复目标？

如果认为洪水是关乎项目成功的一个潜在问题，那么请咨询当地人士了解项目场地的洪水历史、洪水的发生频率、持续时间和洪水深度。我们还应该咨询水文学家，他们可以根据历史数据和流域水文状况进行评估，为我们的地点确定预期的洪水频率、深度和持续时间（Kondolf，1995）。河道水系上有许多大大小小的水库水坝，它们对下游土地的影响是巨大的，并且往往不可预测，因为水的释放可能不受管制或者不能持续。当依赖受管控的河道水系时应该仔细研究上游的调水控制情况。

6. 地下水

在考虑湿地和水岸栖息地恢复时，确定地下水深度尤为重要。安装一系列地下水位测量管或地下水探测井，能够准确监测浅层地下水深度。根据项目场地所在流域的位置，地下水位可能会剧烈波动。应确定地下水位季节性变化，因为这些信息可能会影响种植的方式和时间以避免使用补充灌溉系统，或至少确定需要补充灌溉的时间。此外，了解地下水的波动情况将确定合适的植被类型和种植密度。在某些情况下，地下水是洪水事件的结果，并且地下水通常会季节性地波动，而植物能够快速地生根并追随下降的地下水位。通常情况下，一个项目开始之前没有足够的时间收集全部的信息，调查附近现状水井可能会提供一些关于地下水位和水质的信息。

7. 地表径流

应检查地表径流的模式，以确定采取必要的侵蚀控制措施。纠正侵蚀问题通常需要分级，如果设计中包括土方工程，那么我们可以评估各种施工方法来解决问题；但是，对于不太超前的项目，还需要考虑一些其他技术，比如放置岩石、挖泥或使用可减缓流速的植物。由于过去的建设活动，地表径流可能会非自然地集中，这可能会改变物种组成、长势、活力和其他微环境因素来影响植被生长。可以通过使用植被绿化、纤维垫层（椰壳纤维）、稻草卷，或一些用钉子固定的网眼织物，或用乳化液体将各种覆盖物固定在适当位置，以解决侵蚀问题。尽管生物工程材料技术有了新的进展，但并非仅使用植被就能解决所有问题。需特别注意那些径流集中的情况，无论是自然的还是通过排水系统改造的，如果水的流速或波动频率太快，植物都无法生长。

8. 水质

对那些通过城市排水补给的河流进行水体采样，是检测周围流域污染物情况的重要手段，水体修复对水质的要求很高，因此需要进行一些特殊处理。有两种方式最为常见：①考虑设计一个小的湿地系统来改善水质（人工湿地或蓄滞池）；②制定一个指导土地所有者如何控制有害化学物质和防止它们进入径流的教育方案。随着全世界对获得清洁水体的需求，第一种技术正得到越来越广泛的应用。许多修复项目的目标可能就是为了提高溪流、河流或湖泊的水质，因为水体化学物质的改变将重建以前从水体中消失的动植物组成结构。一个组织良好的志愿者团队在美国东北部的特拉华河（Delaware River）进行水质监测，记录到水质已有明显改善，政府组织现在正在重建以前无法生存的鱼群种类。

9. 景观生态学

在过去几十年，人们开始关注景观生态学，即评估景观格局如何影响不同生态系统和群落中的物种。景观生态学受到关注的一个研究方向是生态廊道、核心区域和背景区域（Adams和 Dove，1989）。许多栖息地保护规划正在解决这些问题（Smith 和 Hellmund，2006）。廊道并非始终是通往大型核心区域的良好的植被或线性生境带，根据物种和群落的不同，廊道的宽度和质量可以变化很大，一条廊道的宽度到底需要多少是难以捉摸的。例如，蝴蝶种群成功找到繁殖和觅食的栖息地所需要的条件对于小型哺乳动物或者某些鸟类来说是无法对等的。了解不同物种的栖息地要求并确定目标将指引项目设计，通常情况下，要同时满足多个物种所需的栖息地条件。

另外一个需要考虑的重要的景观生态学因素是边界，这里的"边界"是指在一个植物群落中栖息地或结构组织的变化的边缘。多数情况下，边界是两个不同植被群落相遇的线性外轮廓，但是在不同年龄段的植物群落、相遇、物理要素破坏植被或造成植被变化的地方也存在边界。

从森林和草地之间非常平直、光滑的接触边缘，到河流与相邻河岸生境之间的极其弯曲或曲折的接触线，都存在着多种边界模式。有时，边界的控制程度较弱，并且可能会因季节或降雨周期而变化。在满足某些美学或特定物种需要的同时，较长的边界可能会增加不良物种入侵途径而对一个或多个植被群落造成更大的危害。研究已经明确了某些物种入侵各种植物群落的能力。观察结果表明，许多外来或不受欢迎的物种可能生活在一个本地物种群落中。然而，更进一步的研究发现，几种外来物种占据了开口或狭小空间中对空间或养分的竞争较少的那部分。通常，只要有裸露或开敞的区域存在于天然植被群落中，尽管面积很小，这些小开口就可能会被不良物种入侵。

当建立一个生态修复项目场地时，有种情况很重要——可能不存在每个核心或区域中心都有建立生态廊道的条件。有时，生态修复项目可能相当小，无法连接到附近的自然地区，建立目标时应考虑到这一点。栖息地的空缺很可能意味着某些动物甚至某些植物可能无法充分利用该地点（Morrison，2009）。只要承认并接受并非所有可能的物种都将成为项目所在地的永久物种，这种情况就没有什么问题。

尽管对独立的栖息地保护区这种做法存在争议，但我们的看法是所有环境区域都具有价值。一系列的背景区域可能是连接植物和动物基因交换的两大核心区域的唯一途径。关于区域尺度大小等基本问题的看法在于其能否符合目标物种的栖息地条件。在许多案例中，修复场地与现状植被相邻，两个地区的生态系统会彼此融合，因此了解目标物种的栖息地要求对于确定设计内容非常重要。

4.2.2.3　生物因素

场地调查的深浅程度会随着预期目标的变化而更新，现状资源可能会对设计带来负面影响或者为生态修复设计提供新的思路。描述生物环境的各种属性以及各个关键物种，对于理解现状资源如何影响项目场地是非常重要的。

1. 现状植被群落

在记录场地上的现状本地植被后，便开始编制物种清单并确定要恢复的群落。理想物种的现状健康群落应得到良好的保护和增强，可以作为种子、插条和移栽的来源。此外，识别有害的、入侵性杂草，以及其他可能需要去除或需要持续管理的不良物种也是同等重要的。有关植物种类组成的决定将极大地影响项目场地的最终设计和管理。

一些场地可能已被完全清理或控制，导致本地植被全部丧失。这时，想了解曾经覆盖场地的植被信息可能需要调查邻近的地区或者更远的场地的情况。在某些情况下，早期定居者、生物学家和博物馆收藏的记录、日记和日志也可以用来重建植被群落。

2. 植被活力

无论场地过去的退化程度如何，植被都会响应环境的刺激（例如雨水、侵蚀、土壤条件和季节）而发生持续的变化。另一个变量是植物物种之间的自然竞争。

植被群落经历了成熟过程，越来越多生物的数量在增加，并且微环境（小气候）在不断变化。微环境可能包括高大乔木的树冠或枯枝落叶的深度，表明某些类型的植被已长期存在。自然过程（例如洪水和山火）以及迁徙的放牧动物有助于恢复植被的物理外观。如果这些自然发生的过程中有一个或多个因素不存在，那么植物群落很可能与经历了这些过程所在地的植被进入不同的生态轨迹。例如，在英国，荒野代表了一个中间的过程阶段，需要对其持续生存进行积极的管理。持续的人为火灾会抑制松树的生长，而松树通常最终会占据荒野的整个景观。

对于几种濒临灭绝的物种，也发现了相同的情况，在这些物种中，植被将不能再遭受破坏。在美国西部，濒临灭绝的最小腹绿鹃（*Vireo bellii pusillus*）一般会以在生长阶段中期的水岸柳树为栖息地。周期性的河流洪水使河流栖息地得到恢复或者恢复到河流的早期生态阶段，最小腹绿鹃可以利用这些新的环境定居，建立起适合它们的栖息地。通过水坝和水库控制洪水造成的洪灾损失已成为美国西部河流生态演替多样性丧失的重要因素。另外一个例子是濒危的斯蒂芬斯更格卢鼠（*Dipodomys stephensi*），它们生活在半开放的灌木丛中，由于鹿和羚羊对植被的掠食，斯蒂芬斯更格卢鼠已近消失。本书作者曾经建议减少一部分牧牛数量，以保持适合这种濒危物种继续存在的植被状态。

请牢记生态修复的基本原理，即当植被经历一系列发育阶段达到成熟，然后会由于某个事件或原因让植被返回到发育的早期阶段。有时为了这个目的，需要用火烧或其他方法来代替放牧动物等初始效果。对于不会显露于重要景观形成过程中的场地，应进行评估，以确定是否可以提供适当的替代活动（Savory，1998）。

3. 评估退化程度

生态修复的本质是对一些功能不全或者缺少要素的土地进行整治。退化活动可能是由于外力（如越野车在沙漠中留下的车辙车印）留下的简单初始冲击而表现出来的更为剧烈的结果。大多数情况下，场地退化是非常直接的，一般都是因人类活动造成的。

我们必须确定哪些影响需要立即关注，哪些可以推迟。这可能需要各个科学领域的专家协助，但主要将由生态修复师和具有不同技能和知识的个人来做决定。学会"阅读"土地是一种需要时间和耐心的才能。

4. 外来入侵物种

随着外来入侵物种的数量和范围的增加，入侵物种已经成为生态修复项目中日益严重的问题。在项目场地上或者场地附近的某些外来入侵物种可能会破坏修复的成果，有害的杂草可能会挤走或者遮蔽项目的本地植被，与我们的目标植被争夺土壤养分。有些杂草会产生阻止其他植物生长的物质，改变植物的长势。

5. 栖息地价值和特征

栖息地（生境）一词经常被误解或使用不当，栖息地是指一个区域内生物所占用的资源和条件的总和。栖息地的许多属性都是生态修复项目的目标，重要的是要清楚地知道我们打算建立哪些特定的栖息地价值或属性（Morrison，2009）。最常见的是觅食栖息地，尽管没有明确定义，但其含义通常是植被的存在能使觅食物种的食物（猎物）留存下来。昆虫是陆生生物栖息地内的主要被猎食种类，通常，还有其他部分需要解决，比如鸟类需要栖息地点、歌唱地点和筑巢地点；爬行动物，特别是蜥蜴，需要在海拔发生变化的裸露岩石或者原木上提供合适的场地以供求偶表演。如果缺少这些特征，栖息地设计是不完整的。

生态修复项目的一个共同目标是为所需的物种提供具有成熟物理特征的栖息地。对此，有许多具有创造性的方法，在项目早期就会引入特定的栖息地修复计划（见第6章）。野生动物产生生态价值需要大量的时间，因而需要确定栖息地的价值，包括项目场地的所有要素，而并不只是依赖于植被。这些决策很重要的一个依据就是项目目标，选择哪些植被适合我们的项目很大程度上取决于目标物种对栖息地的要求。规模较小的项目在提供生态服务范围方面将受到更大的限制。

6. 野生动物资源

应该记录项目场地上的野生动植物种群。有些物种可能仅在迁徙期间出没，有些仅在白天出没，还有一些只在夜间出没。对于常见或分布广泛的物种，通常不需要编制详尽的清单；但是，我们需要准备一份目标物种清单，以及与项目目标相关的特殊物种列表。如果附近土地有任何特殊的物种，则应对这些物种进行重点调查，以核实这些物种在生态修复中是否可用。一个项目的生态目标是将这些具有特殊地位的物种变成场地的"长期居民"。通常，区域清单、附近项目的环境资料以及当地博物馆会有关于物种和栖息地偏好的记录或文件。

获取筑巢、觅食和物种特有生活模式的相关数据以用于生态修复工作。如前所述，动物在自然行为中会使用各种各样的生理特征，其中一些特征对它们的长期存在至关重要（Maehr，Hoctor 和 Harris，2001）。例如，濒危物种最小腹绿鹃（*Vireo bellii pusillus*）的筑巢地点通常位于距离地面约3英尺处的灌木丛，灌木丛要位于植被边缘或旁边有高度20英尺以上的乔木。其他研究表明，蜥蜴大小与土壤表面状况之间存在分布关系，因为它们会根据沙子的深度和沙粒大小确定合适的产卵深度。体积大的蜥蜴会需要一个更深层、排水更好的沙地才能产卵。如果我们的目标是增加或者建立一个永久的物种种群，那么了解目标物种栖息地的要求对成功的生态修复至关重要。

4.2.2.4　对场地的改进

几乎可以肯定的是，当一个场地显示出明显的干扰迹象时，就需要进行纠正，理想情况下，确定这些干扰的原因将最终引导我们识别环境退化的根源及其可能的解决方案。这些潜在的行动，其程度以及其他相关特征将是建立和完善项目设计的重要方面。

1. 地形调整

场地过去的活动可能使地形变得无法达到我们的项目目标。通常，用作采矿或采石的场地会留下大的挖掘坑；建立湿地类型的栖息地需要降低地面标高，使其更接近地下水位，或确保地表和潮汐高度之间的适当关系；受到侵蚀的河岸会有不稳定的坡面，需要在河岸稳定工程之前进行坡度调整。这个场地是否符合我们和利益相关者对项目的愿景？是否需要大量的放坡，还是需要引入泥土来提高海拔？

2. 客土

采石场、取土坑和其他退化显著的土地缺乏适合支持本地植被群落的土壤养分。是否客土取决于最终的植被群落和组成植被的物种的要求。将土壤从一个位置导入或简单地移动到另一个位置可能会非常昂贵。此外，掺入不适当的客土土壤会使场地遭受更严重的侵蚀破坏。

3. 水源/排水系统

了解场地的水源以及排水形式将指导项目的最终设计或种植方式。现状的地下水只是一种水源；降雨以及地表径流的形式也会影响设计决策。

所有场地由于坡度不同而形成某种形式的排水。即使看起来平坦的土地，实际上也不是完全平坦的，因此会在水流中留下小溪。了解水如何流经项目场地对于评估任何侵蚀控制措施或方法都至关重要。水的流动速度是预测侵蚀问题的主要因素，分析某些场地的洪涝问题和针对这些问题的规划将大大提高场地性能。如果项目场地足够大，则可以开挖河道或排水渠进行初步的水量控制。洪水的类型也是决定需要保护河岸或防洪堤的因素。在城市地区，水可以通过涵洞或者地下管道进入场地。通常，这种输水方式将增加土壤移动的速度，设置岩石或者其他装置将会在水接触土壤之前分散能量，以免造成土壤侵蚀。

4. 灌溉系统

没有明显水源以及无法预测降雨模式的地方，可能需要某种形式的灌溉系统，以确保植物存活。灌溉的类型取决于场地的特定环境，如果我们认为需要将水引入场地，则应该评估当前的水源状况，比如附近的河流、池塘或者输水管道。水源和用水方式将是预算和设计的主要方面。

5. 缓冲要求

利用所有可用空间总是一种很诱人的尝试，然而，根据邻近土地利用情况，这样做可能并不明智。在城市地区，土地利用一般是道路、住宅或者其他使用频繁的用地类型，比如停车场或公园。在邻近修复场地的地区最好通过建立某种类型的屏障或者自然障碍，以减少外界对修复场地内部的干扰。目标物种的要求帮助我们确定最有效的筛选策略。

6. 场地访问和访问管控

有时，生态修复师无法决定人们能否以及如何进入项目场地。过去的土地使用、协议以及土地权属可能已经决定了场地的访问权，我们能做的最低限度是管控人们如何进入项目场地以及邻近地区。道路和小径的面积和数量越多，生态栖息地的价值就会越低。访问管控对于一些新修复场地是一个关键问题，而使用各种围栏或者其他屏障会非常有效。场地访问对于我们的项目来说是问题吗？我们的项目是不是妨碍了当地居民去别的地方？有时提供一条指定的道路或步行道来控制游客的去处，要比阻止任何人进入场地更为有效。

7. 恶意破坏的控制

故意破坏是城市生态修复项目中的一个重要问题。造成破坏的原因有很多（见第10章），并且可能无法完全消除。我们能做到的最好的事情就是设计一个项目，提前预判可能的破坏类型，这些行为反映在附近的土地利用方式和人文环境中。最普遍的是灌溉系统遭到破坏。我们都曾经在草地中练习棒球击球、制造越野车甜甜圈轨道、在树木上试验新斧头等。我们将如何解决这些问题？有很多措施可以控制机动车，但是将人们完全拒之门外通常是不可行的，提出对恶意破坏的应对措施需要创造力（见第10章）。

8. 确定工作启动区

应在调研场地期间绘制项目分析图。不要仅仅依赖工程图，相反，要从不同角度来观察这块场地（图4-3）。制作分析图将会帮助我们了解项目场地包含多少种情况，某些因素会决

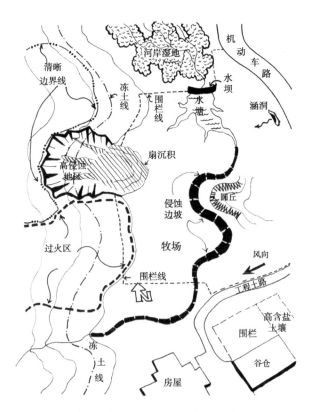

图4-3 在多次实地考察后，绘制项目场地现状分析图

定工作启动区需要多大面积,启动区的形状是什么样。也许场地的某一部分需要相当多的资源,然后留下有限的资金和资源来修复剩下的部分。我们最初的想法将不时被记录并重新检查。

4.3　解释和分析场地数据

通常,我们看到的情况是:尽管我们认为场地条件很明确,但项目团队由于对现场条件的误判而导致项目的失败。进一步分析后,我们发现数据确实已收集并经过了分析,然而,错误的数据解释方式导致了一系列错误的生态恢复策略。鉴于此,我们如何确保使用正确的思路进行场地的数据收集和数据解释呢?

通过场地分析过程确保收集相关数据,可以将数据分为五大类进行解释和分析:优势,劣势,机遇,威胁和限制(SWOT-C)。SWOT-C 工具改编自菲利普·科特勒(1999)的《商业竞争分析中的优势、劣势、机遇和威胁(SWOT)分析》一书。这个 SWOT-C 分析法为生态修复师提供了一个整理数据和分析数据的有效框架(图 4-4)。将数据分类组织,为数据的系统分析奠定基础。

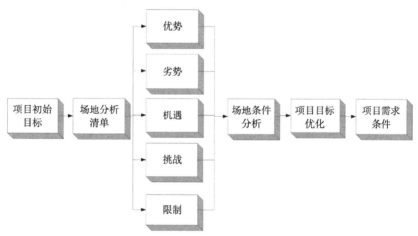

图 4-4　从 SWOT-C 分析过程中获得的信息将有助于优化项目初始目标,从而制定项目需求

在数据收集完成后,需要把不同的信息放入特定方格中,从而可以为生态修复项目制定计划。SWOT-C 分析列表确定了进行生态修复项目时必须要解决的问题。

1. 优势

优势,是指一个强大的属性或者内在的价值(Merriam-Webster, 2003)。

通常,优势是对项目产生积极影响的因素,并且是理想的资产,不仅应该保留而且要加强。优势是一个相对的意义,在项目场地上,一个优势可以由很多内容构成,比如原生草地的残留或者断断续续的溪流。这样的优势可以为我们的设计提供一个起点或者一个主题。

2. 劣势

劣势,是指弱点或缺陷,或者缺乏活力 (Merriam-Webster,2003)。

请花时间对场地上的负面趋势或模式进行一个清晰的了解,寻找明显的压力源。是否需要对受到的侵蚀或沉积形式等采取补救措施? 邻近的土地利用方式是否支持或导致了某种劣势? 目前邻近的、上风向或上游地区的管理方式是否会导致场地退化? 入侵性杂草是否在场地上蔓延? 制定一份劣势清单,并进一步研究,根据其对于补救措施的重要性对劣势清单进行分级。

我们通常会把问题分为两类:需要立即关注的和不会直接并立刻影响生态修复策略实施的问题。劣势清单可能是关键的第一个产生响应的问题列表,因为如果不首先解决项目的劣势,则预期的项目特征就无法有效实现。根据剩余劣势的范围和程度,我们可以考虑在未来的阶段对预期的实施方式加以改进。

3. 机遇

机遇,是指提高或进步的好机会;环境的有利时机 (Merriam-Webster,2003)。

现状分析的主要目的是识别生态修复项目可以重新建立功能和价值的机会。通常,最容易影响决策的往往是很细微的问题。有一次,当对一个橡树林修复项目进行场地分析时,我们忽略了数以千计的橡树幼苗。由于这块场地经常被用来放牧,所有的幼苗都被牲畜踩到地上,直到牛群被转移到另一个地方后,我们进行了一次实地调查才注意到整个地区有很多橡树幼苗。因此,我们重新确定了修复工作的方法,而不再是我们最初考虑的大面积苗木种植,只是把场地用栅栏围起来,把牛挡在外面,从而让幼苗自然生长。

上述问题说明,机遇可能藏得很深,可能需要多次现场调查才能发现它们。对于机遇的认定,很大程度上取决于对项目目标基本框架的理解。比如城市径流,一开始,我们对城市径流的反应总是负面的,总会想到非点源污染 (道路油渍、盐、氮和磷酸盐)、峰值流量、侵蚀,以及其他很多问题。然而,我们已经看到曾经被认为是间断的河床,不仅在暴雨高峰之后排涝,而且全年流淌并支撑着河岸生境,这些河岸生境是许多野生动物物种的栖息地。因此,请务必花时间思考在场地调查期间发现的所有情况,与其他团队成员讨论对项目的印象,并确保根据项目目标收集数据。

4. 威胁

威胁意味着即将发生的某些负面的事情 (Merriam-Webster,2003)。

场地分析需要确定不良趋势或挑战可能导致场地进一步退化的方方面面。应根据威胁的严重性和发生概率对其进行分类。每当发生威胁的不确定性、并且对项目现场产生潜在影响的可能性很高时,都应进行风险分析 (见第 2 章)。应该首先从确定那些对场地自然演化过程构成直接或间接威胁的关键领域开始分析,问题一旦确认,这些关键领域需要追溯到其原因,并采取措施来解决问题。根据问题的严重程度,这些关键领域在项目实施的早期通常会得到处理。

5. 限制

限制，是指为了避免或执行某些操作而被约束或强迫的状态；是一种通过施加约束或强迫而产生的力量（Merriam-Webster，2003）。

项目中的限制不仅限于环境因素，它们还包括经济条件（比如运营成本）、人力资源（技能、人数和适用性）、时间、利益相关者的要求或期望、季节性、政治因素、气候、自然条件等。这样的约束条件要求修复团队做出某种形式的响应。政府部门会在季节变化时对不同植物提出养护要求；在某些野生动物的繁殖季节，在栖息地内或附近的人类活动都会要求控制时间和规定活动方式。

生态修复师可以将场地分析看作不同阶段抓拍的不同场景，用"快照"的方式总结场地情况的总体趋势。

6. 如何将 SWOT-C 反映在数据分析中

我们可能会觉得建立的场地印象并不能完全符合 SWOT-C 的分析框架。尽管如此，在我们的分析中要考虑这些印象，数据和印象在几个因素上的协同作用下可以使我们得出结论，否则这可能就不会发生。最终目标是充分利用我们获得的信息，无论是有形的还是无形的。卡里夫兰自然林地生态修复项目（Carrifran Wildwood Woodl and Restoration Project）是基于有效利用 SWOT-C 过程的一个非常好的案例（框 4-3）。

框 4-3 重点项目介绍：项目方案的综合性很重要，但必须具有足够的灵活性，随着场地分析的细节出现以便进行调整

项目：苏格兰，达姆弗里斯郡（Dumfriesshire），卡里夫兰天然林地生态修复项目（Carrifran Wildwood Woodland Restoration Project）

卡里夫兰（Carrifran）天然林地生态修复项目的任务是恢复人类活动占主导地位之前的苏格兰南部高地地区大部分森林茂密的荒野，使其中的大多数物种变得丰富。莫法特山（The Moffat Hills）地区拥有多种山地植物群落，包括草本植物丰富的河流和石灰岩岩石。莫法特山西部的植被类型包括平坦的草地、河流、高大的草本植物、毯状沼泽、风夹山顶石楠、矮灌木石楠、草丛和蕨菜，在南部高地形成了最丰富的山地和亚山地植物物种组合。

由于上述大部分地区历史上遭受了过度放牧，除了难以靠近的岩石外，放牧活动使石楠花（*Calluna Vulgaris*）大面积减少，并明显降低了树木再生能力。这个项目总面积约 1600 英亩，总种植面积 740 英亩。在项目的第一个 10 年中栽植了超过 50 万棵树木，在山谷下半部分地区栽植了大片幼苗林地。最终，这个项目将引导英国为数不多的林冠线林地和山地灌木丛的全面发展。

这个项目是通过基层大众的努力而实现的，因为许多当地居民越来越担心他们熟悉的、美丽的、但已经光秃秃的乡村地区遭受到生态破坏。目前，在英国南部高地以及高地以南地区，几乎没有任何地方可以让当地居民感受到具有一定规模的田园自然植被景观。2000年，Wildwood集团收购了卡里夫兰山谷地（图5-2）进行生态修复项目。该项目组有40~45名活跃的成员，他们拥有广泛的专业知识，包括专业的森林学家、生态学家、植物学家和动物学家，以及占有相当比例的其他专业人士（包括法律、教育、园艺、信息技术和商业管理等专业人士）共同开展了这一雄心勃勃的修复计划。同时，艺术家在技术团队中，代表了广泛的社区群体，并为项目提供了灵感和知识的外延。

管理规划描述了卡里夫兰林地生态修复项目的目标，3年后，这个规划共进行了四次修正。由于采取了适应性管理方法，到2000年底，随着生态修复项目的启动，项目组对原来的管理规划做出一些小的调整。该规划文件不是关于卡里夫兰如何恢复的最终文件，而是一套灵活的蓝本，随着项目的发展，需要适应不断变化的环境。

卡里夫兰是一个小山谷，虽然这个山谷是独立自然单元，但在景观方面，它和附近地区的生态系统是一个整体。修复项目与该地区的土地所有者建立了建设性的关系，希望该地区土地利用的长期变化能够逐步形成与卡里夫兰山谷相匹配的"缓冲区"，在该缓冲区中动植物的管理将与森林生态系统的发展相协调。

卡里夫兰的生态修复管理规划是在收购前制定的。该规划是基于对卡里夫兰所在的莫法特附近发现的几个资源要素的全面调查后编制的。调查和讨论的物理环境特征包括气候、水文、地质、地貌和土壤。生物学特性包括林地、木本植物、草本植被、苔藓植物、真菌和地衣、哺乳动物、鸟类、鱼类和其他脊椎动物（两栖和爬行动物）、昆虫和其他无脊椎动物的分布和生存状态。影响林地恢复的主要因素是土壤、气候、现有植被和景观生态。规划小组确定了关于地质、水文、土壤、动植物、景观、考古和游憩等方面的制约因素和机遇，这些数据是开展卡里夫兰森林项目的有效工具。

该项目的前期研究和文献综述水平清楚地反映了专业人士对项目的热情。苏格兰历史博物馆进行了一项考古研究，记录了该地区的11个特征或特征组。在卡里夫兰地区曾经发现了一个新石器时代早期的平底弓，它由紫杉制成，可追溯到公元前4040年~公元前3640年。当时，这副弓可能是损坏后被一个猎人丢弃了，之后一直被保存在泥炭中，直到1990年被一个登山者发现。这是在英国发现的最古老的弓，现在保存于爱丁堡的苏格兰博物馆。

项目组研究并讨论了本地区在历史和当前存在的土地利用问题：自第二次世界大战以来，最主要的是建立大量针叶树人工林。这对卡里夫兰构成了潜在的威胁，因为针叶林在该地区可以通过自然再生逐步建立起来。山地游憩和游客的到访问题也相应提出，这有助于形成全面管理计划的基础。

与林地结构相关的管理计划中包含了大量的研究和数据。卡里夫兰山谷海拔梯度上组成林地的不同物种，已在该区域其他地区的记录中找到，这为恢复种植分布和确定种植间距等工作奠定了基础。除了详细的种植计划外，该计划还包括一项放牧管理计划，其中包括分阶段禁止放牧的标准。该计划要逐步控制绵羊在山谷的放牧量，以防止羊群过早进入植被恢复的地区。

栽培和后期维护让场地的自然再生潜力得以发挥。许多物种都有这种能力，随着放牧的禁止或遏制，这些物种能够在没有人为干预的情况下就地建立。附近的本地物种数量有限，但是寄希望于动物把它们带到场地中的可能性微乎其微。直接播种本地植物是一种成本较低的选择，可以在现场较崎岖的位置进行播种。播种区可按要求设置围栏。此外，项目组还讨论了地面处理和杂草控制、苗圃作业和注意事项、物种科普介绍，以及栖息地特征恢复，如淡水栖息地和沼泽等，以完成总体管理规划（摘自 Newton 和 Ashmolle，2010）。

第 5 章

设计方法—参考模型

　　制定项目目标并进行 SWOT-C 分析的结果是建立一系列项目需求，随着风险评估的展开而创建项目范围，这是指导项目设计的重要流程（图 5-1）。本章我们将讨论用于生态修复项目的四种参考模型，包括：现状参考、历史重建、残留修复和新建修复。生态修复项目必须为项目设计提供某种形式的生态模型参考，并可以从中进行比较和评估。使用参考模型是设计修复项目最常用的方法，错误地使用参考模型或者不了解所选的参考场地，都会削弱项目的完整性。

　　怀特和沃克（1997）提出了参考模型的四个类别：①同一地点，同一时间；②不同地点，同一时间；③同一地点，不同时间，以及④不同地点，不同时间。最常见的是第一类和第二类情况，即在场地被破坏前调查过该场地（如采矿区）或者是与项目场地相邻或接近项目场地的附近地点。

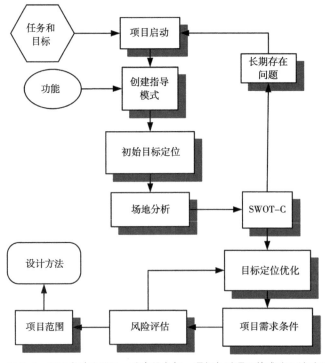

图 5-1 项目启动流程图。认真思考每一项任务对项目的成功至关重要

选择一个参考场地需要对某些要素进行评估，并需要了解该场地的历史背景。在理想状态下，参考场地应尽可能具备与项目场地相同的物理特征，这有时是一项具有挑战性的工作。对多个场地进行数据收集可能会克服这一困难，归根结底，从参考场地收集数据的目的是协助我们项目的设计。参考模型（参考场地）应该被视为一个指南或者向导（Clewell 和 Aronson，2013）。

参考场地通常要处于成熟阶段；在某些情况下，可能会从发育中的植被中收集数据，这提供了非常有价值的"中途"信息。物种在某些生态系统中的出现和消失会随着一个场地长时间充分发展而产生变化。一个场地需要在经历环境压力（山火、洪水、动物活动）并做出反应时才能步入成熟阶段，对这些压力源的反应将改变物种的组成、分布和活力。经历了足够长时间后，随着植物的密度和成熟度不断增加，微生境逐渐建立，会出现更多的物种。从不同年龄阶段的场地收集数据，可以捕捉到场地走向成熟的过程，以作为参考场地的设计模型，并在以后作为性能评估的分析工具。编译后的数据将建立一个生态轨迹，可以通过将场地的生态轨迹与参考模型进行比较来评估项目进度。

适当选择和使用参考场地将为启动修复项目提供坚实的基础。

5.1　关于参考模型的四种设计方法

为生态修复项目创建参考模型共有四种设计方法，分别为现状参考、历史重建、残留修复和新建修复，这些方法可以在项目现场条件允许的情况下组合使用。现状参考是在现场或附近使用具有类似物理特征的现有生态系统，现状参考是确定物种组成和其他特征的最常见方法；历史重建依赖于文献、照片、历史记录和口述历史等；残留修复是从几个孤立的样本中收集数据，并对数据进行编辑以构成生态系统的整体描述并创建修复模型；新建修复是新建或创造以前没有出现过的生态系统，但邻近或附近的生态系统可以提供场地的物种组成和物理属性的参考（Clewell 和 Aronson，2013）。项目选择的参考模型设计方法取决于在规划过程早期制定的目标。

5.1.1　现状参考

通过对比实际的、相邻或附近场地上的物种和生态模式，可以设计出我们想要的植被和栖息地（图 5-2）。在自然植被群落附近的、干扰有限的孤立退化土地上，这种方法效果很好。收集的具体数据将取决于所研究的植被类型和栖息地条件。通常，此类数据包括物种覆盖情况、物种列表、植被类型、特殊的栖息地特征、物种密度，以及不同类型的栖息地或植被之间的边界长度等。初次勘查建议的参考场地后，生态修复师将会了解项目场地所面临的压力源和资源状况。如果土壤没有被破坏，那么除了验证相似的土壤类型外，不需要进行进一步的研究，

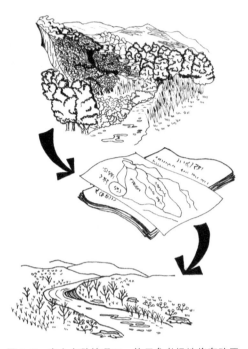

图 5-2 在大多数情况下，使用参考场地将有助于形成具有类似植物组成的场地。目标不是直接复制，而是模拟参考场地的功能和一般属性

而应该收集修复工作所需的相关数据。

植物学家和生态学家收集数据的方式不一定有助于生态修复设计开发。例如，知道植被每平方米具有 0.0013 棵植物对于建筑设计几乎没有意义。再比如，茎数不一定与单个植物的数量有关。不管我们对种植密度有多在意，植物统计学都只会在修复的地点进行分类，更重要的，是要确保参考场地存在所有目标物种，并有足够的关键物种和生长形式供项目场地的群落结构迅速重组。为修复设计收集数据不一定符合传统的统计学数据收集方法，因此最好是建立自己的参考场地数据库。

建立自己的参考数据库有几个优点：通过了解我们的修复目标，可以收集与这些目标直接相关的数据；如果有以前的数据，可以根据自己的项目特点来使用，但是要有选择性，只使用与我们的目标相关的数据。这消除了近似或经手他人数据的可能性。该数据库为开发特定设计奠定了坚实的基础。但是，使用参考数据库存在一定的局限性，这些限制涉及要素的时间和位置。

如果从寿命长的植被群落中收集数据，则必须确保影响项目场地的各种环境因素与参考场地相似。对于河岸地区而言，这可能并不简单，因为 20 世纪的水坝建设计划改变了众多河流和溪流的水文状况（框 5-1）。因此，与目前影响项目现场的条件不同，在现场生长的河岸植被可能是在不同的水文条件下建立的。

框 5-1　经验学习：仔细选择生态修复的参考模型

生态修复项目规划师使用附近成熟的洪泛区森林作为参考模型来设计河岸生境缓解项目。但是，规划师未能认识到，自从河岸森林诞生以来，由于大坝的建设、地下水的抽取、土地开发以及流域内的水资源管理活动，参考场地的地表和地下水水文状况已经发生了很大变化。在项目实施过程中，生态修复成功的标准与实现植被生长轨迹有关，这将关系到引入的参考场地的环境特征。由于流域水文条件的变化，是否有必要复制参考模型从长远看是个问题。只有时间能证明一切。

项目设计人员注意到：要避免选择一个孤立的植被群落作为参考模型。他们指出，最好能根据当前流域条件提出一个假设模型，根据现有条件设计本地植被修复方案。

另一个例子涉及气候：一系列比正常年份更潮湿的年份会影响植物的发芽和生长，而在正常年份这类物种在景观上可能并不重要。如果我们在短时间内只调查一个地点，则很难评估这种情况，处理这种潜在偏差的方法是研究附近的多处场地（Bonham，1989）。在自然水文循环或强度发生变化的河流或小溪中工作时，我们可以预期正在研究的植被是在非常不同的水文状况下建立的，可能每天情况都有变化，因此参考数据需要进行调整。

异常的植被群落或物种的存在可能会促使项目人员进行调查，以了解导致其存在的原因。一段异常降雨或干旱时期可能会产生有利于物种建立的场地条件，短期之后，特殊天气不再出现，但是物种和物种组合可能已经成熟到可以自我维持生命的状态。确定植被和物种组合的年龄将使我们能够确定植物形成时期的气候条件，并可以同当前的气候条件进行比较。如果和当前的气候条件相似，那么建立这种物种组合是可行的。植被的年龄可以通过多种方式检测，从树桩上的年轮到灌木枝条的截面，多年生枝条的分析以及一系列旧的航拍照片等。

有些情况下，首要问题是表层土状况以及可能积聚的化学物质和重金属。在世界上许多干旱气候系统地区，盐碱积聚在表层土上，阻碍了植物自然生长。然而较成熟的植物根系可以深入土壤下几英寸到几英尺，因此它们不会受到表层土质的影响。在这些情况下，建议不要在当前无植被的地方种植或播种种子，因为该地点的条件显然已经改变。

使用参考模型的另外一个要注意的是参考地点和项目场地之间的距离。即使参考地点和项目场地可能处在相同的植被群落中并且处于相似的海拔高度，参考模型的数据库也可能有很大的不同。那么离我们的项目地多远的参考场地可以使用？不幸的是，没有经验法则可循。例如，我们曾收集了南加利福尼亚州灌木丛中一种濒危鸟类的数据。从沿海岸向北 50 英里开始，南加利福尼亚州灌木的植被类型、组成和结构就与我们收集数据的地点有显著差异。因此，在准备收集大量参考数据之前，建议进行一些初始数据收集，并将其与预期的数据库进行比较，然后再决定为项目投入更多的资源。这个简单的预备步骤可以避免浪费时间和资源。

与所有涉及采样的事物一样，最好有多个模型选择，以便整合这些差异并确定变化的范围，最后纳入到生态修复规划和设计中。在过去的 14 年里，苏格兰的一个重要项目——卡里夫兰自然林地生态修复项目，一直使用从邻近现存本地原生植被群落收集的数据结合图书馆的资料编制而成的参考模型，为整个流域进行生态修复（框 4-3）。图 5-3 展示了卡利夫兰山谷在第一年种植开始时的样子，12 年后，基本上所有指定为森林修复的地区都已建成，并进入监测和增加该地区稀有物种的阶段。在这个案例中，主要的方法是现状参考模型。但是，他们使用了历史重建和残留修复方法来进一步增强其模型并增加重新引入该地点的物种多样性。

图 5-3   曾经是农田，现在是苏格兰松林恢复项目（框 4-3）。苏格兰莫法特，卡里夫兰山谷（John Rieger 摄）

5.1.2   历史重建

历史重建方法是指对历史状况进行分析，通常以对项目区域或片区具有重要意义的时间阶段为修复目标。尽管此方法的各个方面都包括保护技术，但历史重建方法主要依赖于恢复出于某种原因从场地中被移除的景观。

历史公园、历史遗迹等具有文化特征的地区都有基于该地区的历史记录，有时还包括考古记录（Egan 和 Howell，2001）。无论具体地点如何，历史重建都有一个从历史研究中描述的目标，尽管细节可能缺失，但总体目标已经形成。

描述历史条件的信息来源包括照片、日记、口述历史、地图以及探险日志。在许多情况下，了解植物物种的分布历史可以告诉我们它们是否曾经出现过。

在以色列，人们通过使用圣经作为生态修复目标的主要来源（Naveh，1989），结合多重文化价值，并恢复历史生态群落中的植物和动物，完成了圣经时代的古代社区尼奥特凯杜米姆（Neot Kedumim）的重建（框 5-2）。

使用历史重建所建立的参考模型并不是要去适应过去几个世纪以前的某个时间段，在许多情况下，这甚至是不可能的。在圣地亚哥，一个由自然山谷和历史牧场组成的区域公园，其历史目标是 1862 ~ 1872 年，修复工作以此作为历史参考，即牧场投入运营的时间（见第 14 章）。利用牧场的大量记录和绘画以及一些照片，我们确定了河岸系统中缺少的部分，即福蒙特杨树（*Populus fremontii*），一种由于被用于木柴和建立水库而长期消失的树种。

框 5-2　重点项目介绍：生态修复项目设计中的历史重建方法

项目：以色列尼奥特凯杜米姆（Neot Kedumim）圣经景观保护区（Biblical Landscape Reserve）

在以色列有一个非常重要的生态修复项目，该项目根据《圣经》和《塔木德经》中描述的植物、动物及景观进行环境再现。尼奥特凯杜米姆位于耶路撒冷和特拉维夫之间的莫蒂因（Modi'in）地区，历史上它就是一个花园和学习中心。通过接受人与自然之间的相互关系，尼奥特凯杜米姆接受了人类改变的景观以及过去在农业活动中发生的自然生态系统的变化。中世纪的地中海景观受到人类活动的影响已经超过一百万年，并且可能是自中更新世以来与旧石器时代的人类共同演化的结果（Naveh 和 Lieberman，1984）。

这个项目占地 550 英亩，园内主要是岩石、荒山，以及数千年来持续使用的古老牧场。场地退化的非常严重，在大量侵蚀下，现在只剩下了岩石。从 20 世纪 60 年代后期开始，主要的生态修复工作是将这片荒地改造成《圣经》和《塔木德经》上描述的景观。一些生态群落已经恢复，例如沿海平原的莎伦森林和塔博尔橡树（*Quercus ithaburensis*）的开阔林地（Naveh，1989）。

生态修复师已经种植了出现在《圣经》赞歌中的花卉植物，包括莎伦郁金香（*Tulipa sharonensis*）、沙百合（*Pancratium maritimum*）、圣母百合（*Lilium candidum*）和水仙（*Narcissus tazetta*）。使用这种历史方法恢复自然生态会引起真实性问题，特别是在此案例中，有很大的解释空间。但是，谁能决定确切的植物组合是什么？使用文献来源中的解释，并在不同的专家意见之间做出明智的决定似乎是最好的方法。

使用历史重建的方法有若干挑战，其中最重要的是，是否对于植物物种以及对于场地的物理条件都进行了适当的描述。物种清单只说明了植物群落这一件事，那就是当时有什么植物而已，但并没有指出当时哪种植物比其他植物更加普遍。解决这个问题的合理方法，就是确保所有种类的个体都存在并且在各个区域都有足够的个体，以确保它们能够随着时间的推移进行自我分类，并建立成熟的群落。

5.1.3　残留修复

在某些情况下，要修复的土地上可能有一些未受干扰的自然植被孤岛，可以作为生态修复的参考依据。与现状参考的方法一样，解决问题的办法是在场地附近各种大小不同的场地上收集数据和资料（Packard 和 Mutel，1997）。使用这项技术有助于我们在修复项目现场绘制出所有可能物种的综合图。这些大大小小的"孤岛"或斑块可以是两条或者多条铁路轨道附近的场地，也可以是几乎没有维护的乡村地区较老的墓地，或沿道路隔离的条形地带以及由于禁止放牧和人为干扰等原因形成的场地。在亚洲，偏僻的神龛和庙宇保护着周围的植物群落，印度的一些村庄存在类似情况，那里的神圣森林可以提供物质资源。

植物种类的存在取决于多种环境因素，包括土壤类型和条件、高程、坡度，以及最后一次受到物理干扰的时间。大多数植物物种都需要传粉媒介来产生可用的种子，因此必须满足那些传粉者的生态要求，以使其出现在残留修复的环境里。根据与外部环境隔绝的时间，可能有一些物种已经不存在了。如果这个"孤岛"或斑块是一个更大群落的一部分，而这个群落需要周期性的山火，那么与外部环境阻隔和杜绝山火可能对于那些需要火来发芽的物种会产生负面影响。了解生态系统如何响应环境状况将有助于我们确定哪些物种适合包含在参考模型中。

使用残留修复最引人注目的例子是北美大平原的草原生态修复工作，在伊利诺伊州费米国家实验室和威斯康星州麦迪逊的柯蒂斯草原项目就是著名的例子。在芝加哥郊外的费米实验室，一个志愿者团体从 1975 年开始，在曾经的农田上开辟出一片 500 英亩的草原（Nelson，1987）。该方法是广泛调查附近地区存留的小片草原斑块，将物种制成表格并收集斑块场地上的种子，形成大草原最初的种植模式，如今该草原占地数百英亩。与这些斑块对比也能看出在草原中缺少的物种。但有些物种不太常见，而且未能收集到种子。利用这些不同的数据，志愿者着手收集和繁育那些较不常见的物种或具有特殊栖息地要求的物种，并将它们引入到项目场地。大约 40 年前（20 世纪 30 年代），同样的技术已经应用在柯蒂斯草原上（图 5-4），

图 5-4   残留修复的例子：柯蒂斯草原生态修复项目，原是一个废弃的农场，现在成为威斯康星大学麦迪逊分校植物园的一部分。该修复工程始于 1936 年，是北美历史最悠久的草原生态修复项目（John Rieger 摄）

该草原也是建立在废弃农田上，由威斯康星大学植物园主持。这个项目由阿尔多·李奥帕德（Aldo Leopold）提出构想，由西奥多·斯佩里（Theodore Sperry）和植被保护公司的工人实施，具体方法则与费米实验室相同。

5.1.4　新建修复

今天的一种非常普遍的做法是，在以前没有该生态系统的土地上新建一个生态系统，然而这并不是真正的生态修复，这在很大程度上归因于"湿地无净损失"[1]政策。这种做法更适合被称为新建或创造，并且通常与环境许可过程中的补偿性缓解要求有关。但是，新建修复仍应采用本书所述的真实生态修复项目中存在的各种原理和步骤。

在许多情况下，选择的场地需要变化丰富的地形和高程，以创造生态系统所需的水文条件。物种组成来源于附近的采样，也可能是附近几个地点的结合。在极端情况下，如城市景观中心的未开发土地，附近可能没有任何代表性的生态系统。例如，在西洛杉矶进行的一个项目中，工作人员通过各种残留修复、参考文献和区域收集的植物标本汇编成一份物种名单。这种方式经常用于相对空旷并且附近缺少自然区域的场地。作为废弃工业用地的土地利用规划的一部分，德国鲁尔山谷正在新建区域的生态环境。在鲁尔区的一个铝厂（图 5-5），八分之一英亩的土地上，使用一个小的参考场地，以期在未来恢复成 17 世纪中期的景观环境。

图 5-5　新建修复的例子：德国鲁尔山谷曾经被遗弃的工业用地，这里和其他几个地方现在有多种多样的物种组合，该地区基本上没有原生植被群落。德国鲁尔，埃森（John Rieger 摄）

1　"湿地无净损失"是美国政府关于保护湿地的总体政策目标。该政策的目标是在经济发展带来的湿地损失与湿地开垦、缓解和恢复工作之间取得平衡，从而使全国湿地的总面积不会减少，而是保持不变或增加。

第 6 章

设计

生态修复设计是一个具有挑战性的迭代过程，需要生态修复师满足项目要求（规划目标）的同时，平衡项目的范围、进度和成本约束。设计是在实际构建或执行动作之前的计划或意图，我们认为任何有明确意图做出修改和调整（如物种引进、山火引入等）的决定都是一种设计行为。

如果有几个任务有助于最终的项目设计，那么将它们组合在一起时，我们将项目的这一部分称为设计开发。从描述概念设计方案开始，然后讨论设计开发，设计出方案的细节，并在产生项目计划之前解决设计中的冲突（图 6–1）。

6.1 建立概念设计方案

将项目需求转换为项目计划的过程一般始于场地特征分析图。可以使用几种方法来完成这部分设计，包括 ArcInfo 和 CAD 等几种电脑制图软件。如图 6–2 所示，由于用气泡形状来表达设计的主要元素，有时也称为"气泡图"，它基于描述项目场地现状特征的一定比例的测绘图（或者叫设计底图）。

在许多情况下，用于概念设计的最佳基础底图是调研后的综合现状图。项目团队以小组形式工作，让每个人都参与设计过程，我们首先在调研的现状图上叠一张薄的透明纸，大家在透明纸上绘制项目的重点特征。无论我们是用这种方法还是用电脑软件，都应该允许不同尺度的分析和多次修改。用宽头笔在叠加现状图的透明纸上绘制方案，该技术提供了现状分析和项目需求之间的联系。气泡形状代表了设计中必须包含的一些关键项目特征，例如在图 6–2 中，一种气泡代表需要保留的河岸区域。在这里，我们可以大概勾勒出需要保留的区域，然后在新的河岸地区绘制新的气泡，这些区域一般在现状水岸栖息地周围；开阔的草地用一种形式的气泡表示，需要移除的非本地物种再换用另一种形式的气泡。

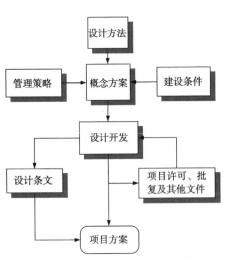

图 6–1 设计阶段可利用项目启动期的成果来形成项目方案和修复效果

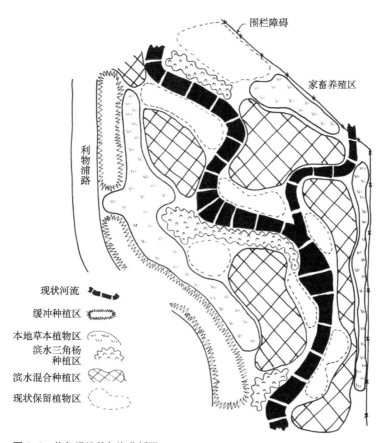

围栏障碍

家畜养殖区

利物浦路

现状河流

缓冲种植区

本地草本植物区

滨水三角杨
种植区

滨水混合种植区

现状保留植物区

图 6-2　修复场地的气泡分析图

1. 确认项目的关键特征与需求

这项工作的重点是在分析图上放置或定位项目的关键需求，而不必在意气泡形状是否准确表达场地的实际情况。缓冲区可以是视觉上或者物理上的障碍，用来阻挡视线或者阻止进入某个区域。也许在项目范围的边缘，有一条道路（图 6-2）或游乐场，它们可能会给项目带来麻烦或提供了进入项目现场的路径。为了控制或解决该问题可以考虑设置缓冲区，这个缓冲区可以是植被，以遮挡恢复区域的视线，或种植足够的距离以抵御相邻活动的不利影响。确定项目的关键特征后，再确定各种项目特征之间植物关联的兼容性。

2. 检验适用性

现在，生态修复师可以使用设计评估矩阵（图 6-3），通过检查和评估每个项目需求来测试概念方案的适用性。该矩阵显示关键项目特征和关键项目需求，使用该工具可以评估概念设计是否符合项目的要求。比如，在初始方案中，将湿地区域沿着现有的河床布局，经过评估，我们发现在拟定的湿地附近有一条现存的公园小径。在研究项目需求时，我们注意到湿地旨在作为敏感鸟类的栖息地，并且湿地区域应与人类可进入区分开。因此，初始方案中湿地的拟定选址被评估为不符合项目需求，湿地应该和人类活动分离。概念设计方案的下一步需要

修复方案要素	建立南方柳树丛							保护公园和历史遗迹			保护本地植被			提升生态功能		
目标数量	1	2	3	4	5	6	7	1	2	3	1	2	3	1	2	3
项目需求条件	移除非本地物种	创建3英亩的南方柳树栖息地	保护栽培植物免受食草动物和人为的破坏	从10月15日开始种植	在3年内建立有自我维持能力的栖息地	在3年内清除所有修复用的辅助工具	清理6~8英尺厚的表层土和落叶	不要对历史建筑造成干扰	保护泉水屋附近的5棵凤凰棕榈古树	最小化公园路和园道路和使用者对修复工作的影响	确认并保留所有的本地植被	确定施工路线避免破坏	确认施工阶段和假植位置	在项目范围内改善水质	通过三角场增加多样性	增加适合鸟类栖息的本地灌木
场地清理方案	■						■				■	■	■		■	■
栽植方案：南方柳树	■						■				■	■				
敏感地带																
进入管控								■								
移除泉水屋旁的棕榈树																
栽植地区用雨栏保护			■	■	■											
信息告示牌		■														
工程道路两侧的围栏			■	■												
改善河流穿越场地														■		
自动化灌溉系统					■											
非本地植物的拔除	■															
沿河床栽植三角叶杨														■	■	
沿铁路轨道栽植悬铃木														■		

图6-3 修复规划评估矩阵，用于验证与规划目标相关的设计元素

我们优化设计并重新为湿地选址，或者封闭，或者重新设置小径，抑或考虑设计缓冲区以分离这些不协调的功能。

3. 概念深化

气泡分析图的最后一步是通过消除所有不协调要素，在场地范围内进行必要的调整来深化概念以符合项目需求的特征。在这里，当我们尝试满足所有项目要求，同时又将项目保持在项目目标范围内时，可能需要进行权衡。完成此步骤后，我们将准备进入设计开发阶段。

4. 项目范围、进度和成本的限制

项目定位、进度和成本等要素相互作用会形成一个动态设计关系。项目范围规定了项目的全部内容，它为项目是什么样子和项目不是什么样子（例如，面积、高程、植被群落等）设定了界限。进度表示从项目开始到完成并提交成果所需的时间；成本表示在项目范围内交付最终成果的总花费。改变其中的一个要素，就要相应调整另外两个要素，无论是工作内容还是合同内容。

促成项目设计决策的关键因素是环境条件和项目定位。基于环境的要素主要包括时间、自然发生的环境压力源、场地资源限制，比如濒危或敏感物种或历史文化资源等。基于项目定位的因素包括项目目标、预算、由不同利益相关者制定的评估标准、不同许可机构或授权组织提出的要求（图6-4）。这些要素之间相互关联，根据我们的场地分析和其他数据，需要在项目设计中给予回应。

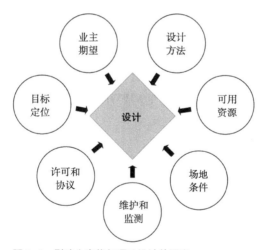

图6-4 影响生态修复项目设计的要素

6.2 设计元素

以下设计元素将分步骤介绍，每一步骤都涉及具体的问题，并建立在上一步的基础上。如前所述，这是一个反复的过程，对一个要素的响应可能需要对之前的决定进行调整或重新考虑。这些元素所需的许多信息应该在参考场地上显而易见，或者包含在由参考场地形成的参考模型中。修复设计的七个要素包括：

（1）水体 / 水文环境调整；

（2）地形调整；

（3）植物群落；

（4）植物选择；

（5）种植设计；

（6）种群数量；

（7）栖息地特征。

6.2.1　水体 / 水文环境调整

许多河流生态修复项目涉及河道的重新调整或重新组织，以减轻之前改变河道的影响。有时需要使用各种水环境改造技术来调整河流的结构，以恢复河流与其洪泛区的水文联系，从而在适当的频率下发生溢洪以恢复生态。同样的概念也适用于湖泊修复。其他时候，只需要让水流回归就可以恢复场地的生态，在这些情况下，需要调节水的流入和流出，以补偿经过地形改变后的场地环境。

在沿海地区，最常见的生态修复作法是提供潮汐流的回流。海岸一旦筑堤，有时需要通过调节河道或者用装置来控制潮水高度和持续时间，以分配新淹没土地上的水量，因为在很多情况下，土地在潮水被围挡起来的时候已经下沉了。在这些情况下，重要的是让水文学家或测量人员确定特定位置的地表高程和潮汐高程之间的关系。一些河岸修复项目还涉及降低河道附近或洪泛区的部分场地，以实现洪水淹没的期望频率或接近浅层地下水的水位高度。季节性池塘（也译为"春池"）修复项目有时需要开挖新水塘，然后用合适的土壤材料对水塘进行合理衬砌。

6.2.2　地形调整

有些生态修复项目需要在场地重新恢复之前对地形轮廓进行重大调整，实施地形改造的场地通常与资源开采挖掘有关（比如采矿区）。处理废弃的采掘场地或其他类似的退化土地时，需要做出几个决定：比如，在考虑引入植被时，需要解决坡度、坡向和高程等问题；被遗弃的农田通常从非常平坦的平原到连绵起伏的丘陵都有，但由于缺乏足够的微地形，因此会缺乏对物种多样性至关重要的微生境；季节性池塘（春池）生态系统需要一个小规模的微地形环境，如浅洼地和丘陵之间的各种浅坡。

在许多情况下，现场所需的地形变化可能不涉及实际的生态修复工作，但由于现状地形本身就是持续退化的原因，因此需要重新整理地形。在过去的半个多世纪，业界已经开发了许多技术，包括边坡稳定技术、通过自然手段影响溪流、增强溪流鱼类栖息地以及控制侵蚀和泥沙沉淀等。使用这些技术需要遵循一系列既定的程序，同时使用特定的材料来实现预期的目标，包括评估技术、生物技术（例如土壤生物工程和边坡稳定生物技术），以及流域管理技术等。其中有些已经标准化并形成了技术手册，以满足在参数范围内其他项目可学习可重复的需要。尽管这些技术的创建方式是标准化的，但要注意，没有经过培训的人员在进行场地分析和技术选择时，不能直接采用标准化的方案，否则会产生潜在的不符合预期的情况。

6.2.3　植物群落

在不同坡度和地形上移除或栽植的植物会影响项目中将要恢复的植物群落。通常，在整个植物群落范围内会有不同的种群组合，这些组合可能是在地形、海拔、湿度以及土壤类型综合影响下产生的结果。这些环境差异需要根据正在创建或恢复的地形条件来考虑和评估。如前所述，最常见的地形调整涉及各种类型的水系或排水系统，这些变化将使植物群落恢复，该群落可以在以前不能生长的地方持续存在。

6.2.4　植物选择（植物菜单）

需要多少种植物（包含木本、草本）引入到新的修复场地上？了解植物群落的物种组成是应对这一挑战的重要一步，接下来是研究是否需要引入特定植物来实现已确定的功能或目标。某些植物是和其他植物会存在伴生关系，这可以认为是场地整体性能的重要方面。是否需要为一些敏感的、受威胁的或稀有的植物提供栖息地或养料？或者直接引入场地？

对于任何场地，确定不同树种的确切数量都是有争议的。在很多情况下，一份具有百分比组成的植物清单可以帮助我们做出明智的决定。通常，大约20%的植物将构成大约80%的植被。这不是要降低其余植物的重要性，因为恢复物种多样性应该是所有生态修复项目的基本目标。通常在"20%"中可以找到特别需要关注的植物，其中一些植物可以作为重要传粉生物的食物来源或者产卵动物的栖息地，要尽一切努力容纳这些物种。

通常，收集表层土种子库是很好的方法，其目的是给项目场地提供尽可能多的植物选择。但是，这种方法的难点是需要决定在这个地方引入多少植物，成本、时间和适用性都是影响我们最终决策的主要因素。然而在此之前，我们应该注意那些与场地邻近的植被，以及这些植被自然入侵并在我们的场地建立种群的可能性。并非所有物种都可以轻松繁殖，也不是所有物种都能从植物苗圃中获得。我们有时间等待种子繁殖吗？有没有资源进行容器栽植对其维护，并移栽到场地上？有没有提前计划让苗圃为我们做这项工作？是否可以以后补充植物而不延误项目的启动？

6.2.5 种植设计

种植设计的复杂性在于，生态修复项目最终的种植形式通常是选定的植物进行自我筛选的过程。首先应考虑的常见因素包括植被分层、斑块 / 集群、边缘、坡度 / 坡向、土壤适宜性以及水分要求和耐受性。一些常规要素可以帮助指导某些决策，但不是全部都可以，参考场地数据的收集应反映关键植物在场地上的分布和格局。植被数据应提供如何在场地上布局单株植物的指导，以及如何应用于生态修复项目的设计。种植布局必须要考虑坡度和朝向，以确保喜光植物处在阳光充足和温暖的区域，而喜欢潮湿和凉爽环境的植物要置于较少暴露于阳光的斜坡上。同样，对极端阳光和高温耐受性较差的植物不要安置在朝西或朝南的山坡上。

1. 地带性分布

地带性分布是一种常见的植被形式，受到地形高程、湿度、土壤或其他植被竞争的影响，通常会呈行列式或者其他带状形式，这种状况在或大或小的地理区域中都会发生。以湿地系统为例，从水面到河岸甚至更高地方的湿地，都很容易观察到植被分层。这种模式甚至可以在高程变化只有 6 英寸的小的草原斑块、季节性池塘或者季节性湿地中观察到。陆生植物同样也有分层现象，但是不像湿地系统那样容易观察到，这种植被形式通常发生在山地排水沟、峡谷和沟壑的山坡上。由于气候、湿度、海拔、坡向（北坡和南坡）或者其他环境因素的梯度变化导致了植被的地带性分布形式不同。

2. 斑块 / 集群

在许多植被群落中都可以找到斑块 / 集群模式。导致这种模式的原因很多，土壤类型、土壤紧实度、湿度、种子分布、种子活力、降雨时间、种子抗旱性、食草性动物对种子的捕食等都是导致植被物种聚集和分散的因素。城市化也是产生这种斑块模式的原因之一，通过引入异域风情的植物来美化景观，这种外来植物斑块与相邻的原生环境形成了鲜明的对比。这些城市景观将本土物种划分为小的、孤立的本土植被群落，导致资源碎片化，并为本土物种提供了不良的栖息地环境。

3. 边缘

在某些植被群落和植物带中，对于野生动植物而言，该场地的关注点是不同的植被类型（交错地带）之间的边缘长度，以及同类型植被的规模面积。图 6-5 展示了三种斑块或集群结构，如图所示，三个构图的植被面积一样，但图 6-5a 中的边缘明显长于图 6-5c 中的边缘。对于需要在植被边缘生存繁衍的某些野生生物而言，边缘优势可能非常重要；相应的，也对那些倾向于均一化植被而避开边缘的物种来说也同样重要。在设计项目时，了解目标物种的栖息地要求尤其重要。如果场地面积不大，我们可能会希望减少边缘，因为场地上各个栖息地之间的距离可能不足以对目标物种产生理想的效果，同时，边缘野生生物的丰富度和多样性增加，经常会伴随着生物间相互作用的增加，例如掠食、寄生和竞争。我们需要根据生态修复目标，以确定这些情况是否可以接受。

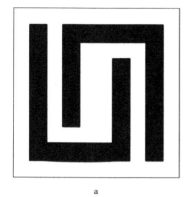  

图 6-5 a、b、c 三个等面积示例，说明了设计对于目标物种特定栖息地要求的重要性

了解目标物种或物种组成会有助于设计的决策过程（Morrison，2009）。在许多情况下，自然历史研究可提供足够的详细信息，进而制定设计方案，但这种情况并不是普适性的，例如，研究人员在加利福尼亚州濒危物种最小腹绿鹃的恢复工作中，尚无详尽的相关自然史研究。在这种情况下，研究人员对三条河流进行了研究，这里栖息了超过 10% 现存数量的最小腹绿鹃，这些数据被综合到一个设计模型中，该模型包括植被数量、植被高度和 1/4 范围内的植被模式。这个实地研究的成果已经被成功应用在几个项目上（图 9-3、图 9-5）（Baird 和 Rieger，1989）。

4. 坡度 / 坡向

太阳直射到不同坡度的持续时长对植被群落有不同的影响。有些群落在特定的坡向会稳定生长或者呈现更健康的长势，水分被认为是控制这种分布状况的主要因素。通过容器播种和种植之后，我们观察到植被的变化，比如在内陆地区，蒿类植物更倾向于东坡和南坡，而常绿阔叶灌木一般是北坡和西坡占主导。

5. 土壤适宜性

在许多情况下，复杂的物种已经适应了异常或罕见的土壤条件。有时不同的土壤分布面积可能是几平方米，也可能是几公顷。如果规划的场地上，土壤和物种之间的关系非常特殊，那么物种如何适合这些土壤对于计划在何处以及如何获取植物标本至关重要。蛇纹岩植物群落主要存在于蛇纹岩土壤中，该群落中的几种植物是很稀有的，因为它们仅在蛇纹岩的薄土层上生长。在这种情况下，确定亚种或变种很重要；另外，物种适应局部土壤的情况并不少见。这对于项目成功非常重要，因为现有的植被清单可能并不适合规划的场地土壤。

6. 水分要求和耐受性

土壤水分含量极大地影响着植被中物种的分类。如之前植被分层所讨论的，水分对于植被变化的影响更为普遍，由于水分含量不同，在一个植物群落中会出现对比强烈的植物孤岛，渗水或栖息的地下水位不同经常导致这种情况。具有不同土壤类型的地区，其保水能力也不同，

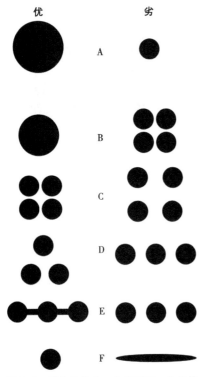

优　劣

A
B
C
D
E
F

图 6-6 野生动物从一个岛到另一个岛的难易程度和频率取决于岛屿的距离和面积大小。岛屿的面积也受地形的影响（改编自 Diamond，1975，经艾斯维尔科学公司许可使用）

这也允许了一些植物在原本不适宜的地方生存。一小块不同的土壤可能会使植被发生显著变化，在某些情况下，由于极端的水分超过了植物耐受力，而导致植物无法生存。

考虑到所有这些因素，我们仍然需要做出一些决定才能使项目设计更加完整。根据岛屿的研究发现，无论是岛屿面积还是植被面积，规模增大与物种多样性之间存在正相关性。根据研究及在新几内亚的个人观察，贾里德·戴蒙德（Jared Diamond，1975）开发了一个假想的结构模型，阐述了潜在的物种迁移变化特征（图 6-6）。在模型中，更符合生态修复的几何图形通常具有更大边缘、更短的距离或有廊道连接。当在大尺度场地上工作时，牢记这些模型可能有助于我们的项目。这些岛屿的大小也影响到所支持的预期物种（Howell，Harrington 和 Glass，2012）。

在许多情况下，我们所参与的项目现场条件并不能完全适用这些模型，但是，它们具有一定的相关性，即使在很小的生态修复项目中也是如此（Morrison，2009）。

6.2.6 种群数量

每个区域在确定种植或播种的数量时都会受上述条件的影响，包括评估标准、达到目标的时间以及利益相关者的期望。除了这些标准外，还存在特定的现场压力源：现场是否受到极端温度或降雨的影响？该场地是否存在大量外来物种的入侵？预算是否仅提供最低程度的维护？其他可能影响项目的因素包括潜在的破坏行为，由于稀有性或独特性导致物种无法存活，所选植物的自然死亡率高，以及上一年的种子收成差等。

通常，高密度种植或播种的原因包括：为了防止或者延缓外来入侵物种建立根据地，要尽早地形成密集的植物覆盖层；场地可能会受到来自昆虫或鹿等食草动物的袭击；无法定期进行维护；该场地在遇到极端天气时可能会演化出一种或多种特定的生长模式。

这四张图（图 6-7 ~ 图 6-10）说明了在生态修复中种植密度和其他一些最常见因素之间的关系。然而，这些示意图仅表明了在理想状态下某一个因素产生的影响，现实中，我们需要同时面对多个因素的影响并做出妥协。例如，通过在图 6-6D 中提供高水平的维护，我们应该能够控制有害外来入侵物种。因此，如果这两个因素（维护和入侵物种）与我们的项目有

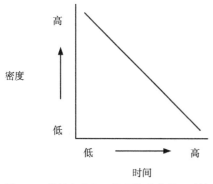

图 6-7　种植密度高，能更快地获得场地植物覆盖；但对于某些物种，较高的密度（即过度拥挤）会对植物生长速度和长势产生负面影响

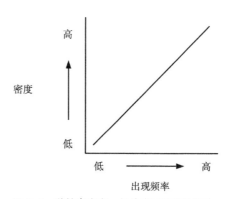

图 6-8　种植密度高，与外来物种发生竞争。高密度种植是空间和光的竞争，以控制外来物种的密度

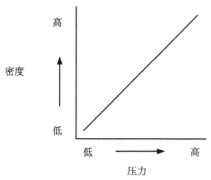

图 6-9　在有显著胁迫因素（温度、湿度、风、虫害）影响的地区，高于正常的种植密度将增加植物存活的概率

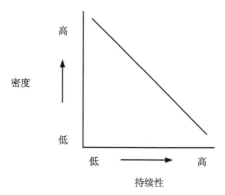

图 6-10　维护强度高的场地将允许较低的种植密度，因为压力源将得到控制，从而提高植物存活率

关，那么通过提高维护程度，可以同时解决入侵物种的问题，但前提是维护成本中包括了除草。在这种情况下，我们可以设计一个种植密度较小的方案。但是，如果管理部门或者利益相关者期望达到一定的高密度程度，那么我们也必须将该要求考虑进去。在环境压力源方面，我们所做的场地分析可能已经解决了此类问题，并且在总体施工计划中可能再删除其中的一些或全部植物，其余压力源可能会影响我们的种植密度策略。从这一组简单的示意图中，可以看到各种因素之间的关系，以及它们如何在最终设计上影响我们的决定。

这些例子旨在说明一个因素与另外一个因素之间的关系，归根结底，最终目的是使植被获得一定程度的自给自足的能力，然后进一步发展并成熟为规定类型的植物群落。尽管这些平面图会显示分离的圆圈、多边形和相似的符号，但并不是说这些植物只在这些地方生存。我们没有把修复方案图当作建筑设计图那样，将图纸内容几乎不变的反映在特定场地上，我们的最终目标是将这些物种引入到场地上，帮助物种生存下来并让它们自己找到合适的微生境。我们从决定各种物种最合适的位置开始，但最终物种本身会告诉我们合适的地点在哪里。

6.2.7　栖息地特征

　　到目前为止，在本章中我们讨论了植被要素及相关方面。栖息地特征关注于特定的物理形状和模式及其属性（图 6-11）。栖息地特征可以由部分植物材料或岩石和土壤的物理排列形成，这些特征提供了吸引物种个体的空间环境。为一个物种建立栖息地的目标是，要使该物种繁衍生息，就必须存在适合该栖息地的所有要素（Morrison，Scott 和 Tennant 1994）；或者，在提供越冬防潮或者其他要求下，必须存在满足物种需求的那些要素。在许多情况下，一个栖息地的功能是会随着时间的推移而发展的。如果我们有时间，那么就不需要从项目一开始就主动地建立栖息地。但是，通常情况并非如此，所以我们必须在提供这些栖息地功能方面有足够的办法。

图 6-11　生境特征包括多种多样的组成部分，包括植被年龄和结构、模式、物理元素的存在与否，以及季节性特征

一个很好的例子是鸟类和哺乳动物的巢穴。除非有老的树木、露出地面的岩石或者陡峭的堤岸，否则新建的场地不太可能具有这些特殊的栖息地特征。后两种情况（岩石和堤岸）可以使用相当常规的方法在现场构建，但是，树洞需要一棵大树。这棵树是活的还是死的？它一定是一棵树吗？目标物种是否会使用替代物，例如鸟巢箱（图6-12）？当然，鸟巢箱需要一定的维护，但是作为临时过渡方案，这种方法已被证明对美国东部的几种鸟类很成功。在美国西部，穴居猫头鹰得益于使用由 PVC 管和杂物箱建造的巢穴。谷仓猫头鹰的鸟巢箱在加利福尼亚州的萨克拉门托河（Sacramento River）沿岸也成功使用。在场地环境成熟之前，这些措施都是临时过渡性的。就猫头鹰而言，它们最初会接管由地松鼠挖出的地洞。如果现场没有地松鼠，则此临时解决方案将为现场生境发展提供时间，在此期间一个地松鼠种群可以发展形成，从而为挖洞的猫头鹰创造筑巢机会。

提供不同类型的临时解决方案对于确保恢复期间目标物种的持续存在是非常必要的。尽管这些装置很多是人造的，但这可能是让这些物种保留存在项目区域上的最佳方法。如果在修复工作完成之后目标物种没有来到项目场地，那么这些人工设施仍将为这些物种的到来而保留，直到项目场地建立或提供适当的自然栖息地。

栖息地特征需要满足物种生命周期的几种功能。最常见的就是提供有利于动物求偶和繁衍、展示领地、歌唱、筑巢和铺垫巢穴的结构或植被环境。

植物和自然环境也为猎物提供了庇护所，可能还需要提供捕食动物的觅食地点和有利位置，但为了达到这些特征更加成熟的状态，有必要置入可以起到相同作用的临时性要素（图6-13）。水环境在目标物种的生命周期中扮演什么角色？这些物种喜欢使用这块场地吗？植物可能是一个物种所必须的食物，如果要恢复整个栖息地并在场地上建立一个能自我维持的种群，了解目标物种的需求非常重要。

图6-12　鸟巢箱为许多物种（从小型鸣禽到野鸭）提供了直接筑巢的场所。美国马里兰州帕图森特，帕图森特生态研究所（Mary F.Platter-Rieger 摄）

图 6-13　作为缺少滨水栖息地点的临时解决办法，鹰、苍鹭和白鹭全年都在枯树枝和树干上栖息。美国加利福尼亚州圣地亚哥（John Rieger 摄）

　　另外一个重要的特征是为特定的动物提供避难场所，无论是提供狭窄的岩石缝隙、高大的树木，还是在洪水期间的高地。是否需要在灾难发生时提供逃生区域，或者在平时就提供保护措施？猎物有没有躲避捕获的地方？

　　通过评估以上的每一个问题，并注意在规划目标中栖息地的特定需求，我们将能够以最少的混乱和精力来进行合理的修复设计。根据项目的大小，项目可能只需要最简单的设计考虑。但是，即使是小型项目，我们也会发现我们的需求将不仅仅涉及上述讨论过的几个选项。同样，与在修复项目的开发过程中做出的大多数决定一样，我们工作的基础是在此阶段之前的规划目标和定位。另一个主要的筛选过程是预算和时间。我们能否承担此类型的设计或者掌握达到目标的方法？我们可以控制多个变量，其中一些变量的影响可能更大，这取决于我们如何进行以及如何修改变量。

　　这种情况的一个例子是在加利福尼亚州圣地亚哥的洛斯佩纳斯基多峡谷保护区（Los Peñasquitos Canyon Preserve）周围建造围栏（见第 14 章）。围栏将使远足者和山地自行车骑手无法进入新种植的地区，从而降低了包括更换植物在内的维护成本。对于这个项目，围栏是最经济的方法。另外，更重要的是，通过将时间消耗降到最低，并使场地恢复达到最佳，以满足利益相关者的期望。

第 7 章

水和土壤

涉及植物修复的项目始终需要对水的要求以及土壤作为植物生长媒介的适应性问题有所了解。无论我们是研究湿地、森林、灌木林地或沙漠，我们都必须了解水和土壤条件的历史情况。令人惊讶的是，许多湿地修复或湿地公园项目在施工时很少关注地形和高程，结果在遇到潮汐影响或水流时，项目场地的地表高程要么太高或太低，最终结果是项目无法按预期的目标来完成。土壤是有机体、矿物沉积物、水和大气的复杂组合，这些要素共同构成了生长介质。通常，集约化耕作会消耗土壤养分或引入过量的肥料，而这些肥料不是本地植物所需要的，也不吸引杂草和其他外来物种。水和土壤是两种基本介质，仅凭外观无法轻易评估，为了验证我们的假设，需要在实验室进行一些测试，以确保化学成分在可接受的预期范围内。

在干旱地区或者干旱季节，新栽植或播种的植物通常需要提供水源才能完成种植工作。所用植物种类将决定供水的时间点和时长，特别是在地中海地区或者沙漠地区。在那些地区，供水计划不能过分强调，如果能在适当的雨季栽种植物，可以让我们充分利用资源并节省劳动力。但是，如果不能在降雨季节之前或期间的短时间内完成所需的工作，那么就需要评估替代的策略。显然，如果我们的项目涉及湿地生态系统，那么就需要详细解决供水问题，以确保项目的持久性。然而，在干旱的环境下，水源可能一直需要提供，直到自然降雨周期开始或雨水足以充分支撑植被的生长。向场地提供补充水源的决定将指导后续的设计和场地准备策略，没有补充水源可能会影响项目的进展。

7.1 水

场地的适宜性和每年植物栽种的时间将决定是否需要补充水源。如果正好在邻近水源的地方调整场地地形，并且已经确定了水文系统，以便场地能在种植或播种后不久就有充足的水源，那么可能不需要补充水。然而，如果场地被抬高以防偶尔的洪水，就像河流附近的台地或梯田，则需要解决为植物根系生长供水的问题。如果能控制种植或播种时间，并且降雨量和洪水是可以预测的，那么我们可以在风险水平之内不提供补水。显然，湿地系统的水文状况不同于高地，我们可能需要为项目进行水量预测，以确保有足够的水来促进植物生长

（Pierce，1993）。

为了确保成功建立植物群落，有必要了解项目现场的水文要素是如何运行的。水可以通过自然河道、池塘甚至自然渗漏出现在项目场地上。在地表以下的水通常叫作地下水，它往往随着季节而波动；降雨产生的水会改变河道或改变水体的水位，例如池塘或湖泊。了解水在项目场地上的行为将影响我们所做的几个重要决定：我们将如何恢复项目场地？何时会尝试恢复工作？需要什么材料、设备或协议？

对于仅使用天然水的项目，应将一年中可利用水的时间和植物生长的时间安排在一起。休眠植物可以在无水的情况下进行种植，直到休眠结束。许多项目可以利用天气预报安排时间，而无需提供复杂的系统向场地供水。注意评估场地规模以及"雨季"的持续时间，在天气无法预测或不稳定的情况下，种子种植可能是最好的选择，因为这时直接栽植苗木会导致较高的死亡率。

了解植物的生长特征将会大大有助于我们的决策和部署。当依靠自然系统时，根的生长行为是一个极其重要的特征，我们的设计和时间规划应该考虑到生长季节植物根部的土壤水分。干旱地区依靠暴雨为土壤补充深层的水分。为了提高发芽率，一个土壤印压装置可以用来制造很多地表坑洼。这些坑洼汇集水流，让种子留在场地上，收集腐殖质和微量营养元素，坑洼中的腐蚀物掩埋种子，减少了风和食草动物带来的损失（Bainbridge，2007）。这些洼地内发芽植物的成活率要高于邻近地区，土壤印压机在坡面上形成的坑洼有效地减少了土壤侵蚀，使种子得以保留在坡面上并可促进植物生长。正是利用土壤压印机的这种功能，我们可以设计一些集水坑，由此可以设计出范围更为广泛的各种集水区和集水系统。图7-1展示了一个小型印压机，设计用于狭窄的斜坡通道。曾经也有一些通过标准的履带车来代替土壤印压机的尝试，但结果并不成功（框7-1）。除了创造小型集水坑外，土壤印压机还可以将水汇集后运送到场地，有些设备已经开发并应用在世界的干旱和半干旱区域（表7-1），班布里奇（Bainbridge，2007）对此进行了更深入的研究。

图7-1 土壤印压机，用于为种子和水建立汇水槽，以促进植物在边坡上的生长。不同规格的土壤印压机广泛应用于干旱地区（Mary F.Platter-Rieger 摄）

框 7-1　经验小结：确保真正等效的可替代设备

土壤印压机是一种可以在土地表面留下特定的汇水槽的设备，该设备可将水、种子和微量元素聚集在汇水槽里。这个设备适合应用于平坦的场地，或坡度小于 2∶1 的丘陵地带。本书作者最初并不熟悉复杂的土壤印压过程，在工程师的劝说下使用了沼泽履带推土机，而不是真正的土壤印压机，尽管单看印压土壤的效果两个设备很像，但沼泽履带推土机压出的土壤空格不能形成有效的汇水，相反，水的聚集侵蚀了水槽网格，形成了无数的侵蚀细沟。

另外一个例子，笔者曾见到过一个大树移栽的项目。上级单位决定不必使用标准的树铲，因此承包商使用了标准的反铲挖土机，由于土坨规格不够，导致反铲挖土机对土坨破坏严重，最终导致移栽失败。

经验学习：某些设备可能无法完全满足规划师在生态修复项目中的特殊需求。在实际项目中，替代设备并不少见，当引入一项新技术或新设备时，请确保熟悉其细节，以及该设备与其他类似技术或设备的区别。在准备使用推荐的替代设备前，请和你的项目团队进行讨论并仔细评估。

容器栽植提出了另外一个挑战，因为它们是在苗圃中培育的，当移栽到场地上时会承受诸多压力。从苗圃中立即将容器植物放在项目场地中会使根部处于压力状态。土壤中是否有足够水分来支持根系很浅的植物？有没有足够的时间让主根深入土壤接近更可靠的水源，比如稳定的地下水？土壤是否足够疏松让须根生长？如果场地被开挖过（即高度降低），那么重型机械是否会导致上层土壤被压实，从而阻碍根系生长？无论我们对用水的决定是什么，请务必要考虑为该项目所选择的有生命材料的需求。

补水系统的设计特点、规划和任务　　　　　　表 7-1

主导系统 / 技术	使用要求	措施	规划任务	操作要求
现状水源： 地下水	植物根系可以接触到水源；土壤未压实；深度变化不大，或变化可预测，可以在流域范围对人类使用水源进行管控	打井；为测量水深的设备钻孔。有来自邻近土地所有者、现有水井和农业机构等水的来源	在初步设计阶段打井或收集数据	不需要
现状水源： 河流	稳定或可预测的流量	从水文站和水务部门收集流量数据	使用来自现有的数据或生成自己的数据集	如果需要，确保可以从其他系统输送水量

续表

主导系统 / 技术	使用要求	措施	规划任务	操作要求
现状水源： 湖泊	相对稳定的水位	主湖面的水位高程，回水区（水坝）植被侵蚀的物理证据；泥滩情况	确定湖泊的状况，以及可能影响水位变化的潜在条件	不需要
现状水源： 季节性降雨	正常强度范围内可预测的季节性降雨量	了解降雨数据	如果没有数据，则建立雨量监测站	在降雨周期的合适时间进行种植
补充水源： 水渠 / 管道	水位高度符合重力流要求	通常情况可利用地形图；短距离则需实地测量	确定水源；购买或保障用水权	维护和监控水渠和水工设施
补充水源： 蓄水系统	蓄水池有充足的分配水量系统。水位符合重力流要求	通常情况可利用地形图；短距离则需实地测量；设计小的沟渠、管道或洪水灌溉系统	确定水源；购买或保障用水权；设计收集雨水的集水设施、水车等	控制来自蓄水池的流量；维护蓄水池的管道和沟渠
补充水源：加压管道系统 / 滴灌 / 起泡器	现有供水系统的使用权	利用附近的水塔和管道；通常没有地表水，降雨也是不可预测的	通常需要自来水公司的供水协议；如果是用洪水灌溉，则需要水能量消解设备	监测并维护设施系统；对设备进行定期清洗

7.1.1　建立供水系统

为项目场地提供补充水源的策略，将指导后续的场地设计和场地准备。当大片裸露的地表面临侵蚀时，困难就会出现。拟定的设计有没有提出改变地形，使场地的某些部分更容易接近水源，或者开发一个新的供水系统？表 7-2 说明了如何利用不同的水资源以提高项目的效益。鉴于自然条件和情况的多样性，各种可能性几乎是无限的。

供水途径分类 表 7-2

自然系统和过程	要素	开发水源的行动
降水量	雨、雪、雨夹雪、冰雹	改善土壤渗透性；增加地表粗糙度以收集水分并将水控制在场地上；创建小水塘或水沟以集中汇水
地表径流	地表非承压水流	设置小水池（如印压机）、堤坝和护堤、沟渠、冲沟、池塘、地下蓄水系统
地下水	饱和心土层	开挖地表，以接近地下水位
现状水体	河流、小溪	修建引水渠；利用重力流安装管道；拓宽水渠和堤岸；平整堤岸以增加面积
	池塘、湖泊、海洋	开挖海岸线；填充浅滩以抬高地形；修建运河或水道
	渗漏水、泉水	水渠；使斜坡变平以扩大取水面积

7.1.2　输水方式和储水系统

有很多方法可以把水输送到项目场地上（图 7-2、图 7-3）。根据场地的条件和位置，有些方法可能非常简单（框 7-2）。如果水源低于项目场地，那么将水送至场地可能需要提升泵

图 7-3　一个储存和重力分配系统为科罗拉多沙漠（Colorado desert）提供水源。在桥台下设置了水槽，以提供重力流。水通过 PVC 管流入埋在地下的无釉陶罐（David A.Bainbridge 摄）

图 7-2　利用收集到的流域与水塘面积的数据，建造季节性池塘（春池）。降雨是填补这些季节性水塘的唯一手段。美国加利福尼亚州圣地亚哥（John Rieger 摄）

或其他类型的动力系统。有些方案只有一种输水方式，而另一些方案则依赖自然气候条件，因此需要开发储水系统，以便在正常降雨季节之外向场地供水。

框 7-2　创造性的解决方案：简易灌溉系统

承包商负责设计、施工和维护一片位于湖边的植物群落，为了节省开支，承包商没有安装复杂的灌溉系统。但是，在植物栽植后的第一年需要多次给植物浇水，因此承包商使用了便携式水泵从湖中抽水浇灌植物。承包商发现如果用水管将水分配到每棵植物需要花很多时间，为了减少给每棵植物浇水的时间（不止一次的浇水），承包商在每棵植物旁边安装了一个 5 加仑的塑料桶，每个桶的底部开一个小孔让水缓慢流出。这样，现场维护人员能够迅速装满每个水桶，并最大程度地减少给每棵植物浇水的时间。

7.1.3　维护要求

选定的初始系统将很大程度影响供水系统的生命周期。对于短期供水，这可能不会造成很大的影响；但是对于大型项目，除了使用寿命，对该系统的维护可能严重影响项目的预算。一些最常见的维护问题包括：

（1）人力：设备维修、升级改造、挖掘、阀门维修、泵的引擎维护。

（2）燃料：泵的启动、运水车的汽油。

（3）水流控制：使用手动或者重型设备修复堤坝。

（4）虫害控制：河道的人工、化学、生物控制，诱捕、杀虫剂处理、围栏处理。

（5）水系统控制：调节输送、阀门控制、虹吸控制等。

7.1.4 输水和储水相关费用

在决定如何解决项目中的水源问题之后，现在就可以分析与成本相关的各个要素。这不仅包括实际的货币支出，还包括人力、材料和潜在的政府监管费用。

与供水系统相关的四种最常见的成本包括：

（1）水源开发成本：包括设备升级；水控阀门和清障；超出设备能力范围的土方设施；泵水设施，包括泵、管道和阀门；政府许可；人力成本；现场勘测以确定高程。

（2）输水储水成本：输水储水系统的升级，包括开挖水渠、池塘和建立堤坝；人力成本；水箱或其他储水设备；泵；运行泵的电气系统。

（3）运行系统成本：人力成本；能源消耗，包括泵的电力和燃料；商业供水的花费，如饮用水、再生水或者农业灌溉用水。

（4）维护系统成本：人力成本；设备和耗材的更换；水塘、运河或沟渠的清淤。

根据项目限制和规划目标，很多情况可能不会出现在项目设计中。大多数情况下，简单一点通常会更好。

7.1.5 自然系统和修复项目

根据其在整个地形和流域中的位置，山地地区具有不同的环境特征。了解降雨模式和降雨量对于确保场地的永久性十分必要，在较平坦的斜坡且与水道相邻但未被这些水道直接淹没的地区，可能会受到地下水上升或下降的影响。在极端干旱地区，地下水主要来源于降雨和洪水，暴雨的持续时间和强度对于在生长季节提供地下蓄水至关重要，这样植物就可以充分生根接近水源以维系生命。由于土壤上层缺水，植物的根部能够随着水分的减少而深入土壤向下找水，这种特性提高了大多数沙漠植物在雨季过后的存活率。一些干旱的陆地植物，例如豆科灌木类和刺柏属植物，能够在地表以下超过 100 英尺的地方生根。

灌溉的时间和频率是灌溉策略中最重要的部分。土壤类型和温度是决定灌溉时间和频率的主要环境因素。一次性浇水时间过长会让表层土壤水分过于饱和，从而无法让根系向下生长。对于一些浅根系植物，比如柳树，通常生活在距离地下水几英寸的水流附近。优选的灌溉方式是建立一个脉冲机制，让土壤纵剖面不完全饱和，但随着水分蒸发和渗透作用，水分向下移动，其表面附近将变得干燥。这种灌溉方法有助于植物根系向下生长，以获得更持久的水源。

灌溉的频率是植物成功生长的另一个关键因素。场地的多变性和现场诸多的环境要素需要我们检查植物，并根据它们显示出来的性状确定浇水频率。在干旱地区，降水、结种、松土和没有捕食动物这些情况通常是同时发生的，这样，植物种群就得以建立；与此同时，干旱地区的生态恢复需要考虑补充灌溉，以及研究水与现状高孔隙度土壤的相互作用。在许多情况下，一场大暴雨足以使土壤层储存充足的水量，从而为迅速生长的幼苗和根系提供能量。

在含沙量高的土壤中，水的移动速度要快得多。在某些土壤中，水实际上可能会很快通过根区，以至于没有足够长的时间使植物受益。

7.1.6　水化学反应

在修复项目的早期阶段通常不考虑水化学作用，并且场地内的湖泊或河流不能保证合适的水源。本书在第 14 章的案例中描述了由于使用附近池塘里的水而让场地面临严峻挑战的情况，其原因是池塘在 5 年的干涸之后积聚了大量盐分。土壤类型和浇水时间将决定是否使用盐浓度异常的水。

通常情况下，并不存在一个必须严格遵守的生态修复原则。地形的改变和人类的定居，有时要求场地做出调整并适应当时的条件。在纽约牙买加海湾（Jamaica Bay），那里正在进行一项重要的清洁海湾水体的项目，由于城市污水和雨水系统导致水质下降，并对整个海湾的底栖生物和其他动物造成负面影响（框 7–3）。问题的严重性和项目的规模都需要一些相当新颖的工程解决方案，让生物资源适应海湾，恢复海湾水质。此外，还实施了若干项目以缓解海岸线侵蚀，建立沼泽湿地以维持牙买加湾内的几处海岸线。

框 7–3　重点项目介绍：生态系统修复需要多方面专业的参与，包括广泛的生物技术和工程技术

项目：美国纽约牙买加湾流域保护规划（Jamaica Bay Watershed Protection Plan）

牙买加湾是一片面积约 1.8 万英亩的水域，毗邻纽约市皇后区和南布鲁克林区。在过去的一百年中，海湾发生了巨大的变化，导致自然生态系统遭到严重破坏，由于纽约市人口的大量增加，过量的污染物和污水排入海湾。和美国东海岸的多数城市一样，纽约的下水系统是雨污合流的，在强烈的暴风雨天气中下水系统经常不堪重负，导致污水从许多排放点进入牙买加湾。对海湾的另一影响来自一个多世纪以来广泛的疏浚工程，这导致了海湾底部缺乏支持海洋底栖生物的地形和生存环境。疏浚后的结果是，海湾的水流和水文周期发生了显著改变，在海湾及其岛屿的众多海岸地带造成了侵蚀破坏。

2005 年，纽约市环境保护局启动了通过多专业统筹的方法来解决牙买加湾的污染和环境退化问题。在意识到仅靠工程方法的思路无法解决问题之后（此处不讨论），当局开始研究创新的环境工程和基于生态学思维的行动计划，进而扭转海湾污染问题。

解决海湾富营养化是当务之急。其中最普遍的问题之一是海莴苣（*Ulva lactuca*）大量繁殖，它们会从底部脱落，在水面形成一个巨大的漂浮垫，这个漂浮垫最终会沉入海底以窒息并杀死湾区的底栖生物。为了解决这个问题，环保局成功试制了一种垃圾清理器用来收集这些植物垫层。

污水是个复杂的问题，需要采取多种方法来解决，否则它会流入海湾并造成富营养化。在纽约以外的很多地方会使用一种在底部附着藻类的排水斜槽，可以在水流过藻类时对其进行净化。通常情况下，水流需要通过 100～150 英尺长的水槽，这取决于在斜槽中藻类的生长量，斜槽的长度通常由设备的位置和藻类的数量来决定。一般会先通过试验来确认该系统的有效性，并微调结构以获得最大效果，然后再将清洁的水排入海湾。

目前正在评估的第二种方法是使用螺纹贻贝床，贻贝床的作用是过滤进入海湾的水体。作为一个自然系统，贻贝床可以自然扩张，繁殖更多的个体来过滤污水。而且贻贝床可以生长在海湾的不同区域，包括河流出口和其他污染物出口。需要注意的是，贻贝床要位于人类较少光顾的地方，并且不被人类用作食材。

为了增强和恢复牙买加湾的各种生物资源，工作人员也努力研究建立牡蛎床和鳗草（*Zostera marina*）床，并通过保护海岸线来稳定和增加现有的岛屿。牡蛎床需要稳定的基质才能附着，将成形的受精卵用鱼苗（幼牡蛎）接种，并在良好的异地条件下生长，然后再放置于海湾中。两年后，如果受精卵持续增加，则表明这项技术获得了成功。牡蛎的过滤作用将有助于清洁水质，并提供改善的栖息地，从而可以建立鳗草（*Zostera marina*）床。鳗草床会被随机种植在几个地方，以确定适合的生长环境。这样的结果是，当水质不够好、不够清澈时，鳗草就无法建立稳固的根据地。如果鳗草在一个地方开始稳固生长，那么它将改善栖息地的生态环境，并且能够自我维持。

当前的海平面上升和疏浚工程的出现，让牙买加海湾中的自然岛屿一直受到高强度的侵蚀。海湾底部的陡峭坡度和海水深度使得传统的岩石护岸方法失效。为了保护海岸线，需要一个浮动装置，因为岸线底部的坡度太陡了。解决方法是一个波浪衰减器系统：这是一个位于近海岛屿地区的锚固在海湾底部的浮动平台，这个设备有助于分解波浪和洋流的能量，即使波浪中断也会让海水中的泥沙沉积到海岸底部，提高等深线，减小水下的海岸坡度。

雨洪管理也是该湾区流域规划的重点，已经有一些雨洪管理的具体方法证明了在流域内不同程度的有效性和实用性。没有一个单一系统可以在所有领域和环节都能发挥同样的作用，情况可能会因地而异，所以需要一种方法来帮助规划师、设计师和决策者确定最佳的管理方法。这种方法或者说工具是由其顾问公司开发的生态地图（EcoAtlas），它是使用地理信息系统（GIS）对整个流域中的数据以及相关信息进行汇编，以便可以最大程度地使用这些信息。

雨洪管理规划包括改善树坑、设置生态保护区、规划雨水湿地、多孔柏油路、过滤步行道，以及屋顶绿化等内容。目前正在对其中一些措施进行试点研究，收集数据进行比较和评估。

除了以上的各种工作和试点计划外，纽约市还通过直接和间接的配套资金支持海湾周围退化沼泽湿地的恢复。过去已经启动了几个项目，这些项目已包含在未来的各种管理计划中。这项工作由广泛的组织和志愿者以及社区及相关机构共同参与。

这个项目和行动计划旨在清洁和重新管理污水，并延缓其进入海湾的时间，以解决极端天气下雨污合流带来的问题。有些工作的目的是为底栖生物重建生态环境，在排水过滤清洁后，底栖生物可以在合适的区域建立生物种群。虽然完全将牙买加湾恢复到未经污染的程度是不可能的，但通过生态修复工作来维持和改善岛屿和海岸，为以后海洋生物的生存和繁衍提供栖息地同样非常重要。

7.2 对待土壤："别把它当成脏东西"

土壤适用性不能总是通过现场目测来确定。土壤中的问题可能源于几十年前，过去的土地利用方式会剧烈改变土壤的结构和化学成分。通常，需要进行土壤检测以确保场地存在适当的土壤化学性质，因此进行一些物理和化学检测是非常必要的，通过一些简单的实验就可以避免灾难。

土壤是覆盖在地球表面的一种松散的矿物质和有机物质，是陆地植物生长的天然介质。土壤是由有助于其形成和维持的众多生物的"生命系统"组成的，丰富的有机物生活在土壤基质上，包括真菌、无脊椎原生动物、线虫、腹足类动物、节肢动物、蚯蚓和小型哺乳动物如田鼠、地鼠和鼹鼠等。

土壤由固体和孔隙空间组成。在土壤基质中，孔隙空间被空气和水占据。关于本土植被所适合的土壤、空气和水成分的数据非常稀缺，因为直到最近几年才在这些地区进行非农业土地的研究。在大多数研究报告中，关于理想比例的土壤、水分、空气等数据多来自农业土地的研究，因此，这些数据只可能有限地帮助我们了解项目的需求。

在土壤中发现的不同生物中，菌根引起了人们的极大关注。一些公司为销售种菌来做广告，另外一些公司则销售接种了孢子菌的植物。菌根的优势对大多数植物来说都是显著的，然而并不是所有植物都有相同的反应。先锋植物能够在没有菌根的环境下也可以表现的很好（Allen，1991）。孢子在风中被动物，尤其是昆虫所携带和传播，风是传播孢子最重要的媒介，孢子经常被植物拦截捕获。被干扰过的土壤也会有孢子，但此时真菌菌丝网络可能不再发挥效用。

刚刚更新或裸露的土地是缺乏菌根的，接种源可以在未受干扰的、具有原生植被的土壤中获得。这是为我们的项目获得菌根的最佳来源，因为它很可能包含项目所在地区的本地菌种。除非我们的项目占地数百英亩或不邻近本地植物，否则并不需要担心通过额外的工作来获得菌根。植物群落、邻近种群的状况以及基质都会影响菌根定植在影响修复场地的能力（Harris，2009）。

土壤的化学成分多种多样，反映了当地的环境条件。通过目测通常不可能确定各种土壤成分的组成和变化情况，因此需要一系列的检测。在密集工业区的环境中，有工业气体排放的土壤，其酸度通常很低，而重金属含量很高。在这些地区进行生态修复工作需要进行全面彻底的土壤检测，以确定某些要素（通常是很少量的）并不会因工业活动而增加。无论是可用还是废弃的农用地，都可能因耕作方式或作物种类而产生化学不平衡等问题。在备选的修复场地上会同时遇到物理问题和化学问题，因而在制定详尽的计划之前，应首先找到导致土壤退化的主要原因或次要原因。

土壤压实是荒地上最常见的问题之一（Luce，1997）。土壤压实可能是由于牲畜践踏、反复的行人步行、使用与农业和林业活动相关的重型设备或无限制的车辆通行和停车而导致的。土壤压实是将土壤颗粒紧密地挤压在一起，使空气体积减小，从而增加土壤密度的过程。当在土壤上施加负荷时，水分起到了润滑作用使土壤增加压实程度。通过将主要的土壤颗粒（沙、粉尘、黏土）和土壤聚集物密集地堆积在一起，固体与充满气体和液体的孔隙空间平衡被打破，压实通常首先消除最大的土壤孔隙。当大部分初始土壤中的空气被迫离开上部植物根系时，水分运动和根系渗透就会被破坏。此外，由于水的渗透速度变慢了，压实的土壤会在其表面沉积化学物质。犁耙、深翻、土壤印压以及其他物理活动通常可以消除这些问题（Montalvo，McMillan 和 Allen，2002）。

高盐分土壤十分普遍，尤其是在牛群集中的地方，比如围场和小型牧场。查看现状植被以确定是否存在盐度问题并不总是可靠的，除非我们了解现状植物的年龄，否则很难评估土壤状况，因为很可能是在植被形成之后以及植物根系低于盐分渗透，土壤条件才发生改变。

盐度通常以电导率（EC）来表示，并显示为整数。对于大多数原生植物，电导率最好低于 2。高盐度会对种子发芽产生负面影响，电导率达到 4 将会对植物造成破坏。

我们强烈建议在项目分析过程中尽早进行场地土壤测试，项目场地的土地使用或邻近土地的使用方式将成为采样数量的依据。经常与当地农民、农业顾问、农业办公室以及水土保持办公室保持联系是很有帮助的。应至少进行以下测试：pH 值、盐度、电导率、有机物含量百分比、质地、常量元素、微量元素以及任何其他当地已知的值得关注的化学物质。即使是最简单的土壤试验也有用处，如果不进行试验可能导致严重的后果（图 7-4）。

在相对较短的距离内，土壤深度和质地也会发生很大变化。例如，洪泛平原和河流附近的阶地上的冲积物通常由砾石、沙子、淤泥和黏土组成。限制层——比如黏土层，会阻止或延缓根系的渗透。如果试图让植物根系生长到永久地下水的深度，那么限制层可能是有害的；然而，如果想修复一个季节性湿地或池塘，以保持季节性积水，限制层就变成了优势。除此之外，灌溉植物下面的沙土层或砾石层可能会拦截并引导水从侧面排走，从而阻止植物根系向下生长到地下水位。

一些生态修复专家经常会在他们的项目场地上挖一些反铲壕沟，以勘察土壤剖面的变化（注意：挖沟时，请务必遵循美国职业安全与健康管理局的标准，在沟壁的两侧进行支撑加固以防止观测者遇到危险）。如果该场地以前曾种过农作物，则可通过分析历史航空照片并寻找植物生长的差异（例如果树的健康状况）来确定存在土壤问题的区域，也可以通过与以前工作过的农民交谈来获得此类信息。

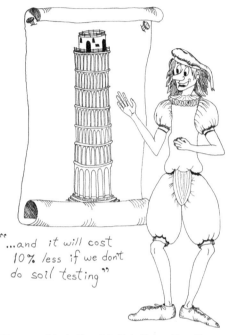

"...and it will cost 10% less if we don't do soil testing"

图 7-4　对每个项目现场进行基本土壤取样可以为设计决策提供有价值的信息

7.2.1　土壤准备和处理

就劳动力和设备成本而言，土方工程通常非常耗时且昂贵，尤其是必须进行土壤运送并异地倾倒时。在大多数湿地生态修复项目中，最大的费用支出之一就是土方工程，土方活动涉及机械化设备和熟练的操作人员，以实现安全、高效和理想的结果。生态修复项目的土方工作多种多样，比如，刮除一层薄薄的土到清除不良的土壤种子库；将场地高程降低一码甚至更多，以建立更接近已知地下水位的土壤表面；或者进行场地清理，以防止在场地上发生侵蚀或沉积问题。我们鼓励向知识渊博的专家进行咨询，以帮助我们制定土方工程或场地分级计划，这将确保最大程度地平衡项目土方工程的成本—收益，以尽量减少从项目场地运入或运出任何土方材料的需求。在进行土方工程活动时，应考虑以下内容：

（1）在最佳天气条件下，应计划在一次性操作中完成土方移动。在冬季整理地形会让土壤暴露在降雨中（指地中海地区），并有很大风险造成地表侵蚀和雨水污染。我们需要了解土地整理的时间，以及将要采取的防止过度侵蚀的具体措施。待整理的场地上有没有合适的表层土，未来可以用于项目的其他部分或用于新整理的地形上？如果有，那么我们可能需要储存这些土壤，直到将其应用于最终的地形外轮廓为止。堆存土壤时，确保把表层土和深层土分开（详见本节末关于土壤存放的讨论）。

（2）挖掘出来的土壤等需要一个重新安置的地方，安置点最好是永久性的。从项目场地到土壤源地点之间的距离将影响操作的成本和时间。某些情况下，有可能会出售这些土壤并让买方将土拉走。无论是场地内还是场地外，都应仔细检查土壤，以确保不会对敏感资源造成影响。

（3）除非项目设计特别要求改变土壤，否则新引入的土壤应具有与目的地土壤相同的特性。引入的土壤可能会带来有害生物，比如杂草和土壤真菌。可能需要一些措施来控制土壤中的杂草或其他不利方面，根据这些措施来评估土壤的效益。

（4）我们或我们的项目组成员可以操作所需的设备吗？

（5）付费的操作设备通常按小时计费。在某些情况下，如果操作员自己拥有项目需要租赁的设备，则可以提供综合计费。不熟悉生态修复的操作人员需要在开工之前了解一些限制要求。挖掘或填充作业经常需要额外的人工操作，挖掘之后可能会留下一个非典型的基底条件，这可能会影响项目以后的性能。土壤改良和准备工作需要时间和资金。

（6）当地的法律、法规、条例会在特定情况下限制设备运行的噪声水平吗？我们需要确定现场发生的最大噪声等级。在某些情况下，每天的不同时段决定了不同的可接受噪声等级。

（7）我们知道这项工作所需的特定设备吗？有各种类型和尺寸的设备可供选择，但并不是所有设备都是我们所需要的。对于那些正被考虑使用的设备，应咨询使用过它们的人员。

（8）如果土方量不大，可否用手动设备完成？对此应考虑志愿者的数量和总工作时间。此外，志愿者能干重活吗？挖掘材料的拖运量是否已经确定最少且适合手动设备？也许简单的载货皮卡车就足以把这些场地上的土方都拉走。

（9）如果是大型作业，是否需要挖掘类设备，比如推土机或者反铲挖掘机？

（10）设备能否把挖掘材料运输到最终位置？

（11）土地整理会要求车辆将物料运到最终位置吗？距离很远吗？

在许多情况下，由于过去的工业用途或农业实践造成的土地都是废弃地，因此不需要改造地貌，因为废弃土地通常在表层土壤中被大量杂草和高养分含量侵扰，所以基本上没有当地物种能够在那里存活。最常用的技术是广泛的除草并使用除草剂，这会大量减少土壤杂草的种子库。另外一个方法是定期犁耙土地，直到杂草种子库枯竭。还有一种方法涉及"土壤翻转"，将表层土翻下去，然后从地面以下3英尺处把深层土翻上来的过程。与其他技术相比，该技术具有许多优势，因为它可以将营养丰富的表层土壤移到地表以下3英尺处，并将深层土提到上面，深层土的营养水平不会阻碍本地物种的播种。此外，水分会更快地渗透到土壤下层。

有时，需要挖掘较大的坑或沟渠，然后再进行回填和种植。回填后保持土层结构对于成功栽植树木非常关键。为此，在挖掘过程中为不同的土壤层进行分类堆存，堆存的土壤应该根据土壤剖面情况进行清晰界定和分类。如果堆存需要维持很长时间，最好记录土壤收集的位置（如果不是在挖掘现场附近），给不同的土堆进行围栏防止侵蚀。回填时，使用堆放土壤要根据土壤剖面（像蛋糕切面），采取相反的顺序进行回填。

7.2.2 侵蚀控制和边坡稳定

在大多数地区，如果施工期间遭受风、雨或雪等侵袭，则有必要采取临时侵蚀控制措施（包括建立临时土壤堆存）。关于侵蚀控制最佳管理方法的信息来源很多，许多州和地区水质控制委员会已经发布了侵蚀和沉积物控制的操作手册。

有许多生物技术策略和设计可同时使用活的和死的本地植物材料来实现边坡稳定（如河岸稳定），侵蚀控制（如沟壑控制）和原生植物群落恢复。有关土壤生物工程的有用信息可从网上获得，包括许多描述生物工程措施设计的出版物以及描述其构造的照片和图纸等（Gray 和 Sotir，1996；Hoag 和 Fripp，2002；Schiechtl 和 Stern，1996；Schiechtl 和 Stern，1997）。

在侵蚀控制方面，常用的技术有草包、草席、稻草卷，以及含有植物性物质的类似产品，比如椰棕等。这些产品中通常会存在一些不良物种的种子；因此，明确规定这些材料应当"无杂草"是非常重要的。由于未对"无杂草"侵蚀控制材料进行明确规定，从而将入侵性杂草引入生态修复项目现场的情况并不少见。

第 8 章

植物材料

有多种方式可以帮助我们在修复场地重塑植被。最常见的繁殖体类型之一是种子，它可以从场地现状植被中获得，也可以从其他地方引入。此外，同样常见的还有在多种尺寸和形状的容器中生长的植物（美国以容器栽植为主）。许多物种可以进行营养繁殖，可以在现场以较低的成本和人工获得大量植物标本。扦插、压条、块茎和根茎经常用于许多物种的繁殖。转移或抢救标本植物或植物组合，可以将场地上成熟的个体和无脊椎动物与微生物组成的土壤成分快速引入场地中。与其他修复一样，植被恢复没有绝对的方法，每种类型的植物材料都有优缺点，需要根据项目的情况在可用资金、劳动力、空间和时间等方面进行考虑。

8.1 种子

种子繁殖是一个很好的方法，为项目提供了引入多物种的机会，而成本只是容器栽培的一小部分。种子的使用将使项目中的各种物种根据微环境或通过多种植物竞争进行自我分类。尽管种子栽培对生态修复项目很有价值，但种子的使用可能会带来一些挑战。不过即便如此，这仍然是值得努力的。

8.1.1 购买还是收集？

商业种子供应商和生产商通常会收集、培育并获得标准的种子类型和数量清单。一些商业种子供应商有现成的常见植物品种，经常用于生态修复和侵蚀控制等项目。有些供应商可能有一些其他品种，但是由于需求不确定，供应也是有限的。在环境独特的地区（如海岸迎风断崖或蛇纹石土壤）中出现不同的亚种并不少见。从供应商那里订购这些品种时需要小心，因为这些种子可能不适合项目所在的地区。

应确定收集种子的季节和年份。如果库存时间比较久，则需要重新测试种子的发芽率；如果种子活力降低，将会大大影响我们的种植数量。联邦法律要求在一定时间后重新测试每批种子的发芽率。如果有可能，请走访种子供应商并了解其控制和储存种子的方法。如果我们不认识供应商，那么有必要进行第二次测试，以确保种子的性能。

使用供应商提供种子的优缺点如下：

1. 优点

（1）不需要集中大量劳动力来收集种子；

（2）种子由供应商储存，并在需要时交付；

（3）种子是标准化清洁过的，每单位重量会产生更多的种子数；

（4）供应商通常为每个物种或批次提供发芽率和纯度的报告；

（5）有些供应商可以提供建议或推荐，以增强种子组合的能力（如多样性、发芽率等）；

（6）供应商可为该地区提供大量常见植物品种的种子。

2. 缺点

（1）不容易确定种子的来源；

（2）可能存在不可接受的杂草；

（3）种子储存对于某些供应商来说可能是个问题；

（4）不常见的种子通常很少储存，一般来说，只有最常见的物种是定期储存的。

对于较大的项目，提前通知种子供应商和种植者可以消除许多种子供应方面的问题。然而，供应商通常不太愿意评估一些稀有或不常见种子的销售情况。许多种子的保质期有限，供应商无力负担收集并培育那些可能永远卖不掉的种子，或者那些储存超过一季就会失去活力的种子。

获取不常见的种子有两种方法：①协商定制一批种子并签订合同；②在我们的项目范围内建立收集种子的计划。定制种子的优势包括前面列出的供应商提供种子的所有优点。而且，在设计中，即使不是全部，也有很大可能得到大多数的物种种子。定制种子的缺点有以下几点：

（1）基于物种类型，我们可能无法获得所需数量的种子；

（2）对于更多不常见的物种，亚种和变种的鉴定可能会出错；

（3）通常情况下，定制种子的成本较高，寻找那些稀有物种的花费更多；

（4）我们必须提供储存空间（干燥、凉爽的环境）；

（5）并非所有物种都能在一年的同一时间收获到种子。

8.2　自己收集种子

种子收集地点应在种子采集时间之前确定，这样可以有时间去办理所需的许可证和批复文件。在面对受威胁或濒危物种时，需要准备好政府机构要求的所有备案文件和许可证书。

当自己收集的种子时，最重要的是确定何时收获种子。收集成熟的种子是成功播种至关重要的过程；过早收集会导致较低的发芽率。在收集种子之前去考察种子产地将有助于了解这些地点的植物是如何适应环境条件的，而在其他场地上可能显示出不同的生长模式。定位种子可能很困难，可能找不到适合我们所需物种的合适地点。公共场所、公园、荒野区和其他土地管理组织都有关于如何管理资源的特定要求。提前与土地所有人联系，协商沟通能否在他们的土地上收集种子。收集自己的种子的利弊如下：

1. 优点

（1）这些种子在生态上已经适应了当地的环境；

（2）可使用低成本的收集程序；

（3）这些种子可以随采随用，无需长期保存；

（4）不需要专业的种子培育机构（与后面讨论的种子增收方法相反）；

（5）与购买的种子相比，自己收集种子获得的物种多样性更高。

2. 缺点

（1）收集会引入杂草；

（2）不容易获得采集种子的场地；

（3）如果种子是从受胁迫、患病或虫害的植物上获得的，则不适合播种；

（4）必须准确识别物种，各类变种、亚种都会带来问题；

（5）需要额外的时间来获得种子许可或批复文件；

（6）收集方法的效率不同，可能会耗尽种子采集场地的自然资源。

自己收集种子不需要按物种来进行，通常会采用总收割技术，同时收获多个物种，比如在草原或草坪上收割。一起收获的种子和营养物质通常称为干草堆，干草堆为促进植物发芽提供了覆盖物和微环境。对于有较长时间跨度的项目，由于不需要清理种子或计算纯度，此方法是首选。但同时，这也意味着我们将不知道施用的物种的确切数量。这对于以年为单位的多年恢复项目来说应该不是问题，因为可以在接下来的几年中进行点播。和任何种子一样，储存材料都应该保持干燥、凉爽，避免阳光直射，并防止潜在的昆虫和啮齿类动物侵扰。使用纸袋（不是塑料袋）以保证通风和减少霉菌生长。

对于收集方法，必须在同一地点进行多次采集才能获得种子早结实和晚结实的遗传类型范围。即使在适宜的天气，并不是所有物种或植株每年都会产生相同数量的种子。一些具有特定栖息地要求的物种可能只有很小的种群，这需要更大的采集范围以获得足够的种子，这样才不会耗尽场地资源。了解项目所需的物种及其任何特殊要求，以便我们可以提前计划相关的备用措施。

其中一项措施是建立可控制的种植苗床，这是一种被称为"增加种子"的方法。这种方法对于提供难以获得的一年生或多年生草本植物材料非常有效。供体植物的使用量要足够大，这样才能使其遗传多样性达到最大化。对于有限的自然植被或当地特有的、濒危的或敏感物种，"增加种子"这种方法非常有效。"增加种子"方法的优缺点如下：

1. 优点

（1）可以根据苗床的季节性确定可用种子的数量；

（2）可控的苗床可以提高种子的纯度，减少杂草和外来入侵问题；

（3）有充足营养和水的可控苗床可以提高大多数物种的种子活力；

（4）现场收集并繁育的种子可以确保对场地的适宜性。

2. 缺点

（1）苗床需要空间；根据物种的数量，可能需要很大的面积，这会增加土地租赁的成本。如果在合同中包含苗床，这些费用通常会在种子费用中分摊。

（2）项目实施前，至少预留出一个季度的时间来（可能更久）繁育种子。如果是一个多年栽培项目，那么这不一定是缺点。种子繁育的建议是收集不超过三年生的草本植物种子，以防止项目场地的基因多样性下降。

（3）成本高于供应商提供的种子。如果在项目场地上繁育种子，那么资源成本主要是劳动力、水和其他维护成本。

（4）需要可靠的持续劳动力来维持苗床长时间不间断处于正常状况。

自收种子也可以采用和一些培育者签订合同的方式。在检查种植者的操作时，首要考虑的问题是检查设备是否得到妥善维护和清洁，以及种子是否得到正确处理。

8.3　采购种子

种子受政府监管，并且对种子供应商有很多要求，包括测试种子批次的纯度和发芽率。这两项措施对于准确了解我们要买的种子产品非常重要。

8.3.1　纯度

用最少的非种子材料分离或包装种子的情况具有高度变化性。所有本地库存的种子都以散装磅秤出售，通常包括活种子、死种子、营养物、泥土、沙子和其他物种种子等。大多数种子供应商和种植者会执行标准化清洁操作以去除非种子材料。但是，有时清洁包装的工作量会超过最终的种子本身，以至于供应商提供了更多的非种子材料。供应商一般以散装磅秤种子销售非观赏类植物的种子。散装磅秤种子的成本包括了之前列出的所有"非种子"内容。因此，了解种子纯度将使我们能够确定种子数量以及购买种子的费用。计算散装种子的纯度和费用是一个简单的步骤，在框 8-1 中有说明。

8.3.2　发芽率和种子活力

发芽率和种子活力是不同的专业术语，表述了种子库中不同种子的生长潜力。发芽率是指在一个样本中种子实际长成幼苗的种子总数。种子活力是指种子通过在种皮内建立胚胎并具备发芽的能力。种子活力包括发芽种子和需要更长时间才能发芽的休眠种子。

　　了解种子库的种子活力对生态修复项目的成功非常关键，特别是在使用稀有或濒危物种的种子时。有些环境因素会影响种子的发育，许多本地物种产生的种子在外观和内部看起来很正常，但是由于各种原因而不能发芽，其原因包括种子发育关键时期的非典型雨水、基因问题、霉菌感染、昆虫侵害或除草剂等。种子活力因季节而异，因此很难获得相同的结果。我们可以进行简单的发芽测试：把种子放在湿润的发芽纸或毛巾上，并维持在可控的条件下来促进发芽；大概在 7 ~ 14 天之后，就可以计算出发芽种子的百分比。发芽的更常用、更快速的测试方法是使用氯化四唑，尽管该测试的准确性不如完整的活力测试。

　　虽然在某些情况下由于种子数量有限，我们可能会对进行试验的种子数量加以限制，但仍需确定种子的活力。如果种子太少以至于无法使用某些种子进行种子活力测试，则可以使用射线照片（X 射线）测试法。X 射线将检测到种子的内部组织结构，但不能预测它是否能够发芽；射线照片测试也可以确定胚胎是否存在于种子内，需要几年才能发芽。种子都有一个休眠时期，对于某些物种来说，休眠期可能是好几年。在这种情况下，发芽试验是不实用的。此外，有些种子外壳很坚硬，需要很多年才能发生质变；有些物种的种子还需要相当精细或复杂的处理才能促使其发芽，比如划刻、冷藏、分层、火烧处理等（Leck，Parker 和 Simpson，1989）；有些物种的种子保质期则很短。

　　根据法律规定，在美国销售的经认证的种子必须在种子袋的种子标签上显示纯度和发芽率。前面提到，种子袋里不仅有种子还有其他材料。许多（但不是全部）种子供应商会在标签上提供"纯活种子"（"Pure Live Seed"，PLS）的指标。了解种子批次的 PLS 是选择可达成所需效果的种子混合物的重要的第一步。

　　将纯度和发芽率乘以种子的总量，可以计算出纯活种子的量（PLS）。因此，利用包含纯度等级和发芽率的种子标签，我们可以计算活种子的重量。在了解散装种子的单价后，我们可以通过以下公式（框 8-1）确定每磅纯活种子的成本。

框 8-1　计算纯活种子（Pure Live Seed，PLS）和成本

种子试验报告包括以下内容：

纯种子：73%

惰性物质：4%

其他作物：0%

杂草种子：3%

发芽率：47.31%

休眠种子：15.03%

总发芽率（发芽率 + 休眠种子）：62.34%（也被称为"种子活力率"）

PLS= 纯度 %×总发芽率，以小数表示（保留四位）

PLS=73%×62.34%÷100=45.51% PLS

　　对于这批种子，PLS 告诉我们，每散装一磅的种子，只有 45.51% 是活种子。或者说，如果规划师购买了 25 磅的散装货，实际上将只有 11.38 磅的种子能够在项目中发芽而长成植物。

　　那么一磅纯发芽种子要多少钱？

　　卖家每磅散装种子收取 5.75 美元。PLS 每磅成本 = 散装价格 ÷%PLS=$5.75÷45.51%= 每磅 PLS 种子成本为 12.63 美元

　　了解发芽率和纯度的关系，并和物种的单价进行比较能让我们确定最佳选择。单价低的种子可能纯度或发芽率很低，其结果是能使用种子的价格可能会是散装种子重量价格的 10 ～ 50 倍。在做出决定前，先计算好数字总是明智之举。了解散装种子的成本很重要，但是这只是一个开始；更关键的是知道种子的发芽率和纯度。这使我们能够确定种子的实际成本。看到每磅仅 2 美元的种子单价是非常诱人的，但考虑到可行性，实际成本可能高达每磅 100 美元！

　　附录 6 是一个带注释的混合种子工作表，可以加载到电脑的标准电子表格软件中。这将会减少使用多个数字和物种时发生错误计算的可能性。附录 6 的示例用于单独的种子计算，而不适用于混合应用，因为在 K 列中标识了不同的应用地块。不购买商业种子而是自行收集种子的项目应该尝试以某种方式记录所使用的种子数量，以供其他项目参考。这些信息在本质上可能是定性的，因为干草里的植物成分变化很大，每年的种子产量变化也很大。

8.3.3　种子数量

　　一个经常被提及的问题是如何确定放入种子混合物中的每个物种种子的数量，以及每个单位地块中种子混合物应包含多少磅或盎司。不幸的是，场地之间的差别以及众多其他因素使得很难给出具体的答案，这方面的具体修复工作需要一些来自相似条件下得到的知识和经验。不同的来源信息将会引导项目的决定。

　　缺乏经验的生态修复人员可以从供应商那里获得关于种子数量和混合程度的信息。然而，由于环境条件会显著影响播种工作的结果，因此重要的是应了解任何坊间信息的背景和情况，以确定项目场地是否具有类似的条件。尽管这需要事先计划，但建立一些试验田，用不同的混合方式播种来测试是非常有帮助的。形成与场地特定条件兼容的知识体系的关键在于尽可能多的从每个项目中学习，并与其他从业者一起讨论结果。

在干燥的环境中,某些物种直到播种后的第一年或第二年才会发芽。如果不进行催芽处理,物种可能需要数年时间才发芽。了解物种在播种后的反应将直接影响我们制定项目评估标准的方式。计算每单位播种面积的种子数量将有助于评估我们的工作。了解物种如何发育和成熟可能会影响某些潜在的衡量标准。

种子施用量是可变的,植物群落和物种组成会极大地影响施用种子的数量和重量。草地种子混合物(轻质种子)的总重量要比同样数量的灌木种子混合物(大而重的种子)的重量轻很多。场地准备以及将种子播撒的方式也会影响所需要的种子数量。清除外来入侵物种和杂草至关重要,因为争夺阳光和水分会让正在播种的本地物种处于劣势。

混播种子也有自身的挑战。种子具有各种各样的形状和大小,并具有各种组织结构,以适应撒播或深埋土壤的播种方式。如果是手动播种,可以使种子根据大小和重量混合分离。研磨设备和播种机经常会堵塞或播散得不均匀,这种情况下,可以在研磨时手动将混合的种子分开控制。使用大型设备时的另一个步骤是向混合种子中添加惰性载体。载体物质应该具有和种子相似的密度,以确保混合一致;为此目的,麸皮、玉米粉、稻壳、锯屑甚至沙子都是不错的选择。载体应始终保持干燥,以防止堵塞手动播种设备。

通过确定一平方英尺内需要多少种子,可以更直观地目测种子数量。考虑一下我们想要混合的所有物种,以及是否要让每个物种都具有相同的密度。在一平方英尺内看到 15 颗种子很容易,然后再扩展计算到一英亩范围。通过反算,我们可以确定在一平方英尺内有 15 颗纯活种子(PLS)需要多少散装种子。

有些修复设计会包括充当"保育植物(nurse plants)"的物种,这些非本地植物不会在场地上持续生长,但有助于培育生长缓慢的本地物种。作为一种有效的护理功能,这种植物不能以干扰本地物种生长的方式直接和本地植物竞争。在使用保育植物时,应注意资源的竞争性和初始生长阶段之后在场地的持续性。许多本地植物可以作为有效的保育植物,正如我们研究不同的参考场地并观察它们的相互作用,我们将了解如何调整数量并选择物种以获得所需结果。

对于那些使用数量非常有限的物种或者很难获得种子的生态修复项目,可以变换种子的播种方法。为了产生更可预期的结果,请在准确、合适的位置遵循精心控制的播种技术,以种植这些"非常珍贵"或"非常昂贵"的种子。

8.3.4 种子服务

一个地区有多个种子供应商,其中许多供应商可以提供种子之外的其他服务。有些政府部门也提供种子服务(如植物材料中心),在特定情况下可能会提供潜在的服务,其范围包括:

(1)评估收集种子的成熟度(包括将样品快速送到实验室进行评估;提前安排以确保服务);

（2）评估种子批次内的碎种子量；

（3）为各类物种种子提供清洁服务（这将提高种子批次的纯度）；

（4）先进的评估技术，例如射线照相以确定存在可发育胚胎；

（5）清理空的或损坏的种子（进一步净化种子）；

（6）最后确定纯度；

（7）测定种子的含水量（需要使用少量种子）；

（8）租赁储存设备；

（9）发芽测试（最多可接受 400 颗种子）；

（10）对 50 ～ 100 颗种子进行切片试验（可以应用于所有种子，甚至直径小于 1mm 的种子，因为 X 射线检测无法区分小粒种子的结构；和射线方法一样，切片试验可以检测确定种子中是否存在胚胎）；

（11）烘干种子以减少种子的含水量，增强种子的长期储存能力。

请注意，并非所有供应商或实验室都提供上述列出的所有服务。世界各地的种子实验室和种子企业的运作方式各不相同，在使用当地供应商的服务之前，请核实它们的服务，并检查其服务条件、提供的产品、时间、成本以及其他突发情况。

8.4　收集本地植物种子指南

正如第 5 章所述，为修复场地选择的物种主要由植被群落、位置、坡度、坡向和土壤条件等决定。但是，即使物种清单包括了特定地点内的适宜物种，仍然不能确保获取现场出现的所有物种的样本。苗圃不会培育项目需要的所有物种，因为这些物种要么鲜有人需要，要么繁育技术还没有得到解决。

近些年，各种保护组织和政府机构都对某些本土材料的过度采集情况以及采集材料遗传适宜性和多样性等方面表示关注。其中一些组织制定了非常详细的收集和记录种子的标准。下表总结了这些组织提出的最重要的相关问题：

（1）在收集植物材料之前，首先需获得政府许可（如果政府机构要求）和土地所有人的许可。湿地物种和对原住民具有特殊地位的物种（如濒危、易危或敏感动物）或者具有重要文化意义的物种需要特别关注。

（2）优先考虑与我们的项目地尽可能接近的种子收集场地。

（3）如果无法在附近收集，请选择具有相似环境条件（如降雨、气温、区域、高程、土壤条件、坡向和可能影响被恢复植物的任何其他因素）的地点。如果满足上述条件，请从同一流域中的场地收集种子。

（4）注意识别植物。有些物种的亚种和变种，它们在物理形态上差异很大。也有一些物种与其他物种非常相似，但却有明显不同的栖息地要求，可能并不适合我们的项目。

（5）避免从植物集中区域以外的孤立植株或个体上收集种子，同样要避免不健康或非典型的植物，这将会减少收集基因较差的种子的问题。

（6）从至少50株相同物种的供体植物上收集种子。尝试从每个供体植物收集相似数量的种子，这种方法将避免强调特定的基因类型。

（7）选择彼此间隔较远的植株，以避免从具有相同遗传组成的克隆植物或个体中收集种子。

（8）不要从一般的花园或景观绿地中收集种子，这些植物可能不是本地的，而可能是由来源不明或基因受到污染的苗圃提供的。

（9）种子收集数量因植物的习性而异。许多专家建议，每年收集的种子不得超过种子总量的10%。这对于依赖种子为下一年生长的一年生植物来说是至关重要的。灌木和乔木树种会产生大量不发芽的种子，这些种子会变成土壤种子库的一部分或者被各种动物吃掉。收集这些种子并不是不可接受的，这一类种子中可能有一些需要特殊处理。

（10）外出采集种子时，务必填写种子收集表并将其附在袋子上，以避免错误。请务必把重要的信息输入到植物材料记录中，包括种子来源、收集日期和数量。这将在以后成为一个重要的信息资源，以后的修复项目可能就会用到这些植物繁育的信息。

由于这些准则也在不断修订中，因此如果需要收集种子，我们建议应向适当的组织获取最新的技术咨询。

我们不能过分强调收集种子场地和项目场地之间的距离会如何影响我们的项目，"多远比较合适"是很难回答的问题。许多组织和公共机构认为只能在项目现场收集种子，或最大限度地在项目所在的流域内收集。而在世界上一些地形起伏较大的地方，一个流域的范围可能只有几百公顷。

相比木本植物，关注草本植物物种的研究较少。在南加利福尼亚州对一些沿海鼠尾草类物种的初步研究表明，相距约50英里间隔就会出现明显的种群差异（Montalvo 和 Ellstrand，2000）。对于种群从一个地区移动到另一个地区的影响，研究人员还没有完全了解，在距离的影响方面需要进一步研究。如上面的列表所示，我们建议尽可能优先选择靠近项目场地的地方来采集种子。

8.5 其他植物繁殖体

可以收集各种其他类型的植物繁殖体，并直接栽植到项目场地上或在苗圃里"盆栽"至成年个体。表8-1比较了生态修复项目中可能采用到的几种植物繁殖材料的形式和注意事项。

表 8-1

不同的植物繁殖体在生态修复项目中的应用比较

材料	需求	限制	规划要求	操作要求	注意问题
种子	合适的表面基质	每年特定时间栽种	可能需要提前两年提出供应申请	湿度和土壤环境对发芽至关重要；有些种子需要特殊的预处理	根据种子的生态性状，应收集在特定的环境区域
扦插	在植物休眠期收集	扦插条的保存需要冷藏	根据项目进展要求确定取条时间，以便在短时间内可以收集插条并种植	在出芽前防止缺水；种植前需用水浸泡一天以提高植物活率	插条一端剪成斜角，另一端剪成直角，以避免出现问题；插条容易干枯
生根扦插	将插条放入水中或湿麻袋中进行根系生长	生根扦插的时间具有灵活性	在日程安排上允许更多的时间灵活性	插条的种植应立即进行，不可拖延	由于储存根系可能缠绕卷曲；湿麻袋有助于处理材料；剪掉任何有扭曲或卷曲迹象的根系
球根	需要手动小心处理	种植时要格外小心，以免断根；湿润土壤防止球根干枯	种植前保存时间较短	送达项目现场时需密切维护；等待种植时注意补水，种植时不可在阳光下暴晒	球根破损是注意问题，其次是在种植操作中正确的水分控制
各种规格的种植容器	允许在一年中的任何时间种植	准备好种植穴；栽种时保持植物和地面正确的水平高度	需要 9～36 个月才能达到理想的种植规模	潮湿的种植穴；回填土要彻底不留空隙；需要补充灌溉	拖延种植可能会造成严重的植物损害；不给当的施工方式会在操作中破坏带土根系
插枝	地下水较深；没有补充水	木本植物直径 2～4 英寸，长 4～8 英尺	应在一年中的休眠期或连接近休眠期时采集	同上述扦插操作要求；扦插的深度应足以达到潮湿的土壤区域	一棵植物上只能收集几根插枝条
营养繁殖	在采集大量标本后，项目场地需要迅速建立栖息地	设备可能较大或对其他植物造成破坏	如果需要大型设备，那么应在种植小型植物之前进行现场操作；其他植物的延误将改变正常的种植计划	通常需要立即补充灌溉	从树林中取得的植物通常没有足够的后备补充
草皮或植被块	场地需要覆盖一些市面上没有的物种	根系深度、块体大小和重量决定了设备要求	在决定营养繁殖的位置和数量之前确定所需面积；准备好供给地点和接收地点（需要保证湿度）	位置很重要；块体必须保持齐平，个别块是单独种植则必须填充土壤，浇水后放置一段时间以使土壤与根系完全接触并减少空隙	供应点并不总是存在；推荐引入土壤微生物和草本物种的方式方法

8.5.1 种植槽

种植槽通常会承担增加种子或种植任务的生产商使用，这些植物通常有小而发达的根系，可以在现场处理以便立即种植。挖洞器或相似设备可以制作小的种植孔。使用种植槽的优点是可以一次处理很多数量的种子（图 8-1），或在给定时间内种植所需数量的种子。另外，种植槽有比种子种植更多的种植空间，可以精确间隔，并且植物在种植后第一季就可以产生种子。许多植物都通过这种方式生长。

图 8-1 利用种植槽繁育植物；在这里，根据物种的不同，这些植物被种在一起或放进更大的容器里。美国加利福尼亚州，圣胡安卡皮斯特拉诺，生命之树苗圃（John Rieger 摄）

在需要控制侵蚀和保持土壤稳定的地区可以使用营养垫。在基质不稳定，有波浪和水流限制的水生植物生长的地方也可以使用营养垫。它们由在网状材料顶层的土壤培养基上生长的植物混合物或插入垫子上层的土壤培养基中的植物移植物组成。这种营养垫通常由聚丙烯和植物纤维层制成，不过也有完全用纤维做的（如椰棕）。已有植物覆盖的营养垫用来形成淹没的水生植被，以及用于湿地植物栽培等方面（Boustany，2003）。

8.5.2 扦插（营养繁殖）

许多植物物种都可以通过扦插的方式繁殖（营养繁殖）。而有些物种需要更多的照顾，因为茎的生长尖端部位并不总是全年都被伐取；有些插条可以直接栽种在场地上，如几种柳树（*Salix spp.*）；有些物种没有那么耐寒，需要在小容器中生长，如在 4 英寸的花盆、罐子或袋子里培育（图 8-2），直到可以适应外界环境时再进行移栽。根系生长方式也可以决定容器的类型。与苗圃培育标准的外来植物的情况不同（容器的大小和标准化程度不同），许多本地物

图 8-2　英国利物浦国家野花中心的容器育苗（Mary F.Platter-Rieger 摄）

种不容易分类。对于北美海岸的许多物种来说，用来培育榛子树的容器已经成功解决了植物根系向下生长并减少了缠绕的数量。

尽管我们强烈建议尽可能在植物幼苗时期栽植，以让植物尽快适应场地条件，但有时更有必要把植物种在更大的容器里。一个较大的球根可以容纳更多的水分，并且更耐干燥。如果在项目现场取水是个问题，这可能有助于缓解压力。较大的样本植物会立刻产生视觉冲击力，从远处就能看到。利益相关者通常需要一些视觉刺激，以确信生态修复是成功的。这是生态修复项目中需要重视的部分，我们必须仔细评估如何符合项目资金的使用，并让我们的利益相关者感到满意，尽管这不容易。

湿地植物的扦插条通常很难获得；然而在某些区域，随着生态修复实践的持续扩大，现在有许多物种可以营养繁殖。获得足够数量的稀有物种可能会带来高昂的成本。木本扦插是另一种不依赖种子而在项目场地就可以获得植物样本的方法。从供体林中收集扦插枝条是启动容器栽植的一个快速并经济的方法。有些非营利组织已经开发出一套利用容器和扦插条的小型温室系统（图 8-3）。然后在一年中的最佳时间移栽到普通容器中进行培育。这些容器会被清洗干净，在来年重复使用，以最大程度地节约资源并保护自然生态环境。

裸根植物是在改良的土壤层中生长的，这种植物可以在不严重损坏主要根系的情况下进行移栽。这项技术只能在一年中的有限时间内使用，因为植物很容易干裂。在一个重要的项目中，供应商开发了一种将柳树从地下连根挖起，去除土壤后用尼龙绳等将根系包住，然后冷藏直到种植时才取出的技术。用这种方法已经成功栽植了几千棵植物。这项操作需要与苗圃和施工计划相协调，

图 8-3 利用当地捐赠植物的插条生产三角杨和柳树。滴灌系统为这个经济高效的温室里的几千个容器提供水。美国加利福尼，亚州克恩河，自然保护协会（John Rieger 摄）

以便在每年的正确时间提供场地进行栽种。在聘请承包商准备种植场地之前，就需要进行扦插工作以为种植做准备。这样的操作需要在不同的团队成员之间进行仔细的调度和沟通。

幼苗通常是种子直接从种植槽或小花盆里长出来的植物。为了避免在大型容器和所需的土壤混合物上投资，种植幼苗可以是资源最大化的另外一种方法。

在牛群可以觅食的低矮树枝地区，人们使用较长的扦插条来培育植被。在美国西南部，沿着河流两侧、河床以及小池塘都会找到比较长的扦插条，像活的木桩一样，在这种情况下，扦插条的长度可以在 4 ~ 10 英尺之间。

8.5.3 容器栽培

"容器栽培"一词通常会应用于生长到"1 加仑"或更大尺寸的植物样本上。需要容器栽培的生态修复项目有许多关于植物大小和容器形状的选择。典型的商业苗圃提供的植物通常会在传统的圆形容器中进行繁殖。以下是关于从苗圃订购容器苗木的一些优缺点：

1. 优点

（1）不需要了解繁殖技术；

（2）免去了苗圃的占地空间；

（3）不需要维持植物繁育的设施和人工；

（4）订购后可以直接运送到项目场地；

（5）可以根据要求控制不符合规格的植物，控制项目场地植被的品质；

（6）如果提前通知，可以订购几乎任何数量的植株（可能需要签订培育合同）；

（7）不需要野外寻找物种或获得政府许可。

2. 缺点

（1）由于场地没有准备好而造成的延误，可能会导致植物性能下降；

（2）立即支付资金需要控制预算；

（3）植物可能不是来自邻近区域（如果这是一个问题）；

（4）运输费用可能抵消了节省的费用；

（5）一次性交付大量苗木需要组织良好的劳动力来栽种植物；

（6）在植物栽植时，需要提供短期维护；

（7）容器栽植的植物通常允许不良基因植物存活；

（8）容器中的土壤通常施肥过度，根系适应了容器土壤而难以适应外界场地的土壤；

（9）盐土植物（如红树林）在苗圃中生长不能接触盐碱环境，因此在移栽前需要进行半盐水浇灌。

在美国，通常有 1 加仑、5 加仑和 15 加仑等不同规格的容器（表 8-2）。然而，没有完全相对应的标准尺寸的容器。许多专门种植本地植物的苗圃正在使用形状不同的花盆来种植各种本地植物，以满足该物种的特殊需要。这是朝着确保优良、健康的植物材料迈进的重要一步。

植物繁殖容器列表　　　　表 8-2

类型	规格	说明
育苗盘（穴盘）	1×1×2（英寸）	在育苗盘中种植并直接移栽到项目场地或繁育种子的操作
营养钵纸杯	1.5×1.5×6（英寸）、2×2×6（英寸）	这种纸杯可以在苗圃中放置一年；放在塑料托盘中
试管	（0.4 ~ 0.6）英寸 ×（0.75 ~ 8.5）英寸	可重复利用；适合生长缓慢或生长快速的物种
小花盆：4 英寸花盆	3.5×3.5×3.25（英寸）	用于多年生草本植物；由于根系较浅而适用于方便灌溉的地区
植物带	2×2×7（英寸）； 典型焦油纸：1.5×1.5×10（英寸）	可以成箱运输；苗圃可放置一年；可自制；栽种时去掉植物带
1 加仑花盆	6 英寸半径 ×7 英寸至 1.5×1.5×14（英寸）	通常用于乔木或灌木；塑料盆可重复使用
5 加仑及以上的大花盆	10.25 英寸半径 ×12 英寸；18×16（英寸）	乔木和灌木

具有长而深的根系或主根系的植物在长而窄的容器中比在短而圆的花盆中生长得更好（Burkhart，2006）。须根系植物在苗圃环境中通常不需要深盆，并且可以很好地适应商业生产之标准尺寸和容器形状。

大部分容器是用塑料和纸浆做的。尽管金属容器在以前很常用，但是现在已经很少使用，因为其他材料的性能更好，纸质和塑料容器可以重复使用。4 英寸的塑料小花盆是最常用的，并可以重复使用。

除了较大尺寸的植物外，大多数商业生产的植物只需要在苗圃经历一到两个生长季。较大尺寸的植物和在花盆中种植超过预计时间的植物在装盆时需要更大的容器，并且可能需要不同材料制成的容器，以承受这一较长时间的苗圃环境。如果订购了纸质植物盆或管，为了保证植物的健康，按时从苗圃运输到场地是很重要的。这也适用于项目自己的苗圃操作，植物在较小的容器中存放时间过长会破坏植物，容器也会损坏，从而不适合搬运（框 8-2）。在每种情况下，这都意味着要付出成本。如果确实需要这些植物，我们可以选择各种植物的规格，通常，这需要额外的成本，并且会严重影响项目的预算。

框 8-2 经验学习：检查植物材料

　　由于待修复的场地尚未准备好施工，生态修复承包商要求将大量需要种植的橡树幼苗再保存一年。由于当年秋天橡子的收成很差，承包商决定将收集到的橡子栽培到当地的苗圃中，为来年春天的大面积栽植培育橡树幼苗。苗圃将橡树幼苗移栽到更大的容器中；然而，承包商却没有在植物材料转移之前对其进行检查。第二年春天，承包商将这些橡树幼苗运送到项目现场，对苗木进行检查，没有发现任何问题，便进行了栽植。在栽植后第二年的夏天，大量的树苗已经死亡，而且之前一直有充足的灌溉。当这些树被挖出来时，人们才发现，这些幼苗在移栽到更大的容器之前，树根已经在原来的小容器中卷曲包裹在一起了。随后，客户要求承包商更换新的健康的橡树苗，并支付其栽植和维护的费用。

　　承包商吸取了经验，即在苗圃生长过程的各个阶段对植物材料的检查都是很重要的。

即使植物规格不是问题，根据与苗圃的合同，我们仍然可能面临成本的增加。有些苗圃空间有限，可能会对超出他们生产计划的植物每月收取植物养护费，因为让植物存放在苗圃里会限制苗圃繁育下一批植物。

虽然需要大量的材料和人力，运营自己的苗圃对某些项目而言也许是可行的。这种方法非常适合那些需要多年种植和大量种植的项目。从城市公园到国家公园，志愿者一直在苗圃中发挥作用，参与许多不同类型的项目。例如，在约书亚树国家公园（Joshua Tree National Park）的苗圃工人能够开发出创造性的解决方案，以应对莫哈维沙漠（Mojave Desert）的种植挑战，并发现沙漠植物的生长特性。他们使用的容器通常很大，为长 32 英寸、直径 6 英寸的 PVC 管，称为高盆（Bainbridge，2007）。在高盆中，根系生长迅速。因此，高盆能够为极端干旱条件下的地上植物提供足够的水分。

如果项目运营自己的苗圃，那么其花费不仅包括购置新的花盆，还包括更换不同尺寸的花盆、进行维护等人工成本。经营自己的苗圃的优缺点如下：

1. 优点

（1）如果种植延迟，可以重新补种或调整植株规格，避免引起根系在容器中缠绕；

（2）调整规格的额外成本仅用于运输和人力；

（3）可以调整时间表并在种植季初期做好苗木储备；

（4）由自己操作，总体成本可能更低；

（5）无需修改合同即可更改苗木数量；

（6）可以控制稀有物种的数量和质量；

（7）可以清楚地知道苗木储存的地点。

2. 缺点

（1）需要足够的空间用于植物的繁殖和培育；

（2）需要持续的耗材和人力以维护苗木；

（3）不断消耗预算（除了最初的建设成本之外）；

（4）有些物种可能很难繁殖或超过个人的知识范围；

（5）劳动力（如果使用志愿者）的协调性和可靠性可能不持续。

8.5.4　标本植物移栽和抢救

可以使用成熟的植被或样本。比如，有一些项目，其场地遗留有植被或样本，这时植物移栽就可能出现（见第 10 章）。通常在这种情况下，躲避过破坏或清理的土地上会留有一小簇乔木或灌木，它们可能位于两条围栏之间、在土地的最边缘，或在对于土地所有者几乎没有用处的奇怪形状的地块上。收集这些样本植物可以立即增加项目的价值。

1. 候选的样本植物

评估候选样本植物对于成功移栽至关重要。可能存在候选样本植物的情况包括：

（1）从以前的建设活动中遗留下来的植物；

（2）在建筑、道路或者其他构筑物之间的植物斑块；

（3）毗邻项目场地或附近的地方，经产权所有人同意，对植被进行迁移；

（4）场地上现有的植物需要移除；

（5）供体林可以进行定期收获植物材料；

（6）样本植物位于出入口或涵洞附近，持续生长可能会导致水流阻塞；

（7）在铁路轨道之间、围栏保护地区（如道路两侧或荒废墓地），以及标准农业设备无法耕种的农用地附近；

（8）计划开发的场地。

关于上述最后一点，有时可以从附近要进行开发建设的地点抢救并移植合适的植物材料。有些组织在项目开发商和利益相关者的许可下，利用志愿者从拟建项目现场移栽本地植物，建立了本地植物抢救苗圃。这些植物后来以捐赠的名义提供给本地生态修复重建项目。

2. 移栽和抢救植物方案

在设计的早期阶段就应该确定抢救或移栽是否将成为项目的一部分。在较冷的高纬度地区，由于土壤结冻，冬季不适合进行植物移栽。因此，在设计阶段，将限制性因素安排到整个项目计划中是很重要的。这将防止在施工阶段出现不必要的延误。很重要的一点是，要很好地了解项目场地准备移栽植物的时间，以及什么时间从供地将植物进行移栽。

在某些情况下项目不能等待，那么为移栽样本提供一个临时假植地点将是一个选择。然而，这样做可能会对植物造成压力，所以我们需要评估移栽操作之间持续的时间，以便让植物有充足时间从移动的冲击中恢复。来自提供地的移栽苗木必须评估几个因素和条件：首先，土壤与供地相似，湿地环境要有同样的物理特性；其次，移栽后必须马上浇水，并要求浇透水，这样可以帮助根系周围的土壤沉淀，使土壤附着在根系上而尽量减少空气阻隔；最后，为了移栽如仙人掌这样的多肉植物时，在将多肉植物移栽到项目场地之前，需要在地面上维持一段时间，让受损的根系愈合，这将大大减少细菌通过根部而感染植物的概率。移栽植物的一些优缺点如下：

（1）优点

1）可以立即在现场引入成熟的植被；

2）可以显著增强项目的视觉效果；

3）可以比种子或苗圃栽植具有更多的植物多样性（这对于湿地、草地和水岸系统的林下植物尤其有效）；

4）移栽的植物根系带来的土壤包含了大量微生物，这些微生物能够比从附近地区更快地在项目场地上定居。

（2）缺点

1）可能需要不同于一般生态修复项目的设备，或规格更大或更小的设备；

2）需要完善的场地条件（为了让设备接近植物，样本植物周围必须有一块空地或至少一侧有空地）；

3）根据所需的设备，移栽成本可能很高，需要调整设计方法；

4）地面必须足够牢固，以支持用于移栽植物的设备；

5）需要控制混入所需植物的外来物种；

6）可能要清理或修剪一些灌木或其他植被；

7）有些设备在斜坡上操作可能有困难。

关于上面最后一点，要确保了解坡度和可以允许设备进入的路径，我们可能需要让设备操作员提前入场，以确认进入场地的通道、操作空间是否可行，以及确认需要移栽的植被数量。

第 3 部分

项目实施

　　第 3 部分将完善我们的项目方案，并将其付诸实施。无论项目策略是管理导向的还是建设施工导向的，我们都需要提供一份深思熟虑的文档以说明项目要做什么。情况总是会随着时间而发生变化，项目方案也需要进行修改，并传达给参与项目后期的人，这将大大有助于项目的长期管理。

　　尽管许多施工标准（例如土方移动、种植和播种等）被纳入生态修复项目，但生态修复的目标和实际的建设工程或园林绿化施工并不相同。斜坡不需要像台球桌一样平滑，种植也不需要行列纵横或均匀分布。我们可以在规划方案和具体设计上传达出最想获得的外观形象，但还需要对场地进行检查。根据实际工作人员的不同，我们可能需要培训工人让他们了解所处的环境，让他们知道所从事的项目和传统绿化施工不同。

第9章

生态修复项目文件

当生态修复项目规模较大，需要我们和他人合作时，应制定规则来指导这些代表我们工作的人员。到目前为止，与项目团队和利益相关者的沟通水平是成功完成项目的最关键要素。在许多生态修复项目中，我们发现在规划和设计阶段可能会有多达6位核心成员参与，实施阶段可能还会有20多名志愿者和商务人员参与。在众多项目参与者和完成项目涉及的大量活动之间保持清晰、一致和有意义的沟通是一项全时段、全方位的工作。

建筑师、设计师、工程师以及风景园林师在项目实施阶段依赖于项目方案、物料清单和设计条文来传达期望的效果。这些项目文件有时会被称为"标书"或者"合同文件"，是每位设计专业人员为确保项目按照设计方案进行施工所依赖的基本沟通工具。根据项目目标、具体的场地条件和当地政府要求的不同，生态修复项目的规模和复杂程度也不同。具有相关工作背景和培训经历的执业风景园林师和土木工程师适合为生态修复项目准备有效的合同文件。我们发现，工程师和风景园林师对于完成具体的修复任务非常有帮助，但是在整个项目的运营管理和协调方面必须依靠生态修复师来掌控。然而，在美国大多数项目施工都要求竞标，无论是执业风景园林师还是执业土木工程师都需要在施工图上盖章和签字。

项目文件提供了各种有用的工具，详细描述了项目在整个设计开发中制定决策的过程。它们会传达项目的意图和目标，管理机构在项目审查和批复过程中会经常使用这些文件来进行讨论。出资方通常要求制定某种形式的项目文件，以确保满足项目的预期和目标。如果使用专业承包商来实施项目的每个步骤，这些文件则是公认的行业工具，我们可以通过这些工具来指导承包商并评估合同履行的情况。最后，项目文件作为关键工具，帮助我们和我们的团队在项目实施阶段清晰地表达规划思路和行动计划。

项目文件通常和设计条文相结合，共同形成合同文件的基础。因此，这些文件是具有法律效力的，并需要进行多轮审查。我们建议，应当寻求执业风景园林师和土木工程师的建议和支援来协助我们制定和准备项目文件，尤其是当我们准备使用承包商来实施项目时。与分包商签订合同或寻求其他服务可能会产生潜在的责任问题，因此高质量的项目文件肯定会有助于达到我们所需的目标。在进入项目施工阶段以后，处理合同中的错误和遗漏的成本以及面临的法律风险是令人望而生畏的。同样，生态修复项目的规模和复杂程度是我们在准备项目合同时决定是否使用其他专业人员的依据。

在本章中，我们将讨论项目文件的三个组成部分：项目方案、物料清单和设计条文。每项内容在项目文件包中都是独立的要素，对于项目获得成功都具有特定的功能和目的。

9.1 项目方案

项目方案包括各种图纸，结合后面两节讨论的物料清单和设计条文，共同向负责实施的人员提供详细的空间方案说明。生态修复工程项目方案图可分为七类：

（1）现状总图；

（2）清理方案；

（3）地形方案；

（4）种植方案；

（5）灌溉方案；

（6）设施方案；

（7）施工图。

当然并非所有项目都如此复杂，在许多情况下其中的一些方案类型可能并不需要。

9.1.1 现状总图

在收集任何现场数据和制订方案前，必须牢固、准确地确定项目的空间边界。当项目位于一个完整的边界内时，如公园、政府土地或者现状的保护区，可能相对而言产权问题会比较少。但是，对于位于一个或多个土地所有人边界附近的项目，或在已知或潜在的公共设施附近，或需要穿过其他产权土地时，确定一个将受到修复项目影响的产权边界是绝对必要的（图 9-1）。在这种情况下，规划编制阶段聘请一个产权公司进行档案检索是一个关键步骤，以便发现任何潜在的产权问题或以前的土地问题。如果在所有权研究中发现任何优先权或限制条件，则应聘请执业土地测量师，通过用地方案明确合法产权边界来解决这些问题。综合现状图（现状总图）是其他方案在项目实施阶段的工作基础。如果是最近刚获得土地产权，那么这个现状总图通常是需要的，因为这时土地所有权和其他产权还没有被清晰界定（如前一个案例）。

9.1.2 清理方案

清理方案，有时被称为拆除方案或清除方案，用以提供那些需要对场地上某些特征进行拆除或清理的指导（图 9-2）。入侵性非本地植物、破旧的构筑物、废弃的设施设备、垃圾和残骸通常会被识别出来并作为清除的目标，它们将被归置到允许的处置地点。清理方案记录

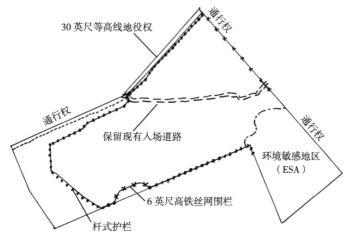

图 9-1　项目现场的边界、土地权属、进入要求、边界保护和禁区（环境敏感地区；见框 9-1）。美国加利福尼亚州，卡尔斯巴德

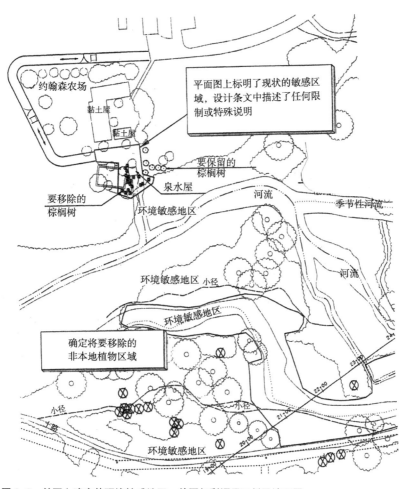

图 9-2　总图上确定的环境敏感地区。美国加利福尼亚州圣地亚哥

了需要移除的构筑物和植被，另一方面，清理方案也对那些需要特别保护或对待的要素或特征进行确定。独特或敏感的区域，比如排水沟、池塘或者有珍稀或濒危植物的地带，通常都是需要特殊考虑的。在施工阶段需要保留和保护的乔木和其他植物也要显示在方案中。除此之外，清理方案确定了项目的边界、契约限制和公共设施地役权，并提请注意施工期间应遵守的任何进出场地的特殊要求。

9.1.3　地形方案

地形方案，通常是指土方工程方案，显示在实施地形方案后地面将发生的变化（图 9-3）。任何对地表层面的操作——无论是重新调整河床的走向，还是重新设置等高线或清除包含杂草种子的薄薄的土壤层，都需要制定地形方案。通常需要收集大量的数据来准备土方计划。这里需再次说明，是否需要专业援助取决于项目的规模和复杂程度以及潜在的责任问题，特别是来自相邻土地所有者的问题。在许多情况下，实施一个在政府土地上的生态修复项目必须由执业工作人员编制方案。在其他土地上，政府的管辖区域通常需要地形改造方案的许可，这也需要执业专业人员在地形方案上签字。

现状的自然特征，比如露出的岩石、河床、池塘，甚至大树，都被识别并详细绘制在地形方案中，另外还应包括建筑环境元素，如围栏、墙体、构筑物、建筑、排水沟、涵洞和道路等。

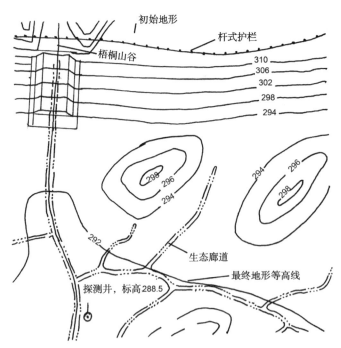

图 9-3　路径修复项目地形方案的一部分，以说明在洪水后防止大面积积水的生态廊道。图中还显示了高程变化和由岛丘形成的斜坡，在较小的洪水中，斜坡将作为避难场所

大多数土地测量师都使用全球定位系统（GPS）设备收集现状数据，这大大提高了精度，减少了数据收集的时间和精力。GPS 现状调查获得的电子空间数据经过处理后会转化成一张基础地图，这个精准的基础地图之后成为地形方案设计的重要基础。

制作比 GPS 地图更加详细的图纸可能与预期的总体修复计划相关，例如，在项目开始阶段新获得的土地需要获得必要的地形文件，以便能够明确地完成整个方案。

在地形方案的准备过程中，"基准线"或者叫"测量线""参考线"，是在项目场地上确定的。基准线是设置在项目场地特定位置上的线，这条线由两个不同的端点组成，端点之间用不同的测量单位标记。当在现场反复寻找合适和可靠的参考点多次遇到困难时，我们发现基准线是非常有价值的。首先在地形方案上确定基准，然后由土地测量师在现场确定基准线，在现场仅标记端点和测量单位，并以测量桩为标记物。这些标记会成为所有项目参与人经常使用的参考点，从项目的施工开始一直到监测阶段都有用。

因此，通常首先要在项目中建立基准线，以便所有其他特征和项目要素都可以参考这条线，这在试图定位不明显的现场要素（如排水沟或非常小的植物）时非常有用。对于负责项目建设的团队，基准线同样是方便的参考工具。在这里，基准线变成了项目场地的参考点，用于确定植物和监测点的位置。选定的测量单位取决于项目的规模：对于小型项目，基准线通常会有几百英尺，沿着基准线每隔 10 ~ 25 英尺为一个段落标记一次；对于大规模项目而言，基准线长度可能有数千英尺，间隔为 50 英尺（图 9-4）。

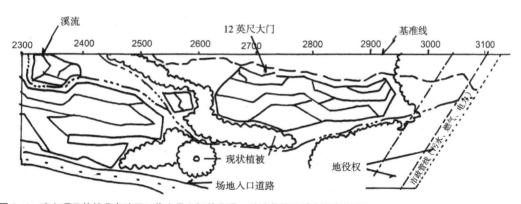

图 9-4　建立项目的基准有助于工作人员之间的沟通，并确保按设计方案实施项目

9.1.4　种植方案

种植方案通常用来表示要在场地上种植的所有物种，并确定植物之间以及植物群落或组合之间的空间关系。种植方案中显示的细节信息取决于现场实际栽培所需的详细程度。我们发现，种植方案所需的详细程度远远低于许多修复师和许可机构的认知。在决定种植方案的详细程度时，必须考虑成本效益比。

许多修复种植方案包含了太多细节，把每个单独植株的具体位置都显示在方案中，即使这棵植物可能是同一物种的较大群体的一部分，或者是重复种植模式的一部分。过多的细节可能会在实施过程中造成现场混乱，并且可能在不保证细节水平的情况下，导致植物布置上出现问题并浪费过多的时间。大多数生态修复项目并不是花园设计，花园需要注意每个植物个体的具体位置。事实上，大多数生态修复工程的种植是由相当多相同或相似的植物群落构成。在这种情况下，建议使用省时的绘图技术。图9-5和图9-6描绘了两个项目中河岸植被的植物配置方案。请注意，使用物种标注时，每个标注都包括了物种名称、植物容器规格以及种植的数量，以及用以标识需要栽种植物的区域。虽然这项技术可能会造成种植的相对随意，但实际上这是一种非常结构化的技术，可以有效地利用设计者和施工方的时间。

种植方案附带有植物名称和种植规范要求，这包含了要在项目中栽种的物种清单，同时使用植物拉丁文名和常用名称。每个物种的具体要求，包括每种植物如何种植、如何与其他物种搭配、规格大小等都要在植物清单要求中详细说明。当与种植方案相结合时，这张表格（附录7）确保了设计师的细节想法能够在现场被实施。

9.1.5 灌溉方案

在世界上的干旱地区，几乎每个生态修复项目在栽培早期都需要某些形式的补水，灌溉

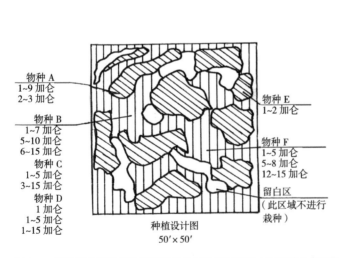

图9-5 路径修复项目的种植设计是根据收集到的最小腹绿鹃（濒危物种）的数据得出的。通过基准线确定植物配置的空间位置，每个地区确定了物种和数量，以确保满足该濒危物种的栖息地要求

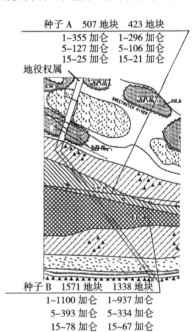

图9-6 种植设计的填充图案显示出不同的种植密度。不如图9-5那般严谨细致，这是一项关于两种种植密度对生长速率和结构影响的田间试验，三角形表示较大的容器苗（36英寸的容器）

方案提出了输送补水的建议。灌溉方案首先要确定水源、水是否可饮用、确定水源如何输送到种植地区、显示输水系统示意图或特殊布局，并规定在种植阶段应遵循的灌溉步骤。

灌溉方案通常是由风景园林师或灌溉工程师来设计和开发，这些专业人士具备设计开发所需的技能，通过他们的设计能够有效地将水流输送给早期阶段的植物。一些项目设计人员倾向于安装管道，使用喷头和滴管设备，而另外一些设计者则认为在栽植后的几个月内通过人工浇水虽然劳动强度大，但更节省水资源。志愿者的参与对于节约成本至关重要。灌溉系统有各种形状和大小，应根据项目目标来决定，并由该项目的预算来控制。如果有充足的劳动力，那么人工浇水可能是一个可行的办法。在某些情况下，可以使用牲畜（如毛驴）向项目场地运送较大容量的水，工作人员带着一头毛驴走到每棵植物前去浇水。务必时常地确认下我们使用的水源不是高电导率的。我们曾经参与的一个大型生态修复项目，在漫长的干旱季末期，我们用于灌溉的水塘具有高出正常 2 倍的电导率，这样的水对植物十分有害。

在北美洲大多数温带地区，灌溉系统通常用于容器植物，配备适当的设备，以及符合当地标准规范的详细灌溉示意图将确保可靠的水源。固定喷灌系统的使用期限通常不会超过 3 年，在此期间，定期灌溉，目的是促进植物根系生长，这些植物的根系等将在几年内生长到地下水位，届时可以从现场移除辅助灌溉系统。

我们选择的设计方案和模式可能会受到某些设施条件限制。例如，在北加利福尼亚州羽毛河（the Feather River）修复项目中，需要在一个季度内栽种 400 英亩植物。采用类似于农作物生产的方法，可以大大节约在如此规模的项目上进行安装、维护和管理的资金、劳动力和材料成本。在科罗拉多河（Anderson 和 Ohmart，1985）、加利福尼亚州中部科恩河（the Kern River）的南福克（South Fork）以及北加利福尼亚州的羽毛河上的许多生态修复项目都采用了成排或曲线的种植方式，从而能够更有效地利用灌溉系统和杂草管理系统（Griggs，2009）。除了最初的视觉效果外，这种种植方式要比通常使用的四分之一圆喷灌模式具有包括成本优势在内的更多优势。

9.1.6　设施方案

当市政设施和设备已经出现在项目场地时，生态修复的设施方案就可以开始准备了。有些市政设施可能在项目立项和基础地图制作前就存在。由于高压输电线、高压输气管道和其他公共设施（无论位于地上还是地下）都存在安全隐患，聘请专业人员研究和编制这一重要部分是非常必要的。除此之外，如果项目的施工团队在项目中中断了某些公共事业服务（如电话线）的设施或设备，我们将承担数十万美元罚金的责任，就像在圣地亚哥河（the San Diego River）项目中所遭遇的那样！

土木工程师从市政公司或代理机构获得地图，然后在生态修复项目的设施方案中绘制场地上或附近的每个公共设施的位置。设施方案是经过现场验证的，通常会雇用设施服务公司对地下管线和电力系统的地下位置进行抽样调查。然后，将档案记录和现场调查获得的数据发送给项目组，并依次绘制在所有相关项目方案中。

如果现状的市政设施系统和修复项目发生冲突该怎么办？首先，联系服务机构或公司来帮助确定冲突的程度。在大多数情况下，公共市政设施拥有预先存在和高于一切的土地权，这些土地权高于场地的任何产权。这时，除了重新设计项目以解决并符合公共设施相关的要求和限制外，几乎没有别的办法。在极少数的情况下，公共设施系统可以重新选址，但费用要生态修复项目发起人承担。这不是一件容易的事，应该咨询那些曾经参与过类似工作的有经验的专业工程师。

9.1.7　施工图

施工图给负责项目实施的团队提供了有关如何将项目元素组合在一起的基本信息。施工图说明了各种材料之间的关系以及材料连接和装配的方法。在许多情况下，一些要素（如栅栏或马术门）需要特殊的材料和施工方法才能达到效果。施工图是工程设计图，由标准的工程图纸如平面图、立面图和剖面图等组成，所有这些详图都是提供给施工团队正确安装设备所需的信息（图 9-7）。

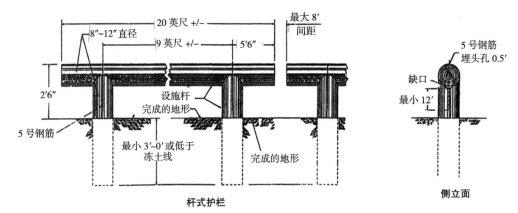

图 9-7　杆式护栏的施工细节，杆式护栏是控制车辆通行的有效手段

9.1.8　方案编制

项目的规模和复杂程度将直接影响项目计划表的数量和所要表达的功能。有两种方法经常被用于方案准备：对于较小的项目，设计条文会直接添加到大的项目计划表中；而对于较大的项目，设计条文通常会建立一个单独的文档，并后附项目计划表，其中包含特殊的技术要求和各种法律法规。设计条文、项目计划表和方案图纸共同构成了修复项目的方案文件。

编制项目方案时应考虑以下的准则：

（1）在项目的每一类工作中，应由执业的、注册的或认证的专业人员来编制方案（如风景园林师、土木工程师等），尽可能使用标准规范；

（2）在开始工作之前，和管理机构一起检查项目编制的要求，这尤其适用于拥有资源许可权或管辖权的机构；

（3）在整个方案中应遵循"统一的制图格式"（如方案表达形式和尺寸、符号和术语、比例尺等）；

（4）协调好项目方案、物料清单和设计条文之间的关系，确保这三个文件之间不存在矛盾；

（5）如果项目方案、物料清单和设计条文之间出现矛盾，则必须建立优先级，明确哪个元素具有优先权。

关于项目方案的格式，有如下几点建议：

（1）在项目准备阶段选择一个文件格式，该格式在施工阶段应便于使用。我们发现在 11 英寸 ×17 英寸的纸张在施工阶段最为适用，在准备方案时，确保方案上的符号、文字和注释都清晰易读并容易理解。

（2）使用统一的术语和注释，以避免与物料清单和设计条文相矛盾，例如，在方案中的单位应该和物料清单和设计条文的单位保持一致。

（3）避免在项目方案中加入大量文字，这样可能会造成混乱，方案的目的是描述组成项目的各个元素之间的空间关系。

（4）在方案编制过程中要有制衡的思想，应始终对方案进行独立审查和核实，以确保数量正确并减少冲突。

（5）避免重复的信息，比如，有关设施的信息应该出现在项目的设施方案，而不是任何其他方案中；只有在处理有关敏感资源或审查机构提出的其他要求时，才应重复提供信息。

为了帮助我们制订方案，附录 8 的项目方案评价检查表提供了按主题组织的问题列表，查看此列表将有助于考虑项目的各个方面，并思考问题的解决方案。此列表还可以作为跳板，提示我们分析其他问题。

9.2　物料清单

在生态修复项目施工建设中，其中一项最重要的交付成果就是项目负责人提供给施工团队的物料清单（Bill of Materials，BOM）。作为生态修复项目最基本的要素，物料清单是创建项目所需的材料或零件的列表。对于生态修复人员来说，物料清单有许多功能，可以作为预算工具、分析工具和沟通工具。从生态修复项目中获得的这些片段信息的集合以及它们之间的关系可以让规划设计的想法变成现实。

在概念设计阶段，物料清单是主要的预算工具。如果想成功地确定实施计划所需的项目资金，那么建立一个准确和全面的项目预算至关重要。构建物料清单首先应在项目实施阶段生成一个所有材料的综合列表。以植物类为例，在物料清单中按照规格大小分组，而不是通过物种类型分组。比如，所有 1 加仑大小的乔木在物料清单中归为一类，然后清点 1 加仑规格植物的数量。无论是计划栽植 5 棵杨树、5 棵悬铃木或 15 棵桤木，或者同样数量但不同种类的其他苗木，事实上物料清单只显示要求栽种 25 棵 1 加仑规格的树木。这适用于项目中使用的所有材料。

物料清单是一个可持续的文档。随着设计在项目过程的不断推进物料清单会不断更新项目信息，形成一个运行项目的成本累加的总和，以及修订页面和文档的日期记录。这个汇总是项目经理用来确定项目是否在预算之内的关键分析工具，通过这种方式，物料清单成为衡量项目设计的试金石。如果物料清单的累加成本超过了项目预算，则某些项目必须进行修改甚至取消，或者需要增加项目预算以符合设计要求。

物料清单除了用作项目预算的衡量标准外，还是施工团队所依赖的沟通工具。物料清单通过列出项目所需的每个组件将设计意图传达给负责施工的团队。物料清单还可以用来作为辅助信息的存储库，例如产品数据表，包括说明书和图纸，制造商的建议和要求以及有关项目使用的任何特殊注释。此外，它还包含了供应商信息，施工团队将使用这些信息来采购项目中需要的材料。

物料清单在项目实施的结构层次中起着至关重要的作用。对于需要竞标的项目，一个完善的物料清单非常有价值，因为它明确了项目所需的内容，并在投标中能够平等地进行比较。物料清单反映了项目计划中包含的每个事项。此外，物料清单提供了一个核心文件，可以用来衡量项目进度并帮助确定向施工团队支付的工程进度款。

以下是准备物料清单的一些准则：

（1）列出并简要描述项目要使用的所有物品和材料、其他消耗品，以及设备和工具；

（2）包括与物料相关的任何特殊情况说明，例如如果采购需要很长的交货期，则应该在物料清单中注明，并作为单独的文档随附；

（3）建立文件控制程序，以便在设计开发过程中引用最新的（也是最准确）的物料清单来进行成本估算和材料采购；

（4）把物料清单储存在所有团队成员都可以访问的核心位置。

物料清单的建议形式：

物料清单通常以表格形式排列，包括项目编号、项目概述、参考信息（如方案图纸或规范编号），规格、数量、特别注释、单价和供应商信息等。物料清单通常是在电子表格程序（例如 Microsoft Excel）中创建并维护（图 9-8），较复杂的项目可能需要考虑物料清单专业软件，这样可以专门管理复杂项目的大量数据。

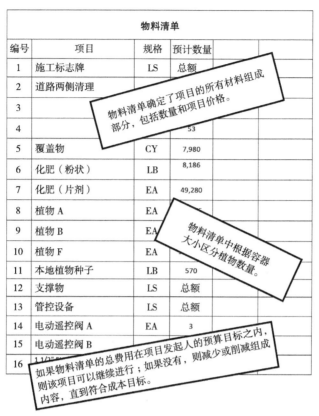

物料清单

编号	项目	规格	预计数量	
1	施工标志牌	LS	总额	
2	道路两侧清理			
3				
4			53	
5	覆盖物	CY	7,980	
6	化肥（粉状）	LB	8,186	
7	化肥（片剂）	EA	49,280	
8	植物 A	EA		
9	植物 B	EA		
10	植物 F	EA		
11	本地植物种子	LB	570	
12	支撑物	LS	总额	
13	管控设备	LS	总额	
14	电动遥控阀 A	EA	3	
15	电动遥控阀 B			
16	1 1/2"			

物料清单确定了项目的所有材料组成部分，包括数量和项目价格。

物料清单中根据容器大小区分植物数量。

如果物料清单的总费用在项目发起人的预算目标之内，则该项目可以继续进行；如果没有，则减少或削减组成内容，直到符合成本目标。

图 9-8 物料清单的示例，显示项目所需的物料、数量和付款方式

9.3 设计条文

设计条文（规划条文）是对预期结果的详细而精确的描述，它更多关注结果而不是关注过程。设计条文侧重于功能性，通常会包括衡量性能的标准。

大多数设计条文中的标准是公开的，由政府机构和非营利组织编制并出版。例如，美国国家标准协会（American National Standards Institute）发布建筑和其行业的相关标准，美国材料和试验学会（American Society For Testing and Materials）会定期发布涵盖建筑、环境和许多其他学科的标准试验方法和设计条文。设计条文几乎都会包括一些规定，这些规定确立了监测或检查的方法，或对标准遵守情况的方法。这是设计条文的一个关键要素：如果没有明确的评估方法就没有明确的途径来解决因设计条文解释不同而产生的争议。尽管我们无法消除所有的误解，但良好的设计条文可以减少误解并有助于避免代价高昂的错误和返工。

由于典型的项目会有很多设计条文，所以保证连续、清晰和完整地准备和组织这些条文是非常重要的，当涉及承包商和分包商时这一点尤其重要。因此，建议在着手准备项目设计条文之前，首先要确定条文的受众。如果我们确定我们的方案可以通过核心项目团队的直接

努力完全实现，那么可能编制很少的设计条文就够用了。最少的设计条文应至少包括一份植物苗木摘要，以确保所有材料可用（附录 7）。但是，如果我们的项目涉及商务并为某些要完成的任务建立合同关系，那么不仅需要设计条文，还需要合同条款。如果我们准备将项目全部或部分外包出去，那么聘请专门负责从事合同制订和审查的律师非常必要。

良好设计和深入研究所做出的所有努力都可能会因设计条文书写不规范而毁掉。委托一些人员来实施我们的项目或任务，而他们却没有设计条文是不明智的，因为可能会发生意外。成功的项目经理会尽可能有效地利用标准化的设计条文和规定。好的项目可能会因为不好的设计条文而失败（框 9-1）！

框 9-1　首字母组合的误解可以让规划师的计划泡汤！

州立机构为一个更换桥梁项目制订了合同文件。在环境评估中，沿桥引道的一侧发现了少量濒危的一年生草本植物。生物学家将该地区标记为环境敏感区（Environmentally Sensitive Area）。由于合同留下填写的位置太小，无法包含所有的单词，合同拟订人在图纸上准确地描绘了该区域并将其标记为"ESA"，意为环境敏感区。当该项目进入施工阶段，生物学家参观现场时发现承包商已经将大量设备停放在该区域。在进行问询时，承包商说，他们以为"ESA"标识的是"设备存放区"（Equipment Storage Area）！

经验学习：在州立机构制订的方案中，每张图纸上的指定区域至少要拼写一次 ESA 的全称。此外，环境部门在发布公告之前应对这些文件进行审查，以确保所有的生态保护措施都清楚地标明或在技术导则中明确提出。在施工开工会上，环境部门的代表需要强调项目的环境敏感问题。

9.3.1　设计条文标准

标准的设计条文，例如由施工规范协会（Construction Specifications Institute，CSI）发布，通过施工规范协会进行规范编制、组织和计划，这是准备项目设计条文的重要指南。施工规范协会的成员组织多年来一直和建设行业合作，制定并发展出一套标准化的规范和合同编制方法。通过使用施工规范协会建立的规范框架，可以避免误解或可能的法律纠纷。生态修复工作的高度不确定性需要准确而适合的设计条文，表述清晰是保证完全理解所需内容的第一必要条件。

许多商业供应商为其产品提供标准规范，这样可以确保正确地使用材料。以下内容将有助于完成设计条文的编写：

（1）编写过程以预期的结果为导向。

（2）描述我们所希望获得的预期结果或产品。

（3）尽量依靠已有的标准，不要浪费时间重新发明已经做过的事情，使用现成的格式。

（4）言简意赅，不要过分描述。

（5）考虑项目方案或施工图是否能更好地表达我们想要的东西。

（6）避免在方案和条文之间的重复。

（7）检查合同文字确保合同内容的层次关系。通常在施工合同中，设计条文要优先于方案图纸。

（8）考虑将设计条文打印在方案图上。对此有两种不同的看法，有人认为，如果将设计条文和方案合并，那么两者不分开，承包商就不能声称没有看到设计条文。但是，如果有大量的设计条文，在施工期间将它们印在方案图上可能会在使用上非常麻烦，因为难以查阅或参考。

（9）不要使用缩写或者符号。

（10）不要使用"和 / 或"等短语。

（11）不要使用"合同经理（工程师）的批准或同意"或"工程师可接受"等措辞。

（12）不要使用"除非合同经理另有许可"等短语，许可内容只能是在会议中由大家共同商议。

（13）确定如何支付项目施工的费用。

设计条文的建议格式包含三个要素：①概括性陈述，通常是一句话的介绍；②使用直接和描述性术语的产品介绍，使用专业而不是宽泛的表达；③说明承包工程的付款方式并说明付款方式和条件。

9.4　竣工方案

许多情况下，会在最后一刻或施工期间对项目方案和设计条文进行修改（第 10 章）。例如，在地形处理上的小调整或者重新换土；由于植物的适应性而用新的树种替代方案中的树种；种植密度或种植位置的变化等。在项目建设完成后，尽快编制竣工方案是非常重要的，需要更新的最重要的方案是地形方案和种植方案（包括种植清单规格列表），这些修改后的方案图应加盖"竣工"印章并注明日期。如果研究人员希望在未来某个时候对我们的项目进行评估，他们需要审查竣工方案，以便将现场观察到的情况和竣工时的状况（如场地改进或栽植树木）进行比较。在过去，由于缺乏竣工方案，科学家很难评估修复项目工作的有效性。

第 10 章

施工安装

通过管理实践和技术实施，并在需要时在项目现场确定物理特征来实施修复项目（场地改进），然后实施旨在启动目标生态系统恢复的措施（包括生物区域）。在整个过程中，将对工作进行审查，以确保符合项目方案、项目许可和项目利益相关者的既定要求（图 10-1）。

10.1 生态修复师的角色和作用

生态修复项目是由具有多种技能和经验的各类工作人员来实施的。这些人有"设计—建造总承包商""现场监理""项目监理""独立承包商""分包商"以及"现场检查员"等头衔。

生态修复师对于生态修复项目施工和建设过程的参与程度将取决于多种因素，包括学科背景和经验，所属的公司、组织或代理商执行工作的能力，关于施工承包方面的政策、法规和许可要求，以及和最优秀的员工队伍来有效、高效地完成工作。如果已经准备了项目方案，现在被要求进行项目施工——这经常被称为设计施工总承包。在这种情况下，我们的角色会从项目规划师或设计师变成"设计—建造承包商"；或者，我们可以在总承包商的指导下，专门进行生态修复项目的施工和维护，在这种情况下，我们就会变成"现场监理"。

另一种情况，我们可能参与了项目规划、设计和方案准备，但现在将作为"项目监理"来监督承包商在现场执行工作的情况，该承包

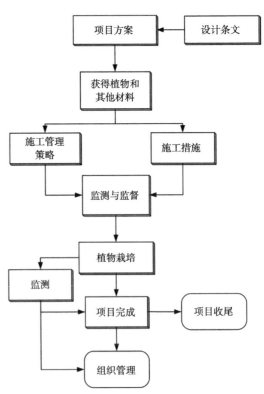

图 10-1 项目实施阶段包括从图纸方案到实地建设。尽管该项目可能在施工阶段结束，但项目监测通常会持续数年

商已经通过竞标获得了项目的施工权；或者，我们可能是生态修复工程建设和安装计划的"中标人"；我们也可以是为"独立承包商"工作的"现场主管"；我们还可能是"分包商"，只负责在项目现场建造或安装方面的改进。还有最后一种情况，即我们仅参与某个修复项目，担任"现场检查员"或几个现场检查员之一，以确保根据项目计划和规范来建设和安装该项目。

　　生态修复师要了解修复项目施工的各个方面，因为他们的角色会因为项目的不同而变化。因此，生态修复师应具备诸如"设计—建造承包商""项目主管""现场监理"和"现场检查员"等能力。

10.2　施工的详细计划、许可证和执照

　　生态修复项目的详细施工计划是项目总体规划的扩展（见第 1 章、第 3 章）。在设计阶段（见第 6 章）、确定植物材料需求（见第 8 章）和编制项目方案与设计条文（见第 9 章）期间，应该已经完成了施工的初步计划。如果是这种情况，那么在此阶段的施工计划就是一项简单的任务，即改进、增加计划的细节，以及获得需要的材料和设备。

　　许可证申请是在规划阶段提出的，并且在规划成果阶段应签发许可证。在获得许可证之前，现场是不能开工的；在获得许可后，请核实许可证发放条件以及施工安装的要求。美国的联邦、州和地方各级可能需要各种许可证（附录 9），在其他国家工作的生态修复师则可能需要附录 9 所列出的多种情况下的许可证。

　　在项目的规划阶段应确定所需的许可证并进行初次申请。然而采取必要步骤来获得所需的许可证很耗时，在通常情况下，签发许可证或其他形式协议的监管机构希望在签署之前审查接近最后成果的方案（如完成 90% 的方案）。但是，正如前文所述，如果该机构已参与了概念规划和早期项目方案（例如完成了 50% 的计划）的审查，则发放许可证的可能性更大。当需要经过多个机构审查时，在各方面的要求中解决其中的矛盾和差异需要相当多的时间。

　　通常，直接参与施工和安装的人员需要某些专业的执业资格或者相关工作经历；但是，对于非营利和私人土地上的项目，并不总是遵循此要求。需要使用重型设备进行大量土方施工的项目通常需要分级承包商。工程结构（如永久性水利设施）的施工通常需要总承包商参与，而景观承包商可以建造一些小型设施（如步行道、低矮景观墙、小的观景平台）。在项目承包许可的范围内，栽种和维护那些来自容器培育的植物可能需要景观承包商的参与；安装某些类型的灌溉系统通常也需要风景园林师、景观承包商或灌溉承包商的参与。施用除草剂来控制杂草并杀灭入侵植物需要药剂配方，并且必须由具有使用杀虫剂或除草剂资格的专业人员来实施。在公共生态修复项目中竞标的独立承包商几乎都需要在项目所在州获得相关的许可或注册。

　　大多数设计—建造总承包的工作人员具有相关执照或注册资质，这类人员通常是执业土木工程师、注册风景园林师或者执业景观承包商。有时，在一些面积不大的生态修复场地，保护组织或土地信托机构及私人土地所有者会在当地农民使用农业设备的帮助下进行场地准

备工作，包括植物栽培和地上灌溉，这通常会避免相关执业要求的问题。江河、溪流或小河道生态修复项目通常需要水文学家的参与，水文学家通常也是执业土木工程师。

10.3 计划和采购

对于大多数生态修复项目，会有无数的工作需要协调，有时甚至是前后连续的密集工作。在第2章中，详细讨论了项目进度表的创建，以及使用甘特图来显示每项工作的起止时间。但是，到了项目的施工阶段，则需要准备一个更详细的工作计划时间表。

可能导致工作计划变化的原因包括气候、劳动力和设备的可用性、资金短缺以及各类许可证延迟发放等。未能按计划实施的延误可能会违反政府对于年内开展某些工作的时间节点的规定（如地形处理和侵蚀控制），从而可能影响项目工期。采购植物材料、工具、设备和聚集劳动力可能需要很长时间，因而可能需要提前从本地植物苗圃预定成材的植物材料（签订合同）。如果是这样，那么我们有没有做好订单无法完成的准备工作（框10-1）？比如，可能需要收集或订购种子和其他繁殖体；在栽植之前，可能有必要为需要栽植的植物材料建立假植场地。

框 10-1 经验学习：植物材料的更换

州级当地办事处为项目场地设计了一个使用合适本地植物物种的初步生态修复计划。州办公室为该项目准备了规划方案、设计条文和招标文件包。州办公室后来选择一家低价的景观承包商进行植物的购买、施工和维护。由于之前从未进行过本地植物的生态修复项目，这个承包商没有意识到所需的植物材料需要在种植的前一年就和苗圃签订培育苗木合同，否则开工时会难以保证有足够的苗木。当项目需要栽植植物时，承包商在该地区的任何一个本地植物苗圃都找不到足够数量的特定本地植物。承包商要求使用其他非本地植物种类来替代本地植物。州办公室批准了他们的要求，而没有与设计该项目的当地办事处进行协商。

州办公室认为，任何生态修复计划的制定都需要将当地的设计师包括进来；不能因为价格优势就选择没有本地植物修复经验的承包商。

在美国华盛顿州的一个研究机构建立了本地植物抢救计划（国王镇自然资源署，2011），拥有一个保育设施以维持该地区用于修复本土植物的库存。志愿者们从计划施工的地点移走植物，然后在鲑鱼栖息地恢复地点和国王镇附近周围水系的修复地点重新种植原生植被，这个成功的本地植物抢救计划已经实施了超过15年。在考虑抢救样本植物时，有几个因素需要

评估（见第 8 章），应该提前准备好一份关于施工和安装所需的物料清单（见第 9 章）。

我们需要安排劳动力来完成工作，有些地区的非营利自然资源组织可以提供训练有素的工人和监理人员；需要提前组织好志愿者，如果他们不能到场，我们需要做好应急计划。有时，在乡村地区工作的项目经理已经和当地农民、牧民建立了很好的工作关系，这些农民和工人在农业设备的操作方面很有经验，其中的很多经验可以应用于项目实施。

基于对时间和物流的需求，将部分或全部工作承包给有经验的承包商可能是完成项目的最有效方法。

10.4 设备和工具

选择合适的工具或设备对于获得成本效率高的生态修复项目来说是至关重要的。基于技术（如低技术设备与机械设备）可用性以及购置或租赁成本，生态修复师可以选择不同的设备和工具种类。根据设备的操作难易程度，工作人员所需的经验和技术水平也有很大差别。一般来说，最好是选择可完成工作所需的最简单的工具或设备。

生态修复项目的常用设备包括建筑施工设备（如推土机、反向铲、机械钻等，图 10-2）、农业设备（如拖拉机、播种机、条播机等）、林业设备（如穴播机、锄地机）、景观工程设备（如铲车、树木移植机等，图 10-3），以及灌溉设备（如泵、自动喷灌器、滴灌管等）。

图 10-2 小型车辆在需要大量铲土的区域非常有用。图中，小型车辆被用于清除上游非法填埋物。美国加利福尼亚州，橘郡（John Rieger 摄）

图 10-3 为柳树挖洞的"树铲"。2000 多棵柳树和三角杨被移植在这里,"树铲"移植的死亡率不超过 1%。这些树是从上游的一个工程建设项目中抢救下来的(John Rieger 摄)

通过与生态修复行业的密切合作,设备制造商也对其设备进行了改造,并设计了新的设备(如种子收获机、播种机、割草机等),以满足生态修复项目的需要。生态修复师对设备精度方面进行了研究(St. John 等,2008)并对生态修复行业使用的各类设备的效果进行了评估。例如,在第 12 章中帕卡德和穆特尔(Packard 和 Mutel,1997)对使用播种机进行草原生态恢复进行了详尽的讨论,这也关系到其他类型的草原生态修复。

为了更容易地完成任务,人们发明了一种刷子拔除器,用来拔除入侵的木本杂草。俄勒冈州的 Weed Wrench 公司提供了除草扳手™(Weed Wrench™,图 10-4)以及加拿大大不列颠哥伦比亚省 Pullerbear 公司提供的 Pullerbear™ 树干树根拔除器,都是创新发明的优秀案例。

另一个创新的案例是,在河岸种植木本扦插条的"水力钻"(Oldham,1989),最初是由加利福尼亚州弗雷斯诺国王河保护区的工作人员于 20 世纪 80 年代后期开发的,后来被美国农业部自然资源保护局(Hoag 等,2001)改进后成为"喷水钻"。还有一种用于在困难情况下的使用的设备,叫作"针刺"(Hoag 和 Ogle,2008),它附在后铲臂的末端,用来在乱石堆里进行硬木的扦插。

克洛泽尔(Kloetzel,2004)提供了生态修复项目现场使用的一系列手动和电动工具的可用性和适用性信息。有两个相对较新的设备——设计用于安装在挖掘机臂架上,包括可延伸的"针刺"和"水力舵",它们可用于点耕,也为后续的人工种植做准备。选择特定的工具或

图 10-4　除草扳手 ™ 是一种高效且易于使用的工具，可将不需要的植物从恢复点连根拔起。扳手夹脚紧紧抓住植物的茎，然后将夹脚作为支点，将长柄（照片顶部）向后拉从而将植物连根拔起（Mary F.Platter-Rieger 摄）

设备来实现目标时需要好好考虑。以下是一些需要考虑的因素：

（1）是否有志愿工作人员能够使用简单的工具执行很多工作，但没有经过操作某些设备的培训？

（2）已有可以使用熟练操作所需设备的工人吗？

（3）设备是否可供出租或同时需要聘请设备公司的操作员？

（4）知晓在特定情况下使用哪种设备最好吗？

（5）了解设备的局限性吗？

在承包工程时，通常最好让承包商来决定哪种设备最适合这项工作。承包商通常会巧妙地选择工具和设备，让所完成的工作成本效益最大化。如果承包商建议使用某一种我们不熟悉的设备，我们可能需要了解清楚这种设备在项目中如何运行，并要求提供该设备在过去项目中使用的案例。

10.5　专业培训

训练有素的工作人员是生态修复项目成功的另一个基本要素。正式和非正式的培训可以采取多种形式。所有员工和志愿者都应该知道他们的角色和责任，并应了解具体任务的步骤和技术（框10-2）。那些监督项目施工的人员，应该具备其手下员工将要完成工作的所有专业知识和经验。

　　承包商和分包商须根据许可，定期对所有员工进行安全培训，安全培训不能因为许可承包商没有参与项目而被忽略。当志愿者和临时工一起工作时，每天早晨的第一件事就是强调每位人员必须遵守重要的安全规定。

　　在监督承包商或分包商的工作时，项目经理的责任是确保承包商和分包商使用已接受过相关培训且了解安全措施的人员。经验表明，这些检查对参与项目施工的人员素质非常重要，但是这并不容易做到。如果尚未进行合同签约，当我们和承包商一起检查项目方案和设计条文时，对承包商员工的经验提出要求是很好的时机。

框10-2　重点项目介绍：志愿者的参与可以使项目成本降低，并获得社区的支持

　　项目：美国佛罗里达州，卡纳维拉尔国家海岸牡蛎礁修复计划（Oyster Reef Restoration in Canaveral National Seashore）

　　由于船尾沉淀物的扰动引起了牡蛎礁边缘相当高的死亡率，以至于需要采取措施挽救牡蛎礁。在全球范围内，牡蛎礁的面积相较以前减少了85%。由自然保护协会、佛罗里达大学、布雷瓦德动物园在卡纳维拉尔国家海岸开发的一个创新牡蛎礁修复计划，该项目需要大量志愿者参与施工和修复。

　　这个项目并不复杂，但是需要志愿者们制作约26000个垫子（生态垫），每个垫子约4.5平方英尺，总面积近2.7英亩。这些生态垫由水产养殖级塑料网制成，每个垫子上有36个牡蛎壳垂直固定。这些生态垫像铺地板瓷砖一样，铺在死掉的牡蛎床边缘，为牡蛎幼虫的生长创造一个稳定定居的基质。

　　自2007年以来，在卡纳维拉尔国家海岸内通过这种方法修复了50个牡蛎礁。超过两万三千名志愿者，包括许多学龄儿童也参与了该项目。大家不仅制作了生态垫的组件，还在死礁的边缘放置和固定垫子，共同完成了这一生态修复项目。根据监测数据，这些生态垫为200多万只牡蛎提供了食物和居所。该项目的另外一个生态增长点是在以前不存在海草的牡蛎礁上开始生长大量海草。

　　一些机构、组织、公司和社区的参与为这个项目的成功做出了贡献。这种方法需要劳动密集型的制垫工作，因此该项目只有通过志愿者的帮助才能实施。所开发的方法通过实验已经证明是成功的，并且可以通过实验将其应用到其他地区和位置。该项目中，大量志愿者站出来参与海岸生态修复，如此大规模的参与人数表明，公众对于参与生态修复项目有着极大的热情。

资料来源：摘自2012年世界自然保护联盟IUCN－世界保护协会WCPA生态修复工作组。

10.6　场地检查

施工期间的场地检查对于生态修复项目的成功至关重要（框 10-3）。

修复项目的现场检查员的主要职责就是确保生态修复项目遵守项目计划和规范。主要执行两项职责："安全帽职责"和"毛线帽职责"。现场检查员的"安全帽职责"是观察并定期衡量承包商和分包商的施工情况，以确保符合项目方案和设计条文；"毛线帽职责"是确保生物材料在现场施工中符合项目的设计条文。

对于大型生态修复项目而言，可以有一位以上的现场检查员。比如，一位是经验丰富的地形、电气和混凝土工程检查人员，另一位则具有监督生态修复项目供应商和承包商经验的检查人员。

框 10-3　经验学习：现场检查至关重要

一个雨水水质改善项目需要在场地上栽植湿地植物。本地湿地植物已经由苗圃负责承包种植。在植物移栽的当天，植物材料都装在种植塑料管中运抵项目现场。负责施工的承包商在当地人力市场上雇用临时工进行栽种。幸运的是，项目设计师及时出现，因为这些工人正在将塑料管连同植物一起埋在场地上。后来经过技术指导，在移栽植物之前，工人会先把植物从塑料管中拿出来。

因此，为项目指派一名现场检查员监督施工承包商的工作非常重要。

修复项目的现场检查员通常会根据情况对实际的项目计划做出必要的调整。有时，承包商会提出一些建议让项目更加成功；但有时，承包商只是想偷工减料，以弥补之前对项目实施时间和费用的低估。有时生态修复师可能会面临快速决策，比如：

（1）是否允许承包商对场地地形施工时进行一定程度的调整（低于原方案的要求）；

（2）是否允许承包商修改河道里水生栖息地结构的设计或布置方案；

（3）是否允许承包商对压实土壤的翻耕深度浅一些；

（4）是否允许承包商设置比项目方案要求的更薄的土壤层；

（5）是否允许承包商使用项目规划中尚未规定的无杂草侵蚀控制覆盖物；

（6）如果承包商无法找到所需的某种植物，是否允许使用其他植物材料进行替代；

（7）当场地比预期要坚硬时，是否允许承包商挖掘较浅的种植坑。

对于这些问题的回答取决于对场地具体情况的了解和经验的判断。有时，有必要将这些问题交给项目的规划人员，因为他们了解这些情况的背景信息（框 10-4）。

框 10–4　经验学习：在任何设计变更之前和设计师沟通商讨

　　一位地貌学家／水文学家，为城市河流生态修复项目设计了鱼类栖息地改善措施和河堤生物稳定措施。该项目的规划得到了当地机构的批准后，项目进入招标阶段。承包商提出要对河道内岩石的数量和位置进行调整和修改。在水文学家不知情的情况下，承包商修改了规划方案，并在河流枯水期进行了施工。但到了冬季丰水期，大量的水流侵蚀了河床，改变了河道走向，并破坏了相邻的公园。承包商将侵蚀归咎于项目设计方案，而项目设计师则指责设计特征的修改破坏了原本方案的合理性，客户则处于两难的境地。

　　经验学习：从这个项目可以了解到，虽然承包商在对河流生态修复规划和设计条文方面可能会提出有价值的建议，但在施工前，项目核心设计师必须对这些修改进行审查。

　　记录或日志是很有价值的。记录的项目信息包括执行每项任务的时间和地点、进行正式检查的时间、检查结果以及批准的项目方案和设计条文的变更文档（包括照片）。承包商完成某些任务所需的工时量将有助于评估未来的项目计划。工作日志在进行竣工方案时也是重要的信息。

10.7　项目施工

　　初步的工作是准备好场地，然后逐步开展施工直到项目完成，包括准确记录已完成的工作。

10.7.1　清除场地障碍

　　场地准备的早期工作之一是清除可能影响项目施工的障碍物。需要处理的障碍物包括入侵植物、非本地野生动物，有时还包括本地野生物种，特别是当项目位于下风向或下游地区时（图 10-5）。除非事先做出安排，否则所有工作必须在规划总图的范围内进行。

　　我们将在第 12 章讨论控制或根除入侵植物和杂草的策略。但是，在施工阶段之初，还要进行一些其他程序，否则在施工后将不能再执行这些步骤。例如，可以尝试以日晒来杀死土壤中的种子库。虽然这个技术有局限性，但可以在正确的条件下作为简单有效的控制手段（Katan和 DeVay，1991；Lambrecht 和 D'Amore，2010）。此外，还可能希望在发芽前使用除草剂对场地进行预处理，以防止入侵物种和其他杂草植物的生长。有些生态修复师会移除并丢弃表层土（几英寸），以摆脱生态修复区域的土壤种子库。也有一些生态修复师尝试通过灌溉场地来淹没杂草，从而迫使杂草死亡，这种方法有时会使用好几次。无论控制外来物种的策略是什么，最好的时间就是施工开始的时候。

有时，我们会事先知道某些本地或非本地物种的存在可能会阻碍项目的发展。我们可能有必要建造围栏以限制食草动物的进入；可能需要暂时减少囊地鼠的数量，或者诱捕并赶走海狸，即使修复的栖息地将来可能是为了支持海狸生存。例如，加利福尼利塔霍保护区塔霍湖盆地（Lake Tahoe Basin, California Tahoe Conservancy 2012b）的特鲁奇河（Truckee River）上游湿地生态修复项目，在项目的头几年里，猎狗被用来驱逐鹅群。在南加利福尼亚州的一些地区，褐头牛鸟（*Molothrus ater*）被诱捕并被赶走，因为这里的河岸栖息地修复项目的目标是使濒危的最小腹绿鹃（*Vireo bellii pusillus*）数量增加，并使其筑巢成功。使用这些方法可能会受到当地人的抵制；要意识到这一点并建立共识。

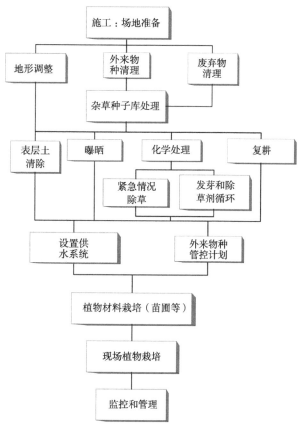

图 10-5 生态修复项目施工前的准备工作流程图。项目组成员在计划中应考虑这些内容以确保在需要时使用

10.7.2 场地调整和基础设施工程

通常，生态修复项目至少需要某种形式的场地改造和基础设施建设。一般情况下，项目所在区位越是城市化，就越需要场地改造和现状调整。

如果项目的地表、地上或地下存在现有基础设施，则可能需要采取措施来适应场地特征。有时可能需要移除废弃的设施，比如当我们的项目位于地下水位较高的荒废农业用地时，则可能需要拆除或中断多年前配建的旧瓷砖排水沟。这可能相当昂贵，需要列入预算。

当重置了现状基础设施后，就可以继续进行场地的地形改造。这里有两个步骤，最终的地形调整和土壤布置应符合设计条文，并通过最终的地形来了解生态环境对高程的耐受程度，比如湿地。同时，也可以使用设备来减少项目场地的土壤压实度。

有时，施工设备需要从自然区域的另一侧抵达修复场地。一些区域的修复师已经开发出可在草地或湿地上面施工的临时通道，一旦拆除这些通道，则对原来的环境几乎没有影响。例如，加利福尼亚塔霍保护区（California Tahoe Conservancy，2012a）。可以通过将土壤铺在便携式道路上的方法来实现上述目的，这些铺在植物上的垫子可以是塑料或者纤维（如土工布）；另外，还有一些新发明的低影响轮式设备，一种类似于伐木业使用的设备，可将土壤压实程度达到最小。采用临时措施是为了保护留在场地上和敏感区域的任何植物免受设备的意外损坏。

有时，项目场地还需要临时围栏来界定和限制种植区域的进出。某些情况下，这种"临时"设备需要足够坚固，有可能会使用数年。之前在第8章讨论的临时苗圃（假植）就需要围栏和水源供应。临时苗圃应该避风，并根据树种类型的不同，可能还需要遮阳防护；裸根植物需要保存在阴暗、凉爽、潮湿的地方，或者放在假植沟里；对于不能马上栽植的木本插条，需要做出特殊规定。

在第7章曾讨论了建立供水系统和临时灌溉系统的问题，现在则需要在项目现场建立供水连接点。通常，生态修复项目不需要现场供电，但是可能需要临时的输电线来运行泵或其他设备。

永久设施应该在这个时候建造，包括通道、排水系统改善、水控制结构、限制出入的围栏和障碍物、小径和访客观览区等。

10.7.3 生物要素施实施

拥有健康的植物必不可少，但是糟糕的操作和栽植方式会使之受损。正确的植物材料栽种方式再怎么强调也不为过（图 10–6）。

场地监理的一项职责就是检查交付到项目场地的植物材料的状况。在检查植被的地上部分时，我们应该评估植物的活力并检查有无受伤或虫害的迹象，并随机检查容器苗的植物根系健康状况。多纳（Dorner，2002）还描述了其他的一些问题：

（1）根坨是否牢固地扎在基质中？

（2）是否有健康的主根和大量较小的须根？

（3）在主茎附近或中心根区是否有缠绕或扭结的根？

（4）根尖是否健康并生长活跃？

（5）容器底部是否有盘根？

（6）是否大部分根在容器的顶部或一侧？

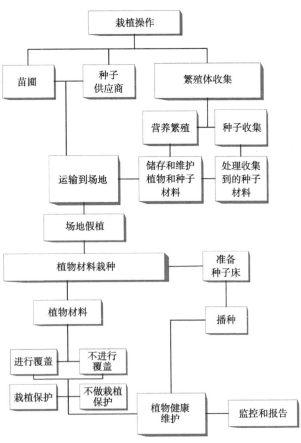

图 10–6 修复项目的种植施工需要了解栽植的材料和任务，以及从选材到现场交付所需的时间。应把这些内容纳入项目时间表中

（7）有没有根系从容器底部的排水孔长出来？

如第 8 章所述，使用正确的容器来种植每株植物，定期检查苗圃中生长的植物，将这两方面相结合，应能防止上述问题的发生。

根据所选植物繁殖体的类型和大小的不同，可以采用不同的种植技术。例如，木本插条可以手动插入土壤，使用木槌敲击到地面以下，可以将插条插入浅沟中并覆盖土壤（柳条篱笆），安装喷水管，用刺铲穿透乱石，使用土壤螺旋钻、手持电动螺旋钻或安装在机动车上的螺旋钻开挖。这些都是为植物开挖种植槽和安装容器的方法。

在一定的土壤条件下，必须将种植槽的侧面翻松，否则根系不能扩散到周围地区。当植物根系缠绕容器时就需要进行修剪。如果栽植的太深或太浅，有些植物就不太可能存活下来。在根系周围不能有大的空气孔隙，主根必须直立或者尽可能直立，志愿者需要在这些方面予以监督和指导。

带有根系和土壤的大型植被块（如草皮厚片），可以使用箕斗装载机、草皮切割机或类似的改良工具来种植。草皮厚片可以被堆叠成台阶状来建造或稳定草地中的河流岸线，如果在收获草皮厚片和施工之间有等待时间，则需要将草皮厚片保存好并根据需要及时浇水。

10.7.4　植物保护设施

关于植物保护设施的决定应该在设计阶段提出。表 10-1 列出了其中一些设备，这些设备已经对植物存活、生长以及防止动物食用等方面的影响进行了测试，证明通过商业购买或自行制造的多种装置都可以用以植物保护（Hall，Pollock 和 Hob，2011）。

种植保护装置　　　　　　　　　　　　　　　　　表 10-1

分类	装置设备	说明	商品名	优势	劣势
种子保护装置	塑料网	分轻型（6 密耳[①]）和重型（12 密耳）两类		防止大型和小型食草动物的食用	
	伸拉网	有弹性的拉伸网（15 密耳）	"C" netting, Tiller net	防止鹿或麋鹿食用，效果较好	
	宽网	1/2 英寸 ×1/2 英寸网眼			
	鸟网	聚乙烯编织网；菱形、方形、六角形网络	Avigard® Crop Net		鸟网对于蛇和蜥蜴特别致命
	围圈和纱窗	围圈就是一个 1 夸脱奶酪大小的塑料容器（底部去掉）；纱窗则用铁丝固定在围圈上		围圈有助于防止地鼠。纱窗可以防止兔子和昆虫的伤害	大多数植物往往在一个生长季就超过了纱窗高度，因此需要及时移除纱窗
	种子庇护产品	有两个可以在现场快速组装的塑料零件；高度 11 ~ 24 英寸；直径 2.5 英尺	Blue-X® Direct Seed Plant Shelters		

续表

分类	装置设备	说明	商品名	优势	劣势
幼苗保护装置	牛奶盒	将用过的牛奶盒切掉顶部和底部；1 夸脱或半加仑大小		最便宜的方法之一。易于安装在植物或种植的种子上并固定在土壤中	在生长的关键的头几个月给幼苗遮光。只能提供前几个月的保护。一个生长季后就损坏了
	硬质护苗管	柔性菱形网状管，防紫外线的光生物降解聚乙烯和聚丙烯材料；直径（18~36）英寸×（3.25~4）英寸		减少动物对幼苗的食用	需要木桩支撑管子。低矮的树枝需要缠绕有蹼的保护器里。使用后通常需要移除
	藤蔓植物生长管	高度 24~60 英寸；直径 3.5 英寸；侧面开口便于拆卸和重复使用	Plantra® JumpStart Vine Grow Tubes	保护幼小的植物免受除草剂的干扰。过滤阳光。保护植物免受机械损伤	
	C 形树管	由再生聚乙烯制成；高度 12~60 英寸；直径 3.5 英寸；通过将保护器连接可扩展直径	Jump Start™ C-style Treeshelters；Protex® Pro/Gro Solid Tube Tree Protectors	保存水分，提高管内相对湿度和温度。在干旱的气候中保持水分。保护植物免受动物、风、啮齿动物和昆虫的侵害	除非进行通风，否则保护装置内部容易过热
	O 形树管（图利管）	预组装，双壁，半透明管防紫外线，回收聚乙烯制成；高度 12~72 英寸；直径 3.5~4.5 英寸	Plantra® Treeshelters Jump Start™ O-style Treeshelters	保护植物免受动物、风和化学物质的伤害。温室环境促进幼苗生长。通风设计保证了空气流通	保护装置通常需要用木桩支撑起来，此外还要插入地面 2 英寸
	Tubex® 树木遮阳网	直径 4 英寸，双壁半透明管，由防紫外线聚丙烯共聚物制成；高度 24、36、48 和 60 英寸	Tubex® Tree Shelters	保护植物免受动物、风和化学物质的伤害。温室环境促进幼苗生长。可分离的管壁让快速生长的树木更加自由生长	建议用带有鸟网的木桩来防止捕鸟行为
	Blue-X® 树木遮阳网	半透明的蓝色聚酯薄膜（PET）；高度 15~54 英寸；直径 3.5 英寸，由一张蓝色塑料薄膜插入蓝色聚乙烯套管构成	Blue-X® Treeshelters	保护植物免受草食动物，除草剂的影响，创造促进幼苗早期生长的小气候。产生放大的蓝光，增加有益的光合活性辐射。阻挡大量有害的紫外线	该设备需要用木桩固定。不能重复使用。可能需要从场地中移除。设备内的杂草难以清除
树木围栏	环形树木围栏	由木杆或钢杆支撑的钢丝（不同尺寸的钢丝网）圆形外壳		易于改变直径和高度。可以在一个围栏内保护好几棵间隔很近的树。免受鹿的破坏	需要大量人力进行安装和拆卸。树枝会被铁丝网缠住
	安全保护围栏	7 英尺和 8 英尺高的 1 英寸网布；轻质，防紫外线聚乙烯；100 英尺卷装	8-foot X-treme Deer Barrier®	用来隔离鹿、熊等动物	需要在种植区周围安装高木柱

续表

分类	装置设备	说明	商品名	优势	劣势
树皮保护装置	树皮保护器	白色，不透明，双壁波纹管，纵向切开，缠绕在树干上；高度 18～48 英寸	Plantra® Tree Bark Protector	保护幼树免受雄鹿的摩擦、鹿角损伤、啮齿动物损伤和环剥。防止割草机和修剪机损坏	
	树皮保镖	防紫外线白色塑料线圈	Ross® Tree Gard® Vinyl Tree Guard	保护树皮免受太阳烫伤，以及昆虫和动物的破坏。防止割草机和修剪机损坏	
	树皮包装纸	防水皱纹牛皮纸		保护树干免受啮齿动物破坏、太阳烫伤、严重霜冻和风灼伤	
	树干保护器	重型塑料，9 英寸高保护器	ArborGuard+®Tree Trunk Protector	保护树基部免受割草机和修剪机的损坏	

① 密耳（mil），长度单位，代表千分之一英寸。

在实施一个生态修复项目时造成植物损伤的因素有很多，其中许多是由新场地上典型的物理特征所导致的。通常，新的场地是开放的，具有相对低的物种密度和多样性，新栽植的植物一般比较小且脆弱，根系需要在新的本地土壤中生长。把容器植物栽入比新植株尺寸大的坑穴中，会避免许多导致植物死亡的自然过程。

在人流量大的城市地区种植时，需要保护植物免遭践踏。通常，当植物尚未生长到可见的高度时，设置简单的围栏设备足以告知访客这里有新的植物（图 10-7）。这样的围护也可以保

图 10-7　新栽植的树苗可能会受到昆虫和小型哺乳动物的破坏，因此需要一个保护屏障，同时需要进行监测，以防止植物在生长过程中和屏障接触而发生损伤（John Rieger 摄）

护植物不受蚱蜢或其他昆虫群的侵害，尽管这需要更频繁的监测，但这可以保护植物不被吃掉。植物需要支撑设施，直到根系足够强壮并稳固在土壤中。在陡坡上或迎风面上种植需要一些额外的物理保护，如使用纤维编条等（图 10-8~ 图 10-10），直到植物能够在这些恶劣环境中生长出根系。但是通常，我们不鼓励对树木进行立桩支撑（通常是两个木桩，分别在植株的两侧），因为当立桩被移走后，树干可能无法具备足够的强度来抵御风或其他环境威胁。

图 10-8 进行场地准备，以确保编条能有效控制陡坡的侵蚀，防止形成小溪和冲沟。美国加利福尼亚州圣地亚哥，洛马海军基地（Mary F.Platter-Rieger 摄）

图 10-9 新安装的稻草编条和椰子纤维编条（较暗的条带）以稳定场地土壤。椰子纤维编条比稻草的使用寿命长得多。如果普通的播种无效，则此方法是一种备用措施。美国加利福尼亚州圣地亚哥，洛马海军基地（Mary F.Platter-Rieger 摄）

图 10-10　16 个月后图 10-9 中同一地点的面貌：无明显侵蚀，编条的状况良好；前 12 个月，喷灌按需进行。美国加利福尼亚州圣地亚哥，洛马海军基地（Mary F.Platter-Rieger 摄）

在气候条件极端或不可预测的地区植树，最好使用单独的设施对植物进行保护。各种类型的树木遮蔽物（图 10-11、图 10-12）可提供防风、防草食动物和水分流失等保护。使用单独的植物保护装置可能会非常昂贵，未得到保护的植物可以根据某些可接受的存活率进行评估。假设有一个可接受的具体存活数量，那么种植更多的植物并接受高死亡率，可能要比单独保护较少的植物而获得高成活率的成本要低。但有时并无其他选择，必须建立保护设施或者保护系统。有些项目可能是致力于大量的种植而不是关注单株植物。对于家畜，可以通过设置简单的围栏或其他障碍物来控制（图 10-13）。

10.7.5　防蚀措施

防蚀控制和雨洪管理是许多生态修复项目的重要考虑因素，特别是靠近河流的项目。许多地区政府机构都有具体的导则或要求，规定场地可以截留多少和多长时间的雨水。

在大多数项目施工完成后，可以立即进行简单的防蚀控制和管理的实践。在美国，自然资源保护局和当地资源保护区的水土保持专家愿意协助项目制定侵蚀控制规划。对于有困难的情况，请考虑使用经认证的专业侵蚀和泥沙控制专家的服务。

在湿地和漫滩修复项目地区，防蚀控制尤其困难。塔霍湖盆地（加利福尼亚塔霍保护区，2012b）的湿地恢复项目使用了一个临时围堰，在最初几年的雨季期间解决了排洪问题（Aqua

图 10-11 带有三个内置金属杆的树苗遮蔽装置。加利福尼亚州，圣地亚哥（John Rieger 摄）

图 10-12 设置高大的树木保护装置来防止鹿的啃食。美国宾夕法尼亚州，宾尼帕克保护区（John Rieger 摄）

图 10-13 绵羊仍然在靠近修复地点的斜坡上吃草，围栏有效地将它们排除在种植区之外。围栏上的稻草可以起到视觉辅助作用，以防止鸟类撞击围栏（见框 4-3）。苏格兰莫法特（John Rieger 摄）

Dam Inc. 2012），让栽植的湿地植物逐步生长和建立。临时围堰的方法已经在很多湖泊、河岸和湿地修复项目中使用。

10.7.6 防止破坏

至少有四种破坏行为会影响修复项目的结果：随机破坏、意外破坏、故意破坏以及偷盗。需要针对项目现场可能发生的各种破坏行为制定预防或阻止破坏行为的策略。

1. 随机破坏

典型的随机破坏行为包括拔起植物、折断洒水喷头、拔出滴水管和破坏树干等。这类情况经常是无意识发生的，取决于修复场地和人群之间的距离，最好的情况是修复场地没有其他人的财产等。

2. 意外破坏

人们进入修复场地来娱乐，如骑摩托车或骑马等，会在不知情的状况下对场地的生态修复造成重大破坏。当场地闲置时，这些人通常会来这里娱乐，他们是合法或非法的使用者，并且通常是在无意间破坏项目的设施（如侵蚀控制措施或围栏）和生物要素（如栽植区或播种区）。

3. 故意破坏

有目的的进入修复场地来破坏修复项目要素（如灌溉系统、监测系统等）的入侵者通常是不希望项目成功的人。这类破坏行为最难控制，因为肇事者不会尊重标牌、围栏和其他障碍物的提示。

4. 盗窃

有时，有人会偷盗植物移栽到自己的院子里，或用于其他景观项目。盗窃贵重零部件（如贵重金属制成的喷头）然后转售也是一个潜在的问题。

我们发现，通过了解每个项目所处的社会环境，可以最大程度地减少破坏行为。修复地点是否位于农村地区？是否受到公共土地经理或私有财产所有者的保护？该项目是否位于城市中心的公共空地上？邻近的利益相关者是否支持这个项目，他们愿意举报破坏行为吗？当地社区认为这个项目对他们的环境有益吗？一般来说，利益相关者参与程度越高，破坏的可能性越小，破坏者被抓住并惩罚的可能性也越大。

最好是做好预先规划，并结合设计功能以阻止破坏。以下措施可以预先实施以减少破坏：

（1）安装教育标牌，说明生态修复项目的目的；

（2）在项目地区周围安装临时围栏；

（3）聘请当地邻里帮忙照看场地；

（4）聘请青少年帮忙浇水、除草和管护植物；

（5）在可能发生盗贼的地区栽种大规格树木；

（6）在可能出现破坏的地方埋设灌溉系统；

（7）让邻居参与志愿者活动来保护现场；

（8）开展生态修复项目的公众参观；

（9）对执法人员进行培训，以保护场地免受未经授权的访问者进入重点保护区带来的破坏；

（10）聘请安保人员来照看项目场地。

　　许多生态修复师设计了特殊装置如围栏、越野车障碍等，防止他人或他物进入场地，并予以精神上的示意，如通过心理暗示阻止破坏等。使用这些特殊设计的装置可以成功地控制越野车辆（图10-14）。一些城市生态修复项目的设计师已经将照明纳入相关休闲设施中，如沿着小径的灯光；然而，要注意，这些光线可能会强烈影响到本地野生动物。

　　在城市人口较多的地区，围栏可能不足以保护场地免受来自各种形式的伤害。"特殊小径"（Mission Trails）项目安排了安保人员在白天执勤，虽然费用高昂，但由于项目规模很大，如果失败则损失更多（财政和公共工程进度），因此看护措施是一项必要的行动。在安保人员管理的那一年里，破坏行为被控制在最低限度。我们认为，该项目的成功归功于这个措施，尽管这样的修复项目并不常见。

10.7.7　竣工记录

　　在生态修复项目施工完成后，编制竣工方案非常重要（见第9章）。竣工方案很有价值，

图10-14　对汽车和摩托车的出入进行控制，同时允许自行车、骑马者和徒步旅行者通过。悬挂的圆木可以上下移动，用于管理通道的可进入性（John Rieger 摄）

因为有时竣工后的场地和原方案有明显的差异，比如场地等高线、设施布置、配植方案和植物群落的变化等。编制竣工方案是政府机构的常规做法；然而，资金有限的项目投资人有时难以花时间来准备竣工方案。如果没有竣工记录，研究人员会难以评估完成的生态修复项目，同时也难以为以后的项目设计提供经验。

施工和安装的影像资料非常重要，最好能建立一组固定的照片拍摄地点。在整个项目周期中，从开展现场工作开始，定期并多次在特定地点拍摄，以展示施工前后的状态。记录恢复场地过程中的每个变化非常重要：其一，在修复之前、之中和之后的照片会帮助我们给当前和未来的利益相关者讲述项目经过，图像资料要比书写报告更有效果；其二，志愿者工作照片有助于场地生态修复的宣传，这是为将来的项目招募志愿者进行宣传的好工具；其三，我们也建议在大型项目中拍摄工作纪实影片，未来还可以作为科普教育的资源；最后，如果发生了可能影响项目的突发事件（例如洪水），我们建议应勇于面对恶劣天气并拍摄这个情况。如果有机会，可能需要对项目现场进行航拍。竣工记录还可以展示生态修复项目在抵御和应对这些极端情况时的表现。

10.7.8　安装监测设施

在第 13 章，我们将讨论生态修复项目的监测。在项目的实施阶段，需要安装很多基础监测设施。无论是横断面标记、拍摄站还是使用 GPS 坐标的固定监测点，这些监测位置都应记录在一系列项目竣工方案中。

在过去，一些修复师将标签贴到每棵植物上，以便返回并评估每棵植物的成活、生长及其他状况。这种做法在今天并不常见，因为现在许多生态修复师会使用各种监测手段来衡量项目的成功。

10.7.9　建立维护期

在项目承包过程早期，确定的维护合同内容要覆盖施工阶段后较长一段时间，以确保种植后有适当的维护，这在编写设计条文时就应提出。然而，建筑公司有时会犹豫是否将维护期包括在项目合同中。如果没有编入项目合同中，那么应确保在施工完成时有单独的维护合同，以免现场维护中断。在项目发展的关键时刻，任何维护中断都会严重影响项目的结果。例如，计划灌溉的任何中断都可能导致植物的高死亡率。此外，在早期阶段的杂草竞争也会阻碍我们栽种植物的正常生长或者影响本地种子的发芽率。

第 4 部分

项目维护

　　第 4 部分中的主要内容是通过实施深思熟虑的维护计划并进行监测以评估项目的情况，从而监督项目的进展。生态修复项目的真正考验是在"项目落地"以后，一个项目要经历过程才能成熟，尤其是在最初的几年。了解项目的发展方式能引导我们对未来如何进行设计或选择植物材料产生新的思路。新项目更容易受到气候变化、昆虫爆发、杂草入侵和水文变化等方面的影响。在某些情况下，通过人工帮助而恢复的自然过程会告诉我们如何以及何时减少、甚至停止我们的工作。了解何时停止维护或管理的唯一方法是进行常规监测。根据项目目标和目标物种的独特性，采样范围可能涵盖非常简单到非常复杂的各种元素。

第 11 章

维护和管理

维护和管理是为确保在项目完成之前，按计划在现场进行的各项阶段性工作。维护工作的重点通常是在栽植后提高植物的存活率和生长状况，以符合既定的成功标准。后期维护同时包括维护和管理两个方面的工作（Clewell 和 Aronson，2007，2013；Clewell，Rieger 和 Munro，2005）。

管理工作包括旨在促进项目场地成熟的各种持续的（在许多情况下）长期的管理活动，它通常涉及协调与生态系统中生物或非生物元素的相关过程。管理通常在种植阶段之后进行，但也可能与种植工作同时或直接代替植物养护过程。这两种类型的工作以及其与场地修复程度之间的关系涉及典型的工程建设过程，在这个过程中，必须让已种植的植物得以成活，以确保在合适的条件下交付项目。

11.1　维护：植物建立期

对于生态修复项目来说，植物建立时间的长短差异很大。植物建立期通常是基于确保在生态修复项目场地栽植成功所需要的时间；然而，这可能关系到修复项目最终成功的每一条标准。这些成功标准通常会纳入到项目合同中，从而在合同的约定下完成植物建立期。

我们目睹过很多涉及本地植物栽种的生态修复项目，有关"植物建立期"的相关标准如下：

（1）保证栽植后所有植物有一年的适应环境期，包括更换所有栽植失败的植物；

（2）在栽植后的一个生长季内（如北美地区一个夏季）植物成活的百分比（或植物覆盖面积）；

（3）在栽植后一整年内的植物成活率（或植物覆盖面积）；

（4）在栽植后两个或更多生长季内（如北美地区两个夏季）的植物成活率（或植物覆盖面积）；

（5）在停止灌溉后，两个完整生长季内的植物成活率（或植物覆盖面积），假设植物灌溉 3 年，这就要求在植物栽植后至少 5 年内要达到某种协议的植物成活水平。

可以将植物建立期简单分为三个阶段：

（1）栽植后的第一年；

（2）植物栽植后第二年直到灌溉停止（假设所有或部分植物都得到了灌溉）的时期；

（3）植物建立期不再进行灌溉的剩余年份。

与植物建立期相关的工作包括：

（1）基础设施的维护（如周边护栏、标识牌等）；

（2）对单株植物的护理（如植物保护维护、杂草管控、对栽植周围地段进行除草）；

（3）清除植物周围不必要的积水；

（4）植物灌溉和灌溉系统维护；

（5）项目现场的杂草管控；

（6）外来入侵植物和动物管控；

（7）任何必要的侵蚀控制补救措施；

（8）清除所有残留物。

在整个植物建立期定期进行现场检查对维护非常重要。应该保留一个记录所有场地到访和维护活动的日志，这将有助于确定未来项目或项目阶段的设计变更，并且在评估与未来项目相关的维护时间和材料等方面也将很有价值。

项目栽植后的第一个整年通常是生态修复项目涉及种植的最关键的时期（尤其是第一个生长季节）。在干旱地区或在一些少雨地区，种植通常需要进行灌溉。在这个阶段，周期性死亡、自然死亡或不健康的植物要被置换，要密切观察植物死亡率。我们认为最简单的修复方法是，在第一个生长季节结束时，要求所有单棵植物（无根系扦插条除外）100% 成活，以及为所有失败的地方更换新植物。获得低于 100% 成活率的修复则需要对植物进行计数，以确定栽植是否满足一些较低的标准，例如 80% 的成活率，不过这会非常耗时。

此外，在实施这项政策之前，那些场地植物的存活率难以符合生态修复所需的目标。在许多情况下，会有大面积的高死亡率地区，这些开阔区域很快就被杂草入侵，从而需要比之前预期的工作量更多的维护。也有承包商在项目审查日期之前集中栽植树木，从而导致修复项目只能依赖栽植劣质的植物材料，而未能达到修复的成功标准。

有时，接受补充水源的植物只能有一个生长季的灌溉。在干旱地区和季节性干旱地区，新栽植的植物通常需要再灌溉一到两年。在此期间，植物所需的水量和灌溉频率通常会逐渐减少。关于何时完全停止浇水应该由项目经理来决定，尽管这可能已经在项目规划文件或者批复文件中确定了。通常情况下，对植物成活率的要求会从第一个生长季结束时的 100% 水平向下调整。

在许多情况下，管理机构需要检查一到两年的无灌溉时期的植物生长状况。在颁发许可证时，通常需要这样一个植物自我维持和生长的阶段，尤其是在生态修复项目为栖息地丧失提供补偿性缓解措施的情况下。尽管在此期间没有补充用水，但其他的维护活动可能会继续进行（例如在植物周边除草以及杂草管控）。通常，在此期间对植物进行监测，以确定在没有补充水源的情况下植物如何生长。一些植物的死亡率是可预期的，所担心的问题都应该是关于种植过程是否在符合成功标准和是否在正确的恢复轨道上。在预期的植物建立期结束时，对植株进行评估，以确定它们是否符合存活率的标准，有时还要符合生长率和覆盖率的标准。

11.2 管理：生态修复功能

管理的目标是明确整个场地（包括维持所需植物群落）的所有生态过程。其目的是培育需要更长时间才能有效建立的栖息地要素，以在场地整体成熟过程中发展并建立正确的轨迹。这包括专注于创造或提供物种所需栖息地的特定要素的深思熟虑的行动。管理工作包括长期监督和管理——这确保了项目现场的长期生存能力不受破坏，如故意破坏和其他人为干扰，城市河流修复项目就是此类管理的绝佳案例（框 11–1）。

框 11–1　创造性的解决方案：鼓励公众参与

一个社区组织和城市规划师、工程师合作，准备将一段埋在管道中超过半个世纪的城市河道重新恢复成开放的自然河流。在管道开挖和拆除后，修复河道的岸线上种植了大量本地植物。由于该项目位于城市中心区，项目团队担心这些刚栽植的植物可能会被不了解情况的年轻人破坏或移走。该市召集当地青少年协助修复工作，让他们给植物浇水，参与植物生长状况的监测。这些"市民修复者"认真地照看这些植物，并教育他们的同龄人认识到这个项目对于美好社区的重要性。因此在这个项目中，没有发生破坏公物的情况。

经验学习：项目经理和执行机构认为，招募当地劳动力进行现场维护有助于教育公众了解生态修复项目，并可以限制破坏行为。

管理工作也包括持续的除草和植物护理。管理对于引入的独立要素（如植物、护堤和溪流）的生存或功能关注较少，而更多考虑生态修复的功能和价值的延续。

正如第 1 章中简要讨论的那样，生态修复项目有两种策略：建设和管理。在本章中，将讨论通过各种管理活动或者通过模拟自然过程在场地上的作用来重建生态过程。

生态修复管理是指有意识地改变植被、水资源状况或基质，以促进特定或目标物种的产生或增加的行为。它可以通过多种方式来实现。通常，这涉及一个曾经被人类干预或控制而形成非典型特征的回归过程，在这些过程中最常见的方法是使用火。在北美平原大草原的生态恢复中，如美国西南部及东南部地区对针叶林和灌木丛的管理除了采用常规植物管理方法外，还包括了对火的使用。在英国，除了放牧和割草以外，通常还采用受控的火烧或山火来管理荒地。

抑制山火是世界上许多热原生态系统自然过程最显著的干扰之一。让火回归自然系统会改变场地的燃料负荷，改变微栖息环境并促进植物类型的变化。然而，由于各种社会和经济原因，在城市范围内的生态修复项目通常不适合用火。有什么可以代替火？其他措施如果代替火通常会产生什么影响？对于一些生态系统，割草和放牧近似于完成火烧的物理效果，但是没有火带来的营养循环；研究表明燃烧对于生态修复项目所需要的条件会更有效果（Weekley 等，2011），使用其他方案可能无法代替火烧所具备的原始功能的所有效果。

在某些生态系统中，引起变化的最普遍的原因是水的出现和消失：洪水或长期干旱（框 11-2）。由于大坝和水库的修建，以及河道改道和被切割，许多曾经依靠洪水的生态系统已经与典型的洪水流域分离。有时，人们会在现状已经没有洪水的河道中通过水库释放水流或从现有的河流转移水量来模拟场地洪水。

框 11-2　经验学习：突发自然事件可能是件好事

在一个距离溪流较远的河漫滩上要进行一个河岸生态廊道修复。为了保证河岸植物成活，项目设置了一个覆盖很全的灌溉系统，可以为每棵植物浇水。尽管仅在前 3 年的夏季和秋季浇水，但为了项目成功，这笔安装费用是必需的。在第 4 年冬天，河漫滩被洪水淹没了好几天，足以使整个土壤剖面达到饱和。洪水还冲毁了所有大大小小的灌溉管道。

面对是否要更换灌溉系统的艰难决定时，项目经理决定在第二年夏初观察没有灌溉的植物的生长情况。到了夏天，这些植物看起来仍然健康，并在夏秋余下的时间里继续茁壮成长。工作人员挖出一些根系进行分析，确定根系已经生长到足以与地下水位接触的深度。因此项目经理决定不更换灌溉系统，因此节省了一笔高昂的费用。

在这个项目中，项目经理学到了应对不可预期状况发生时的办法。等待和观察，在某些情况下，可以防止因突发自然事件造成的成本超支。

历史上，许多陆地上都有大量放牧动物。这些放牧的动物不仅改变了植物的物理状态，它们锋利的蹄子踩踏土壤，促进了土壤养分的垂直再分配（图 11-1）。放牧是英国人维持荒原环境以及欧洲干草草原修复的一项重要策略，利用有蹄动物防治土地荒漠化的方法已经逐步被使用。使用"整体方法"（Savory，1998）来管理牲畜可以使土地受益。如今，许多地方甚至不能养活一些放牧的动物，更不用说畜群了。不过，割草可能是一个可接受的替代方案。在某些情况下，就如同在恢复的欧洲干草草原那样，对设备进行改造以搅动或分解表层土的功能。这些例子代表了文化或半文化的恢复目标，如 Clewell 和 Aronson（2013）所述。

图 11-1　在英国希克林自然中心沼泽地（Hickling Nature Centre marshland），利用 Konik 马（一种来自波兰的小型原始马）用来控制沼泽地生物量（John Rieger 摄）

　　在苏格兰高地，休闲目标比生物目标更为重要：乡村地区主要是管理鹿和松鸡。结果，荒野禁烧以及鹿群数量居高不下这两个因素阻碍了新森林的建立。设置防止鹿进入的围栏是重建和扩大严重受限的苏格兰松树林的主要方法（图 11-2）。要让在邻近的"古老生长（old

图 11-2　由志愿者组织的"生命之树"慈善组织在苏格兰北部进行的一项长期项目。与残存的苏格兰松树森林相邻的是一个大型鹿圈，项目通过围栏进行隔离。在一些地方，每平方码可以观察到超过 20 株松树幼苗。苏格兰坎尼奇（John Rieger 摄）

growth）" 森林中生长的几种物种尽量发芽，应避免被鹿吃掉，而鹿是苏格兰北部森林恢复的主要压力源。这个过程需要几十年，因为即使 10 年后这些树木仍然是鹿群的食物。一些非营利组织和森林机构以及一些开明的土地所有者合作，在广泛的地区设置了围栏。

围栏和木板路的功能是控制或影响人类进入场地的地点和方式。目前针对广泛不同的生态系统已经设计了几种创新的解决方案（图 11-3）。根据栖息地的不同，会设置一些木栈道作为场地的入口，在这种情况下通常不需要围栏。有时，在使用各种门和杆等装置以允许行人通行的同时，还有必要控制车辆的进入。

图 11-3　海岸沙丘群中的木板路限制了沙丘的移动，使植被得以重建。美国加利福尼亚州卡梅尔（John Rieger 摄）

在我们对一种濒危鸟类栖息地进行开发的时候，一个有趣的情况发生了。这块场地大概 50 英亩，主要种植柳树（Salix spp.）和其他一些适合水边的植物。这块场地靠近一片成熟的滨水森林，该区域经历了五年非正常的降雨，所有自然形成的河岸系统都受到了压力。树木对这种压力的反应是枝干掉落，这导致树叶的数量减少，进而树冠变得开敞疏朗，这种环境很适合一种叫作扁头虫的昆虫。这种昆虫在正常的生态系统下数量较少，但是在开敞的树冠下会大量繁殖。新栽植的这块场地非常吸引这种虫子，我们发现很多柳树都受到了侵扰。就这个问题我们咨询了一位昆虫学家，结果是目前没有杀虫剂可以控制这种害虫。唯一限制这种昆虫生长的就是严寒天气，这只能在 6 个月以后的冬天才会发生。

然而经过检查，我们发现柳树并没有被杀死，只是失去了主干，分枝靠近地面形成丛生的枝条。这个结果使得柳树变成一种灌木，从而帮助我们形成了所期望的特定类型的筑巢栖息地。这样健康的或者压力较小的灌木植物可以抵御虫害侵扰，并且不会改变它们的生长状况。因此，我们发现昆虫和树木的相互作用有时会引导出积极的结果。

根据所涉及的物种，栖息地管理可以是一项年度工作，也可以是每隔几年循环一次的工作。为了模拟不同情况下场地的状况，必须对某些要素进行替换，要让物种长期定居，需要为场地提供各种各样的栖息地要素。

11.3 文化生态系统修复

众所周知，世界上许多原住民积极地管理自己的土地，以从动植物中获得生活资料。在加利福尼亚州和美国西部的其他地区，定期对林下灌木焚烧是某些部落的生活习惯。这种文化方式的维系促进了作为当地人食物的植物和动物的生长，以及工具和衣服的获得（Anderson，2005）。许多沼泽植物被用来编织篮筐等器具（Rea，1983）用于捕鱼，以及提供大量其他生活资料（Blackburn 和 Anderson，1993）。

在世界的许多地区，生态修复师一直和当地人一起合作来恢复文化生态系统，以便让本地人除了继续其传统精神习俗外，还可以继续从这些地区收集资源。近年来，随着人们为恢复伊拉克"沼泽地阿拉伯人"的文化和生物环境所做的努力，人与土地之间的这种关系开始逐渐获得关注（框 11–3）。

框 11–3　重点项目介绍：恢复水流量通常是大型湿地恢复的关键

地点：伊拉克底格里斯—幼发拉底河流域的沼泽地生态修复

在 20 世纪末，伊拉克政权将伊拉克南部的沼泽地中的抽干水，这一行动严重影响了一个称为"沼泽地阿拉伯人"（Marsh Arabs）或"马阿丹"（ma'adan）的群体，他们已经在这一地区生活了数千年（Alwash，2013）。2009 年公布的一项研究显示，截至目前伊拉克沼泽地面积减少了 90%。"沼泽地阿拉伯人"（Marsh Arabs）所有的生活资源都来自于这片沼泽地，这次消除沼泽事件产生了强烈而持久的影响。

沼泽位于底格里斯河和幼发拉底河的汇合处。沼泽地形成了浅湖、滩涂和深水湖，它们为沼泽地阿拉伯人使用的各种资源提供了重要的栖息地。目前，引水是湿地恢复的主要障碍。农业和石油勘探对水的需求大大减少了流入沼泽地的水，而在第一次海湾战争期间，水的需求再次增加。尽管国际社会广泛关注沼泽地的恢复，但仍存在与水有关的重大问题（Alwash，2013）。在土耳其和叙利亚境内幼发拉底河上都建有水坝，释放的水量受这些国家控制，每年只有三分之一的水量进入沼泽。幼发拉底河上富有创造性的水利工程设施也帮助恢复了该地区约 45% 的沼泽地，让有限的鸟类、鱼类和其他野生动物种群返回湿地。

水资源管理和规划无疑是影响沼泽地整体永续和恢复的主要因素。项目努力朝着国际协定的方向发展，该生态恢复计划已经确定需要建立一个实地研究实验室，通过教育使社区参与这一恢复过程，并创建一个数据库以建立未来的工作基础。地方和国家各级政府机构之间的协调工作并不顺利，这些政策的进展缓慢。而在地方一级，部落之间的严重争端也依然存在。土耳其已经建造了超过 22 座水坝，以后还会有更多。底格里斯河上的引水工程使水流量显著减少了三分之一（Hammer，2006）。国家和区域规划未能提供沼泽地可持续发展的总体设想，目前还有一项关于原住民用水需求的计划尚未确定。沼泽地生态修复项目正在提出创造性的解决方案，以提供迫切需要的流动性淡水，使至少一部分原始沼泽恢复其历史功能。

不同于国际组织和国家的帮助，地方上似乎正在取得最好的结果。当地社区的所有成员之间进行讨论，产生了一些启动措施。这些措施包括：通过与石油公司谈判，并让石油公司承担社会责任为项目出资；为社区提供支持，制定一项具有监测要求的修复规划；将该地区的传统文化生活纳入修复过程；记录该地区的口述历史，作为提供制定修复规划的框架，从项目启动地区获得生态修复经验，以便供其他地区进行参考和学习。

从伊拉克沼泽地项目中可以吸取许多经验。第一，在所有潜在的利益相关方之间进行开放的沟通和协商；其次，国际上、国家之间、公司以及当地社区都必须有发言权；再者，必须通过立法来保护正在恢复生态的地区，并建立一个向当地人提供资金的方案，以便他们能够有能力启动项目。政府需要为这些"草根"的努力提供资金，并支持地方的行动。最后，在这些修复工作中，我们需要从小事做起，随着学习过程的开始和技能的获得而不断积累经验。

沼泽地的未来必须包括生活在这里的"沼泽地阿拉伯人"，并有足够的水量支持沼泽地的生态功能才能取得成功（世界自然保护联盟 IUCN—世界保护协会 WCPA 生态修复工作组，2012 年）。

第 12 章

杂草管理和入侵物种控制

在栽植后的第一年,杂草管理和入侵物种控制,至关重要,且通常必须要再持续进行几年,直到所需的植物完全生长起来。事实上,许多专业生态修复师认为除草和入侵物种控制是修复栽植后最重要的现场工作。入侵物种控制有时是生态修复项目中最耗时、最费力和成本最高的部分。

12.1 杂草和入侵物种的定义

从农业角度来讲,杂草是指任何不希望的、未经栽培就可以大量生长并排挤农业作物的植物,在生态修复领域,就是排挤那些我们需要的本地植物的草本或木本植物(以草本为主的植物)。杂草通常都是外来入侵植物,它们与本地植物进行激烈的竞争。从农业的角度来看,如果本地植物干扰农作物生长或收获,那么它们也是杂草;从生态学的角度,许多观赏性园林植物也可能成为杂草;从生态修复的角度来看,杂草是入侵物种,通常是非本地植物,会干扰生态修复项目场地的发展。

入侵物种并不都是外来物种。美国东南地区的森林表明,由于土地不适宜农业,低地森林的物种没有被清理,放弃农业活动后,低地森林的各种物种入侵到大量休耕农田中。在缺少高地森林树种和种子库的情况下,低地森林能够扩大其范围,并取代一个之前不是森林群落的区域(Clewell 和 Aronson,2013)。

"入侵物种"是指通常会占用本地物种的生长空间并在景观中使用资源的任何物种,通常是非本地物种。当我们使用"入侵物种"一词时,通常指的是外来入侵植物种类;然而,也有许多动物入侵物种,包括水生动物等会对生态修复项目的结果产生不利影响。外来入侵植物通常是在修复项目现场或附近最有侵略性的"杂草"。这是因为许多入侵物种在世界的不同地区进化,在无自然天敌的情况下它们会具有竞争优势。这里的"控制"一词是指"根除""抑制"、"减少"或"管理"外来物种种群,防止外来入侵物种从当前地区进一步扩散,并采取相应措施,如恢复本地物种栖息地,减少入侵物种的影响并防止更进一步入侵(《美国联邦公报》,1999 年 2 月 8 日,13112 号行政命令)。

我们将交替使用"杂草"和"入侵物种"两词。其他表述"杂草"和"入侵物种"的常用术语还有外来物种、外地物种、外来有害植物种类、入侵外来种、外来入侵种，有还杂草和野外杂草等。

12.2　杂草管理的需求

根据项目的植被类型或生态系统，我们可能会发现有些杂草在项目场地是可以接受的。但是在多数情况下，控制杂草非常重要，因为它们会严重影响项目场地的发展。我们的一个项目在植物栽培后中断了三个月的维护期，这个间隔时间足以让杂草蓬勃生长。我们花掉数千美元清理了场地上很多杂草，发现相比没有长出杂草的地方，有杂草的地方本地植物长得又小又弱。在这个例子中，杂草明显地延缓了本地植物的生长速度，杂草的密度直接影响了这些植物的生长量。如果项目对于后期维护的预算较少，那么这可能会影响以后的修复结果。

当然，所涉及的杂草种类在项目的维护计划协议中也非常重要。有些杂草是一年生草本，会产生出大量的活种子，而有些杂草可能是木本灌木，繁殖时间较长。也有许多种杂草不会在一个地区过度繁殖，造成负面影响，因此不需要特别控制。应当根据这些物种的特征，确定这些物种在修复中的先后次序。

除草工作的关键是要执行一个持续并常规的计划。如果只是想在短时间内积极地除草然后在第二次除草计划前完全不进行管控，这样做几乎没有效果。如果想用除草剂或者人工除草一次性消灭杂草可能会让情况变得更糟（Murphy 等，2007）。如果我们的项目依赖专业工人来完成这些任务，那么我们应该有充足的预算，使该场地至少度过第一个生长季，最好能延续两到三个生长季。

大多数修复场地是杂草繁茂的退化地区，从而阻碍了本土植物的生长。一些入侵植物会改变诸如水文、土壤化学以及山火等生态系统过程，许多已经取代当地植物的杂草是多刺和荆棘丛生的，这造成了生态修复和维护的难度。较高的杂草会遮蔽新栽的植物，从而阻碍植物的生长和降低植物的活力。杂草也会和本地植物竞争现有的土壤养分。即使地上的植物不占主导地位，某些杂草的根系也可能与本地物种竞争。

杂草管理一个非常重要的方面是培训维护人员，以区分项目场地上理想和不理想的植物（框 12-1）。维护人员应获得现场指导，以便识别已经栽种在项目现场的本地植物，并且还应能够识别需要控制的主要杂草种类。有时，一些项目经理不得不更换大量已栽植的苗木，因为这些苗木被未经培训的工人无意中砍伐或踩踏。一些生态修复师通过收集每种植物的活体样本来制作"好植物"和"差植物"的展示，还有一些修复师会通过制作小册子来展示杂草种类。一个简单的制作展示的方法是把活的标本放在复印机上进行复印。

> **框12-1　经验学习：使用缺乏经验的员工会让修复师前功尽弃**
>
> 　　某机构花费了大量的时间和金钱为一条溪流附近的高地地区制定了本地植物生态修复的规划。公司购置和栽植适合的本地植物，以及购买灌溉系统等花费了额外的成本。通常情况下，外来入侵杂草的生长速度更快。然而负责后期维护的工作人员不清楚本地植物和入侵杂草之间的区别。在他们开始维护时，杂草已经长得很高了，工作人员由于缺乏经验，清除了大量较小的本地植物。后来，该机构不得不在第二年购买和栽植额外的植物，增加了项目的成本。
>
> 　　这家机构认为，现场的工作，可以聘请熟悉生态修复项目、经验丰富的现场维护承包商，或者对没有经验的新手进行内部培训，让他们了解如何区分本地和非本地植物。

12.3　杂草管理计划

　　大多数生态修复师需要建立自己的杂草管理系统以适应其生态修复项目场地的需求。有关控制杂草和入侵植物的信息来源，请参考框12-2。

> **框12-2　关于外来入侵植物管控的介绍**
>
> 欧洲杂草研究学会
>
> 美国农业部自然资源保护局　引进的、入侵的和有毒的植物
>
> 美国国家入侵物种顾问网
>
> 美国入侵植物图库
>
> 野生杂草：自然区外来植物入侵者（入侵植物工作组）

　　生态修复项目现场的杂草防治需要制定与农业和园林绿化不同的杂草控制策略、技术和日程表，在农业和园林环境中除草需要重复的机械、化学或者小型工具来消灭所有杂草。通常，在农业和园林领域每年会进行数次杂草清理，而在生态修复项目中进行杂草控制的时间取决于杂草的种类、危害的程度以及设备情况。

　　由于生态修复项目的目的和目标与农业和园林绿化不同，因此杂草控制可以更加具体——例如，仅针对特定的入侵性非本地杂草，而不针对所有杂草。通常，在控制杂草 2 ~ 3 年后，如果不间断地进行防治，则可大大减少控制工作的频率。

只有最具侵略性和破坏性的杂草才需要控制，因此有时要接受甚至鼓励一些"杂草"的存在，因为它们具有防止土壤侵蚀等有益的价值。这类似于在果园里一排排树木之间种植野生芥末草等杂草。

在有些项目中，生态修复师会通过一定的技术来栽种辅助植物。辅助植物不是项目实现最终目标的必要物种，它只是一个中间步骤，无论是来自本地还是外地。这项技术是在某些本地植物面临生存挑战时使用，进行短期过渡。比如，在各种植物准备抢占栽植空间之前，辅助植物可以提供临时的生长覆盖，以阻止其他外来"杂草"大量生长。辅助植物还可以固定土壤；通过种植一年生豆科植物增加氮含量；当辅助植物死亡后可以增加土壤的有机成分；并可以提供比本地植物生长更快的遮阴或防风等功能。重要的是，我们要了解清楚辅助植物与需要改善的目标物种之间的关系。有时候，辅助物种会失控并超过目标物种，因而一个重要的前提是，在将辅助植物应用在场地之前要进行详细评估。

生态修复项目的杂草管理计划的基本目标是创建一个主要为满足本地植物生长的地面覆盖层，以抵御外来杂草的入侵。可以通过迫使杂草种子发芽来实现此目标，然后将其耕种到土壤中，或者使用除草剂或火烧将其杀死，这将消除或显著减少土壤中的杂草种子库。减少土壤种子库后，在栽植本地木本植物之前或之后不久，再使用适合的本地草本种子（通常）在场地上播种。

12.3.1　杂草控制的原则

以下是生态修复场地适用的杂草控制原则，也可适用于自然地区和野生动物管理地区：

（1）经常对项目现场进行调查，以查找并标识任何新的杂草和入侵植物。这是假设我们在场地分析（见第 4 章）中已经识别并评估过杂草和入侵植物，并试图在场地准备阶段（见第 10 章）去控制或根除杂草和入侵植物。

（2）在杂草控制工作中确定目标杂草种类，并设定管控优先等级。

（3）对目标杂草使用选择性的控制策略。除非是准备播种的场地，否则避免使用大规模非选择性技术，比如犁地拖拉机等。

（4）在杂草产生种子前进行控制。如果杂草已经开花，但种子还没有散开，就切除种子部位，用袋子包好将它们运出场地，或者将全部整株杂草移出场地。

（5）识别出杂草后，最好尽快进行除草。这对于优先级高的杂草尤其重要，因为杂草会迅速扩大其范围。

（6）杂草的控制应该基于植物的生命周期。因此，针对一年生、二年生和多年生植物要使用合适的方法。无论在植物生命周期的哪个阶段，我们都应该继续使用已经获得成功的方法。

（7）如果杂草没有产生种子，在根系拔出或铲出之后也不会从根系再生，那么可以把这些杂草放在其被清除的地面上，以覆盖场地。

（8）当土壤湿润时，提拉、拔出或铲除杂草最为合适。

（9）有限地使用化学除草剂，仅在当多年生草本不断生长并且不易用其他方法控制时使用。化学除草剂可能会对菌根、真菌和土壤微生物产生毒性从而对修复场地造成威胁。

（10）在控制杂草时避免干扰本地草本地被植物。

（11）通过清除现有本地植物旁边的杂草，促进当地的地被植物生长，特别是那些无性繁殖的植物的生长。

（12）在场地上适当地重复播种或多种植适合的本地植物，这样杂草不会轻易地再次入侵场地。

（13）在已经栽植的乔木、灌木和地被植物周围保持最少 3 英尺半径范围的区域没有杂草。

（14）使用本地收集或本地适合的种子混合物作为覆盖物。避免使用混入外来物种的种子。注意，请咨询所在地区的专家关于入侵物种是否会传播。在许多情况下，对入侵物种的行为没有完全了解会让项目场地无意中引入新的杂草。

12.3.2　在生态修复场地建立除草优先等级

识别项目场地上的所有杂草是非常重要的，以使最具侵略性的杂草得到集中控制。被视为无害或暂时有利于场地的杂草应保持原状，或仅在优先处理的杂草被控制后再对上述杂草加以管控。这是因为：①项目场地通常都会有大量非本地的杂草；②通常不可能在恢复区控制所有非本地杂草；③各种各样的野生动物物种可以从杂草的某些属性中而获得食物（如种子等）。

通过建立除草优先等级表，帮助生态修复项目现场经理制定针对具体地点的杂草控制策略。在确定项目场地和邻近地区的杂草种类（后者对于通过风传播种子的杂草尤为重要）并研究其生态学特性后，将杂草分为以下四个类别。

1. 优先级 1：非常高优先级

优先级为 1 的一般是指多年生杂草，通常是生态修复场地上最具侵略性的杂草。除了少数例外，它们主要是营养繁殖（多数是地下根茎），其次是种子繁殖。营养繁殖让它们迅速传播，并阻止其他地被植物生长。所有优先级为 1 的物种都被视为是对生态修复区完整性的威胁，应从整个项目区中清除。

2. 优先级 2：高优先级

优先级为 2 的物种主要是二年生草本。它们长势很快，具有侵略性，通常会有牢固的根系。优先级 2 的杂草通常比较大并且多刺，容易成为新种植恢复区的威胁，并使恢复地点的维护变得困难。在恢复区通过种子种植地被植物后的头三年中，应控制优先级为 2 的物种，并尽量将其从这些地区消除。

3. 优先级3：中优先级

优先级为3的杂草可能是一年生、二年生或多年生植物。它们生长相对较慢，通常不会破坏恢复种植或影响现场的维护工作。一般情况下不需要主动控制优先级3的杂草，但是，在某些存在特殊问题的地区，可能需要控制优先级3的物种。

4. 优先级4：低优先级

优先级为4的杂草可以是一年生、二年生或多年生植物。它们生长缓慢，不会破坏恢复植物，也不会干扰生态修复场地的维护。优先级4的杂草一般不需要主动控制。

12.3.3 退化地区的杂草控制策略

致力于灌木丛再生的布拉德利姐妹在澳大利亚开发了一种新颖有效的除草方法（Bradley，2002）。此方法的步骤顺序甚至适合一个人进行手动除草。当然，如果还有一些搭档，则可以划分成多个场地，以利用增加的劳动力。这种除草方法的第一个基本原则是，在相对未被干扰的自然区域开始控制杂草，然后逐渐向入侵较严重的区域清除，并逐步让本地植物进入杂草清除后的场地。第二个原则是在移除入侵植物时尽量避免对土壤造成不必要的干扰，因为覆盖的未经扰动的原生土壤会阻止入侵植物种子的建立。这个方法对于预算有限、志愿者服务良好且有充足时间实现既定目标的地区非常有效。采用以下步骤对于根除自然地区或接近自然地区的外来入侵杂草最为有效，这个方法也适用于一般生态修复场地。

1. 杂草根除：布拉德利法

（1）防止未受杂草影响的区域恶化。首先，要清除在本地植物占主导的区域中单独出现的杂草，或以4~5种为一组的杂草，每年检查1~2次，以清理之前忽略的杂草。根据杂草的种类及其生态生理特征，可能需要更频繁的检查。

（2）提升次优环境地区。选择一处我们方便经常到达并可以观察到本地植物群落和混合群落（杂草与本地植物）之间竞争的位置，混合群落中本地植物对杂草的比例不能低于2∶1。开出一条约12英尺宽的作业带，长度不要超过本地植物在生长季1个月覆盖的进度，给本地植物一些时间进入杂草清除过的地区。如果此作业带的边界位于可能被侵蚀的陡坡上，那么可以清理出一些斑块，但宽度仍需不超过12英尺。几个月之后我们就可以延长这条作业带，我们的经验将决定这条带的长度。

（3）保持优势。在再生的本地植物稳定生长在每个清理区域之前，要抵挡住杂草再生的可能性。本地植物不需要很高，但要形成密集的地面覆盖层。布拉德利姐妹建议不要让光线直射地面，很重要的原因是杂草幼苗经常会出现在道路或空地边缘的裸露土地上，即使相对不受干扰且周围茂密的原生植被也是如此。

（4）谨慎地进入广泛受侵扰的地区。当新生的群落几乎完全由只带有少量杂草的本地物种组成时，便可以更安全地移除杂草。在将理想的原生植被带入该地区之前，不要马上开始清理顽固的杂草。可以通过形成杂草半岛（直径小于 6 英尺的小空隙），并在边缘上开始清理，同时，要处理单株杂草，从本地植物旁边移走单株较大的杂草可以让本地植物生长的更快。这个过程不能求快，只有当本地植物较好地生长并稳定下来后才能开始移除旁边地块的杂草。

（5）保持准确的记录。进行定期调查，并绘制杂草范围图。绘制地图有助于向利益相关者和政府机构人员展示工作进展，同时也为未来工作提供参考。

2. 杂草根除：卫星斑块

在布拉德利方法之后，我们要重点介绍卫星斑块的除草方法。原因是这些"杂草小卫星"的面积增长速度惊人。卫星斑块的面积增长与合并能力要远远超过单一核心区域。图 12-1 显示了卫星群落与单一核心区域面积增加情况的对比。该图假设单一核心区域的面积等于 50 个卫星斑块面积。这个例子中，假设每一个群体，无论大小，每年向外增加 1 英尺，半径增加 2 英尺，该图戏剧化地展示了 50 个斑块如何比单一核心区域的杂草更加高效地长生。

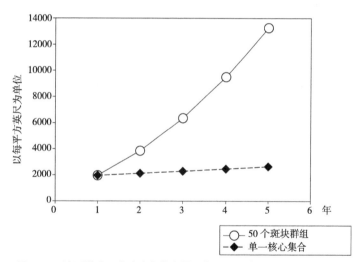

图 12-1　该图说明了在清除杂草方面，控制小斑块群组的重要性超过单一核心集合的杂草。同等的年扩散率条件下，小斑块杂草的面积总和在占领区迅速增加，远远超过单一核心集合的增长面积

斑块内部杂草对向外扩张的影响很小，但是会影响杂草的种子传播。这就是为何除了卫星斑块外，还要试图减少核心区域内部的杂草数量。如果有推土机或者拖拉机这样的设备，那么处理卫星斑块并不困难。这些设备可以快速清理小型斑块，然后集中力量处理核心地区的杂草。但是无论使用哪种设备，重要的是应该首先关注卫星斑块，然后再处理主要杂草种群。

12.3.4　杂草控制时间

确定除草的时间会极大地影响我们在降低总体杂草种群和数量方面的努力。如前所述，只要有可能，入侵植物应该在它们产生种子之前被清除掉，如果等到种子落地后再进行清理，就会需要大量的土壤处理或操作工作。

产生于地中海的盐雪松是北美西部干旱地区的一种入侵树种，其种子只能存活一个生长季。由于没有该物种的种子库，通过消灭新的幼苗和消灭成熟的可产生种子的植株，流域范围内的盐雪松在一个生长季内可以被完全根除。许多志愿者和志愿者团队贡献了时间和设备，从沙漠溪流中清除这类植物，因为他们知道时间对于根除盐雪松至关重要。在许多情况下，去除盐雪松之后，休眠的本地种子库就能够发芽并重建一个多样的水岸栖息地。这些工作的关键是了解物种在环境中的存在方式，并将这些知识作为实现最终目标的优势。

12.3.5　生态修复场地的杂草控制策略

生态修复区通常比自然地区需要更密集的杂草控制计划。由于杂草在大多数项目场地中都是主要问题，因此即使播种了本地植物，也不能期待修复地区会出现 100% 的本地地被植物。如前所述，优先级 3 和 4 的杂草至少在短期内不需要控制，因为它们不会对恢复的植被或维护程序造成严重威胁，也不会增加后期维护的成本。

生态修复项目场地的杂草控制计划应要求彻底消除优先级 1 的物种并控制优先级 2 的物种，通常需要 3 年的后期强化维护。无论是在树木和灌木丛栽培前一年播种地被植物，还是与树木和灌木丛同时播种，或者根本不种地被植物，都应执行对优先级 2 杂草的控制。但是，杂草控制的方法在每种情况下应该略有不同，如下所述。

1. 在栽植乔灌木前一年播种地被植物

这种修复方法，优选的本地地被植物至少要在乔灌木栽种前一年播种。在第一年中，通过在正确的时间、用正确的设备和正确的方式进行修剪，来控制同时播种或在播种的地被植物之后生长的杂草。

从理论上讲，这是最合乎逻辑的除草方法，因为第一年的除草工作可以通过安装在拖拉机上的割草机进行，这可以消除所有优先级 2 杂草以及许多优先级 3 和 4 杂草的种子集合。在杂草结籽前对场地进行 3～4 次修剪，可以让本地地被和多年生草本的种子传播和蔓延。重要的是使用旋转式或镰刀式割草机并调整到高于草茎上方 5 英寸的高度，以免在割草时损害原生草。同样在第一年中，应根据需要频繁地对无性繁殖的优先级 1 的植物手动拔出或者定点喷药将它们清除。这一点很重要，因为如果不加以控制，修剪会促使这些杂草蔓延。

在第二年栽培树木和灌木，以及在第三年期间，对单种杂草的特定控制可以轻松实现对优先级 2 杂草的几近完全控制。但是由于杂草发芽、生长、开花和结实的时间不同，每年可能需要几次检查。在第二年和第三年，应对场地优先级 1 杂草进行调查，如果发现则进行消除。此后，应栽植足够的树木、灌木和原生地被植物，以至不需要进一步控制优先级 2 的杂草。同时，优先级 1 的杂草仍应进行调查，如果发现则应消除。尽管在种植时确立地被植物和乔灌木的栽种顺序可以将杂草尽可能排除在外，但由于预算和时间限制，这种方法并不总是可行的。以下情况则更加典型。

2. 和栽植乔灌木同一年播种地被植物

在这种情况下，比起在乔灌木前一年播种地被植物，场地整备和预先播种甚至比杂草控制更为关键。由于乔木、灌木以及任何购买的容器地被植物、灌溉系统，都会在除草过程中制造障碍，除非植物之间有足够宽的间距，否则很可能无法使用拖拉机割草。一些生态修复从业者在宽阔的行间距中种植乔木和灌木，以便使用拖拉机和割草机。如果要灌溉植物，则需要沿着一排排的树木安装灌溉线网，以防止干扰其他设备的使用。在木本植物和灌溉系统安装完成后，这些行列之间的区域通常会播种地被植物。

在栽植树木、灌木和地被植物的同时，应持续控制优先级 1 和 2 的杂草至少 3 年。如果进行了充分的场地准备并且播种操作成功，则此任务不应过重，尽管与提前一年安装地面覆盖物相比，这可能会占用更多的人力。优先级 1 和 2 的杂草应控制 3 年以期完全消除，尤其是优先级 1 的杂草。此后，恢复种植和维护工作不应受到优先级 2 杂草的阻碍，并且可以停止主动控制这些物种。然而应每年对第一类杂草进行调查，发现后就立即清除。

3. 不播种地被植物

如果没有在修复区域播种地被植物，通常是由于以下原因。

（1）面积较小且可以手动进行杂草控制或存在可接受的杂草地被的情况。在这种情况下，杂草控制可以限制在栽植植物周围的 3 英尺区域内，如果杂草长得很高，妨碍到修复工作或后期维护，则可以在现场定期修剪或除草。仅需要清除优先级为 1 的杂草。

（2）如果修复场地上有厚厚的有机覆盖物，比如稻草堆，则一般不会在修复区域栽种地被植物，因为这些覆盖物会抑制杂草的生长。如果在覆盖物形成覆盖前，地面没有杂草并且覆盖物的厚度至少为 6 ~ 8 英寸，这也将是有效的。在这种情况下，理想的做法是种植本地根茎类地被植物，并促进它们生长以覆盖整个场地。优先级 2 的杂草控制是选择性的，但必须消除优先级 1 的杂草。

12.4 杂草控制方法

杂草可以通过多种方法进行控制，包括燃烧、割草、锄草、切草、环剥、拔除、耕作、掩埋、覆盖、施用除草剂和安装杂草垫等措施。以下关于杂草控制方法的讨论中，描述了三种主要的杂草类型（一年生、二年生和多年生），因为除了在单株植物周围施用覆盖物和杂草垫（最后讨论）之外，每一种杂草的控制方法都各不相同。

12.4.1 一年生杂草

一年生杂草的寿命不超过一年，它们会在几个月内发芽、生长、开花并结实。一年生草本通常通过种子繁殖。这种草本植物有两大类，包括夏季一年生植物（一般在温暖季节生长，冬季作为种子存活）和冬季一年生草本植物（一般在寒冷季节生长，夏季作为种子休眠）。一年生植物应该通过锄、拉和拔的方式割除地面以下至少 2 英寸的植物部分。它们也可能被割草机反复切割而被杀死。当植物开始开花时，在地上刈割最为有效。但是，如果杂草再次恢复，那么需要重复修剪。在生长季节适时使用除草剂是非常成功的，这样不需要大量的重复劳动。

12.4.2 二年生杂草

真正的二年生植物是在第一年发芽生长，然后在第二年开花、结籽、死亡。二年生植物一般只通过种子繁殖。二年生植物有时表现的很像一年生植物，在第一年开花（尽管它们通常会在第二年存活下来），或者表现的很像寿命较短的多年生植物，特别是在温暖的气候下。二年生杂草的管控方式和一年生杂草相似；但是，它们有着更强的恢复能力，因此更难杀死或阻止它们结籽。因此，为了确保能够将其彻底杀灭，二年生杂草通常要被连根拔除。锄地并不是很有效，因为留在地下的根系会再次萌发，因此需要反复处理。移除的根系越多，完全消除的概率就越大。割草也有效用，尽管不能完全杀死它们，但是在开花早期阶段用割草的方式也会有效控制二年生杂草。重复的修剪是必要的，可以清除种子。

12.4.3 对一二年生杂草的基本控制策略

一二年生杂草的主要控制策略是不让它们结实种子。一棵植物能结出成千上万颗种子，消除结实种子并结合栽植有效的本地地被植物可以在 1 ~ 2 年内控制一年生和二年生杂草。优先选择一种方式杀死一、二年生杂草是最好的（连根拔除和锄地等），特别是在目标杂草尚未形成密集分布时，此方法可确保完全控制而无需反复处理（至少在同一种杂草上）。由于杂草混合发芽和生长，可能需要对整个场地部位进行重复处理。通常，只有在目标杂草密集生长的情况下，才应在地面上进行割草或修剪。

如前所述，可能需要采取多种处理措施以防止杂草结实。化学除草剂是控制一、二年生杂草的一种经济有效的手段，但是它们会破坏土壤微生物和菌根真菌，这对于修复的植被和土壤环境至关重要。许多杂草不需要真菌，而大多数本地植物是需要的。

12.4.4 多年生杂草

多年生植物的寿命一般超过两年，成熟后每年都可以开花和结实。多年生杂草通常有广泛的根系，它们或是营养繁殖或是种子繁殖。多年生杂草通常只能连根拔除（当土壤湿润时）或定点施用除草剂才能有效去除。当多年生杂草较小时可以连根拔起，如果杂草较大则需要使用拔除器。连根拔除对于非营养繁殖的杂草来说是首选的处理方法。

大多数多年生杂草是营养繁殖，因此可以使用除草剂进行适当控制。在水边或河道附近使用的除草剂，在使用前要进行登记。使用时应注意仅喷洒目标杂草。如果不刮风，最好使用细喷雾，以减少接触土壤的喷雾量。一些多年生杂草最好使用"切割 + 施药"的方法来杀死，在这种处理中，将杂草的茎切开，并将强力的除草剂溶液立即涂在切开的表面上。

为了达到最佳效果，请按照除草剂的说明在植物的适当生长周期施用除草剂，一般通常是在植物活跃生长的时候。笔者曾经建议联邦政府和地方政府，必须在一年中正确的时间使用除草剂（在植物的活跃生长阶段）。当时，芦竹（*Arundo donax*）已经进入休眠状态，由于没有在休眠期进行清除，芦竹在接下来的生长季节继续蔓延，并且超过了种植在这些地点的河岸物种。结果是浪费金钱，浪费员工时间，丧失生境质量以及不必要地引入除草剂。彻底的消灭是不常见的，在许多情况下，需要重复应用除草技术，特别是对那些难以杀死的物种。为了修复成功，需要在项目场地上彻底杀死杂草，以确保杂草不会干扰修复场地的成熟。

多年生杂草的主要防治策略是彻底杀死它们；其次，如果它们是通过种子繁殖的，则应通过清除种子来限制它们的传播。多年生杂草一经发现最好马上除掉，因为它们大多数会迅速进入到受干扰的土地上，甚至蔓延到植被茂盛的土地上。

12.4.5　地面覆盖物

可以在单株植物周围使用有机覆盖物，以抑制杂草发芽。覆盖物必须足够厚实，以阻挡光线照射土壤，因此有时需要增加额外的覆盖物。在斜坡或者周期性洪水的地区，以及使用洪水灌溉的场地不适合使用覆盖物。注意确保覆盖物是"无杂草"的。如果使用受到有害杂草入侵的秸秆覆盖物来覆盖场地，有害杂草会通过秸秆蔓延到以前无杂草的修复地点。无杂草秸秆一般由种植地所在州农业部门认证，北美杂草管理协会规定了有害杂草的种类。稻草是一种典型的无杂草覆盖物，已经在美国河岸地区和半干旱地区得到很好的应用。

12.4.6　杀虫剂的应用

预防性除草剂可以防止场地上的杂草发芽。在植物生长期或成熟期使用除草剂不但会杀死栽培植物的表面部分（接触到除草剂），而且会通过植物生理路径杀死植物。有些除草剂是有选择性的，也就是它们只杀灭特定类型的植物。应由经验丰富的除草剂专业人员或害虫防治顾问选择合适的除草剂和相应的配方。

使用除草剂之前通常需要特殊的许可证，这取决于项目场地的所有权。在联邦土地上工作需要《联邦农药使用许可证》；在州土地上则需要类似的书面批准。所有除草剂的使用都必须由害虫防治顾问或具有相关执照的人员来实施。所有施药过程都应记录在案，并上报给地方或州的相关机构。

12.4.7 杂草垫

杂草垫（有时也被称为纤维覆盖物）是放置在单棵木本植物周围的片状景观织物，用以遮挡阳光和防止杂草种子进入土壤。这些杂草垫通常能很好地抑制杂草，除非土壤翻到垫上，为杂草种子创造萌发的机会。一般情况下，每个种植点安装一块3英寸×3英尺见方的景观织物，并将四角固定在地面上。纸质材料也可以使用，但是只能使用一年，不像合成纤维可以使用很多年。人工作业包括安装和移除杂草垫，在每棵植物的附近仍然需要人工除草。

12.5 外来昆虫和动物物种的控制

在某些情况下，入侵或避难的动物会对本地物种或本地植物群落构成重大威胁。一个常见的威胁是将海洋生物从一个区域带入另一个区域，无论是在同一个大陆上还是跨越海洋。由于航运业的发展，斑马贻贝和淡水蛤蜊在世界许多地方很常见（Cox，1999）。在早期大航海时代，山羊、猪和其他动物被引入到太平洋各岛，为后来的探险者提供食物，这些动物的出现严重破坏了美国各地的许多植物群落，并造成大量鸟类、哺乳动物和爬行动物物种的数量下降。

控制外来动物需要一种类似于控制外来植物的方法模式，但是由于动物的可移动性，有条不紊地进行控制是难以做到的。有几个捕捉有害动物的方案，比如引入红狐、挪威鼠和家猫等。试图完全消灭某些外来物种可能是做不到的；相反，把目标定为将数量控制在某个较低的水平，以便退化群落中的本地物种能够在适合它们重建生态功能的水平上得到恢复（框12-3）。方案的持续性是关键，尤其是当无法消除入侵源时。

框12-3 经验学习：临时性的动物干扰可能对项目的成功至关重要

在深秋，某个机构在重新连接的河漫滩上安装了很多插桩，以稳固新栽植的本地树木，这些植物将为本地野生动物创造水岸栖息地。当年的冬天，工地被几英尺高的积水淹没了好几个星期。第二年春天的一次现场检查发现，有很多海狸进入了场地内，将插在水面以下的插桩围绕起来，导致插桩倒伏，由于缺乏支撑，很多植物都死了。海狸是本地原生动物，在恢复的河岸森林中出现是好事情。但是，它们的提前到场导致植被破坏，需要重新种植，因此需要增加临时的植物保护和动物控制，以让栖息地有足够的时间成熟。

该组织认为，在植物栽植初期，包括后期维护阶段，可能有必要禁止或管理一些动物，即使它们是本地的物种。

第 13 章

监测和评估

监测具有一项重要功能：提供数据信息，以便在项目发展中随时进行评估。监测数据会引起某些方面的响应，即"什么都不用做"的响应。应考虑影响项目的所有因素，此时提出的响应将是明智的。对生态修复项目做出任何明智的决策前都需要一份理想的监测报告。

13.1 监测的目的

对于任何生态修复项目来说，监测都是重要的步骤，尽管如此，监测似乎并没有受到应有的重视。通常情况下，项目会有充足的资金用于植物栽培和群落建立，但没有用于监测的资金，因为它被认为并不重要。我们已经观察到几个项目失败的原因完全是由于缺乏监测以及在出现问题时没有采取纠正措施的计划。非营利组织和政府管理机构不断面临着发展监测程序的挑战，这些程序将以经济高效的方式提供所需的数据。在许多情况下，这些信息可以用来修正未来项目的设计方法，或者至少用于有效的修改。

监测生态修复项目的主要目的是确定项目是否达到了项目投资人和利益相关者共同的目标。监测计划和具体措施是在规划阶段制定的，并在设计阶段进行完善。

无论我们为修复项目付出了多大的努力，都应始终在项目管理计划中包括一个监测的组件。在此，我们确定了监测计划的三个目的。目的一，生态修复项目的监测主要是记录项目场地发生的情况。这是评估项目进度的一种方式，监测有助于评估现场或现场的一部分使用的特定技术或材料的性能状况（图 13-1）（Clewell，1999）。一个项目可能会使用各种技术和方法，技术方法的有效性可能需要测试，因为并非所有的技术都可以通用。将试验性设计纳入到总体项目设计中应进行更严格的评估（Kentula 等，1993）。

由此引出了监测的第二个目的：建立一个用于后续项目计划的数据库。通常会出现一些与生态修复项目期望相关的问题，并且具有先前项目的数据库及其执行方式将为利益相关者和团队提供信心。另外一个好处是，可以在不同的条件或环境下，当场地的反应迫使我们放弃一些技术时，可以采用不同的材料或通常不会用到的方法。

第三个目的是验证项目是否按设计方案执行并符合目标或成功标准。这些要求可能是由

图 13-1　在这个维护不当的例子中，一棵被忽略的树苗由于不必要的、过紧的捆扎而永久受损。一般来说，不应该用木桩固定植物；相反，苗圃生产应确保植物能够自由地对自然做出反应，并适应性生长。然而，当需要立桩时，一定要使用监控设备以防止植物受损。如果确实需要立桩，最好采用两根木桩并进行松散的双环捆绑（John Rieger 摄）

我们、我们的团队、赞助人或者政府管理机构在该项目的各种目标的比较中产生的，符合或遵守这些准则通常也是获得许可的前提。

　　在收集描述自然环境的数据时会使用各种方法和技术（Southwood 和 Henderson，2000；Manley 等，2006）。知道要收集什么数据是一系列决策中必须要做的第一步（Karr 和 Chu，1999），根据提出的问题和所涉及的资源，制定具体的方法以最好地反映环境情况。我们应该收集那些与目标和成功标准直接相关的数据，数据收集的精度应能提供可靠或持续的信息，以检测任何变化。这些数据集会帮助我们评估生态修复项目的实时状态。

13.2　建立可行的监测方案

　　在制定一个为利益相关者服务的监测计划时，对项目的目标有一个清晰的了解是绝对必要的。能够清晰地表达目标，或说明现在的发展趋势正在向实现修复目标前进，这是向利益相关者传达承诺的重要因素。可能有必要进行一些试点研究，以验证监测方案是否能持续收集到可用的数据。要确定设备的正确使用、收集数据所需的时间，以及在项目监测阶段所有参与者是否都能充分理解这个监测方法（Margolius 和 Salafsky，1998）。

　　收集的具体数据和收集频率会直接影响监测的预算。表 13-1 列举了在多个项目中监测的属性和特征，并提出了建议的采样频率。监测频率最终取决于项目目标、场地条件、预算以及各利益相关者的需求等内容。

恢复点监测的特征、属性和频率　表 13-1

特征	措施	监测频率
水文	盐碱度	每月
	土壤间隙水盐度	每季
	不同潮汐周期的水位	潮水周期
	距离进口的潮汐流量	潮水周期
	潮水冲刷频率	每年
	流量	季节性
	地下水位	每月或至少按季度
	洪水	发生时
	降雨量	在雨季的每一周
地形	高程	暴雨或洪水开始以及之后
	坡度	暴雨或洪水开始以及之后
	特殊地区	每年植被开始成熟后，暴雨或洪水开始以及之后
土壤	土质	项目开始时
	有机物情况	场地评估阶段
	有毒物质	场地评估阶段
	氧化还原反应的可能性	在植物死亡时进行诊断
营养动态	沉积物和孔隙水中的无机氮	修正初步计划；如果长势不好需要重复操作
	凋落物分解	每季
维管植物	植被覆盖和栖息地航拍图片	每年
	高度和主茎长度	每年生长季结束时
	植物生长量/生物量	一年两次
	维管植物的覆盖	每年
	珍稀植物的板块大小或种群	每年
	一年生植物密度	每年
	物种多样性	每年不同时间在场地捕获的所有物种
捕食者	微生物和分解生物	每年
	水生昆虫	季节性
	陆生昆虫	季节性
	传粉者	季节性
	捕食性昆虫	温暖季节
	鱼类	每年或季节性
	鸟类	非繁殖季内每周进行；如果在区域内迁徙，需要相对应的监测频率
	爬行动物和两栖动物	繁殖季内每周进行
	哺乳动物	繁殖季内每周进行

理想情况下，应在项目目标最终确定后制定监控计划。但是在许多情况下，完成项目的目标是第一位的，整理监测问题的工作变得次要。后期频繁发生人事变更，或者另一个组织在项目完成后承担监测工作等都是项目维护阶段的常见问题，如果我们在没有计划的情况下开始项目监测，那么我们需要立即制定一个监测计划。下列问题不仅有助于那些从项目一开始就进行监测的工作人员，而且也有助于那些已经在进行中或进入项目后期阶段的监测人员。该清单旨在帮助制定一个高效的监测计划，以满足各种投资人和利益相关者为项目建立参数。

（1）为什么要监测？

（2）项目的总目标是什么？

（3）项目的分项目标是什么？

（4）这些变化在可预期目标中吗？

（5）是否制定了评估或绩效标准？

（6）评估或绩效标准是否与描述的目标相关？

（7）有没有额外的替代标准？

（8）这个标准是否包含了自然变化？

（9）评估标准是否由经验数据或管理要求来决定？

（10）标准是根据参考场地而制定的吗？

（11）符合标准的时限是多少？

（12）这一时限的依据是什么？

（13）正在收集哪些数据？

（14）收集的数据是否与既定目标相关？

（15）数据收集的频率是多少？

（16）数据收集的频率是否是由生物属性决定？

（17）有哪些取样方法？

（18）所使用的监测协议，是否其他生态修复师在类似情况下也使用过？

（19）这些方法是否适合特定的项目？

（20）是否有更有效的方法来收集数据？

（21）是否可以使用或稍微修改标准化采样协议，以便将我们的生态修复项目数据与同类型生态系统中的其他修复项目进行比较？

（22）是否有可能重新考虑数据收集的方法、频率和数量？

（23）监测期有多长？

（24）监控持续时间是由监测性能决定还是由规定的时间来决定？

（25）项目的规划和设计是否能够自我维持？

仔细评估我们选择的监测目标。一般情况下，监测的重点是植被生长发育情况或水土方面的生化状况（如果存在）。但是，如果选择监测的动物物种以前从未在场地出现过，那么我们可能要冒一些风险，因为必须在监测时间段内依赖某个合适的栖息地。笔者曾经参与过的一个项目，在项目设计开始前被要求对项目设计前收集的植物群落数据库以及濒危物种的筑巢记录进行核实。

如今，已经开发出了几种方法用来记录监测数据，从简单的目测到长时间详细的抽样分析以及随后的统计分析（Krebs，1989）。一旦确定了数据收集的类型，还需要保持数据收集的一致性，这是监测的一个关键属性，它让长期积累的数据可以进行比较。监测方案的制定者应该牢记项目的最终目标，并且使用合适的方法来确保最终结论是通过收集的数据来支撑的（Margoluis 和 Salafsky，1998）。

监测方案中应包括数据抽样方法、所需的数据表和各种数据集所需的统计分析的详细资料。为了满足各种研究工作的需要，人们开发了许多取样方法和技术，基于项目的要求将确定哪些方法更合适。这里讨论了几种反应直接并有效的数据收集方法。

13.3　数据收集方法

现今，有许多采样技术可以使用。根据所需的参与程度和采样频率，应选择那些简单直接且成本最低的方法。此外，针对物理和生物资源将使用不同的方法，从而增加监测领域的复合性。应仔细选择我们需要监测的参数以符合规划目标。

13.3.1　物理环境

收集地形数据可以使各种湿地和河流系统修复项目受益。河道的坡度、横截面的长度和形状，以及浅滩的沉积和位置都是影响河道功能的特征。在干旱地区的一个例子中，Tongway 和 Ludwig（2011）对澳大利亚草原的高程进行了监测以控制水的分流，这最大程度地实现了其生态修复项目的目标。

在湿地系统中，由于水化学是生态系统的主要驱动力，因此对其进行监测就显得尤为重要。数据的收集包括温度、浑浊度、pH 值，溶氧水平、导电性和营养水平（Howell，Harrington，和 Glass，2012）。探测井和水位计的使用将提供水位随时间变化的数据。

13.3.2　生物资源

常见的动植物采样方法包括目测、断面、绘图、点计数和领地绘制等。这些技术的详细描述已在各种文本、现场手册和生态学参考文献中发表（Bonham，1989；Elzinga，Salzer 和 Willoughby，1998；Elzinga 等，2001；Morrison，2009；Sutherland，1996；Southwood 和

Henderson，2000；Krebs，1989）。无论选择何种方法来收集数据，都必须遵循所述方法来执行并满足所有前提条件，这一点很重要。通过这样操作，我们能够对具有可量化数据的技术使用统计分析。

视觉记录是最简单的数据收集方式。如果项目目标只是记录存在或不存在的情况，那么这种方法就足够了，在项目现场周围的一系列精准定位的拍摄站点，通过特定的视野，不仅可以记录修复前的情况，还可以长期监测植被随时间成熟的过程。这种方法在统计分析方面的能力有限，但是在编写报告、专题介绍和出版物方面具有重要价值。监测野生动物可以使用多种摄影方法，包括动态摄影、红外照相以及延时摄影等。

声音记录仪用来捕捉蝙蝠飞过上方发出的声呐信号。这些设备也可以被声音激活，并且通过多种电子组件，可以长时间收集和下载数据。

垂直断面法也是数据收集的常用方法，可以用于动物和植物群落中，收集的数据有可能在许多不同的统计应用中发挥作用。和断面技术相似的是线截距法，即植物在穿过一条线的地方被记录下来。除了确定物种丰度和垂直分层外，还可以计算该条线的覆盖率。

测绘法是对于相对分散的小型植物、草本等进行取样的技术。对木本植物来说，测绘尺寸范围在 0.1 ~ 1 平方米之间，测绘对数量统计是准确的。

点计数和标记法用于统计鸟类数量，常用于记录鸟类繁殖情况，特别是对于栖息的鸟类。点计数需要很大范围，以保证覆盖范围不会和相邻区域重叠。

领地地图用于在相同地区重复出现鸟类、某些爬行动物和哺乳动物的调查记录，这些观测结果的合成图将会生成领地地图。诱捕、标记和重复诱捕、追踪、移动围栏和网捕法是应用于验证小型到大型哺乳动物、鱼类和爬行动物存在的几种技术方法。根据物种的不同，诱捕可能非常耗时，并可能需要大量的设备，也可能需要州或省的许可证、认证或其他授权。

痕迹（如脚印）、鹿角记号、啃食边缘和排泄物等都是证明物种存在的好方法。在某些情况下，通过适当收集方法，可以对收集的数据进行统计分析。

13.3.3　监测协议

标准化的监测协议已经应用于监测自然环境条件、植被和野生动物种群等方面，监测协议的使用对于跨越时空比较监测结果至关重要。在北美地区负责管理濒危物种、稀有物种、受威胁物种或敏感物种的机构已经制定出许多监测协议内容，这些协议包括了前面讨论过的许多监测计划内容，并增加了每类有关物种的具体情况，比如一天中的监测时间、当天的采样时间、总采样时间、采样频率以及合适季节内的取样日期等。除了这些既定的监测协议外，这些机构还要求对采样人员事先进行测试。在设计项目的监测计划之前，应该熟悉项目所在地区使用的标准监测协议内容。

13.3.4　总体预算和资源需求

在栽植阶段完成后，此时，生态修复师将承担持续的管理义务。如前所述，这项任务可能是季节性或年度性的，强度不一。通常情况下，项目越接近自我可持续，生态修复师应承担的管理任务就越少。当然，如果项目的目标是某个生态系统或植物群落的特定的某个中间阶段，由于某些阶段很难达到成熟，那么生态修复师的管理职责就需要采取行动以保持生态循环过程。一个很好的例子是英格兰荒野区和北美中部大草原，那里经常应用火来维持生态周期。

作为缓解措施，在项目完成后通常需要一个场地维护时期，并且会持续好几年，我们称之为栖息地管理阶段。在这段时间通过植被群落的自然发育，场地逐渐成熟并发展出其他栖息地特征，而在栖息地管理阶段最重要的活动之一就是监测。由非政府组织和环境保护组织开展的项目应制定定期监测计划，在达到目标或成功标准之前一直都需要进行监测。此后，除了完成生态修复项目外，监测还将因为某些研究目的而持续下去。

由于监测在很长一段时间内要承担重大的资源调查义务，因此在生态修复项目的规划和设计阶段，重要的是要了解监测需求以及正确分配资源并确定设备和供应需求的方法。在规划阶段获得这些信息并应正确告知项目利益相关者如何为监测提供资金和执行要求。

13.4　成功监测的要素

无论是有偿的还是自愿的，采样人员的经验水平可能会改变项目的监测方法或采样技术。通常，一旦采样方法和其他问题得到解决后，监测就变成了非常简单的几个测量步骤。这些措施可以由志愿者完成，并且他们可以提供用于分析项目的极有价值的数据。但是，某些技术可能会禁止志愿者参与，了解这些条件将有助于我们完善监测计划，从而可以充分利用资源。

13.4.1　连续性是关键

在进行监测时，连续性是最重要的。数据检验会有一些假设，必须满足这些假设才能得出有效的结论。在监测项目的规划阶段，和专家协作以获得所需的指导，确保通过可靠并可重复的方式来收集数据。

"连续性"不仅指数据收集方法的可重复性，还包括数据收集的时间。需要确定采样间隔，并确定采样的周期。确定数据收集的连续性的一个重要因素是让采样技术容易理解并传达给其他人，无论是项目中的专业人员还是志愿者，一个项目经常会有人加入或离开，在制定监测计划时需要从一开始就考虑这个现实情况（图 13–2）。

图 13-2　专业人士和志愿者在实验地块上收集数据，研究树木保护装置、凝胶悬浮水（DriWater）和腐殖酸对植物存活率和生长速率的个体和群落的影响。美国加利福尼亚州，圣地亚哥（John Rieger 摄）

13.4.2　依靠志愿者协助监测活动

志愿者的局限性主要在两个方面：第一个也是最重要的，是持续性；另外一个就是工作能力。我们会让同一个人在整个采样周期做同样的工作吗？如果采样周期只有几件事情，这可能不是问题。但是，采样计划可能会在项目生命周期内按期进行，将采样工作分割成要求不太高的部分会产生更好的结果。适时变换任务也是必要的，因为人们有其他工作，并不能总是遵守我们制定的工作计划表。

另外，是要有关于采样技术清晰简洁的说明，这也很重要。举办研讨会或其他类型的培训将减少因不同的任务而产生的执行变化，这种情况并非只针对志愿者。因此，最好编写一份技术手册，充分说明在何处、如何确定采样位置以及如何确定采样方法。在合同中很难完全解释监测的操作过程，所以一定要包括允许检查和调整的条件或试验期，以确保监测过程符合项目的预期。

13.4.3　保持良好的监测记录

无论由谁执行监测工作，所有记录都应以统一格式保存在一个地点并保持更新。所有数据表格或页面必须注明日期（日－月－年）并由记录人签名，这方便其他人以及任何监管或管理组织查阅这些信息。数据结果的公布常常被忽略，但却是很重要的工作——公布监测的结果，通过分享成功的经验或失败的教训来促进生态修复实践，这甚至要比收集数据时满足统计分析的严格要求更重要，数据可以被其他人通过相似或相反的场地条件情况进行比较。

13.4.4　研究咨询委员会

建立研究咨询委员会可以使大型的、复杂的、对环境或政治敏感的项目受益。该委员会可以协助监测工作，并促进研究团队和土地管理者之间的沟通。委员会还可以让生态修复人员理解管理的重点和可接受的适应性管理策略，允许同行审查和质量管控，减少冗余，协助制定研究重点，并加强研究和应用科学之间的联系。

13.5　评估

监测工作的基本目的是收集可以与参考场地对照或某些既定标准进行比较或判断的数据。可以在项目启动前就进行监测，以记录当时的场地条件。曾经的一个项目，对超过地下水位的情况进行了 1 年时间的监测，以了解水位如何随季节变化，并为我们确定修复场地的水位高度提供参考。监测水化学物质是生态修复项目较常见的收集数据的方法之一，此外还包括野生动物出没的情况等。项目前监测是一项有价值的任务，因为它提供了与栽植后进行对比的信息。马里兰州切萨皮克湾（Chesapeake Bay）的白杨岛（Poplar Island）是一个复杂的项目，其中有多重因素会影响项目的结果，进行施工前监测是为了提供参考，以便比较施工后对项目的影响（框 13-1）。施工前监测也可以用来向人们解释这块场地在被成功修复之前已经退化到何种程度。

框 13-1　重点项目介绍：监测数据可以帮助项目经理调整大型项目的规划管理需求（自适应管理），以提高项目成功率

地点：美国马里兰州白杨岛（Poplar Island），Paul S.Sarbanes 生态系统修复项目

白杨岛的 Paul S.Sarbanes 生态系统修复项目可以作为有效利用河流疏浚物的样板。这个项目涉及 11 个不同组织间的合作，包括联邦机构、州政府部门和两所大学，是一个非常大的项目。美国陆军工程兵团、马里兰港务局和马里兰环境保护局是主要出资方，在项目管理中发挥重要作用。

该项目位于马里兰州安纳波利斯以南 17 英里的切萨皮克湾（Chesapeake Bay），旨在"恢复切萨皮克湾的岛屿栖息地"，目的是创造偏远而多样化的岛屿生境，恢复白杨岛的静水栖息地特征，促进水下植被恢复；创建/增强潮汐湿地以提供鱼类和野生动植物栖息地；并在恢复的湿地内建立一个裸露或植被稀疏的岛屿，为鸟类提供筑巢栖息地。

　　白杨岛的最终计划是恢复1140英亩半湿地半高地环境（各570英亩），这与1847年白杨岛的生态结构大致相同。湿地主要位于岛屿的东部，其余地区为森林和草原高地。在570英亩的湿地中，80%是植被低矮的沼泽地，剩余20%是植被较高的沼泽地。该岛有空间和条件接收从巴尔的摩进港航道清理出的4000万立方码的疏浚物。

　　清淤并转移疏浚物到白杨岛的成本约为12亿美元，预计到2041年完工。从1998年开工以来，到2001年，该岛的外围堤顶已经达到平均低水位以上10英尺。该岛被划分为大约40英亩的单元，用于容纳疏浚和后续栖息地恢复，这个方法适合镶嵌式种植，并在接收所有疏浚物之前，岛屿的其他部分要完成栖息地创建。

　　在项目施工前（1995～1996年）项目团队就开始进行了水质监测，在白杨岛一期和二期围堤施工期间（1998～2001年）进行了浑浊度监测。浑浊度的标准在施工期和完工后需要持续监测以确保符合要求。监测的典型参数包括浑浊度、盐度、电导率、温度、溶解氧、总悬浮物和营养物（氮和磷）。此外，监测工作还包括对含氯农药、多环芳烃（PAHs）和多氯联苯（PCBs）等的分析。

　　随着新的栖息地的逐步建立，对栖息地内的动植物开始进行监测以评估修复的效果和功能。栖息地的选址与水位直接相关，在低矮沼泽地中，疏浚物填埋可以增加沼泽地的边缘形态，为白杨岛的堤岸增加多样性，堤岸以外是岩石海岸线和浅水区。潮汐变化为多种动物提供了不同水深、滩涂和海岸线，尤其重要的是，为水下水生动植物提供了得以生存的栖息地，成为切萨皮克湾的重要栖息地。水下植被在海湾中具有重要的生态作用，为水禽、鱼类、贝类和无脊椎动物提供食物和栖息地。此外，水生植物制造氧气，过滤沉淀物，并通过减缓波浪作用保护海岸线免受侵蚀。

　　2002年，项目组对哺乳动物、爬行动物和两栖类动物进行了调查。这些哺乳动物包括海狸、白尾鹿、河獭、浣熊和家鼠，这些物种不是项目引入的，而是来自附近的岛屿。褐水蛇、响尾蛇和美洲蟾蜍也被记录在案。水龟的出现尤其重要，因为它们在大陆海岸线上的栖息地经常受到人类建设活动的严重干扰。在白杨岛上我们发现了100多个水龟巢穴，这一令人兴奋的发现促使项目增加了水龟栖息地的围栏保护，以防止土拨鼠进入仍在施工中的项目场地。

　　为了项目的成功，需要对外来物种进行控制，最需要注意的就是芦苇（*Phragmites australis*）和疣鼻天鹅（*Cygnus olor*）。

　　已经开始的野生动物管理工作包括栖息地改善，例如种植灌木，设置树桩等。一个全面的野生动物管理计划已经开始实施，并为以后的栖息地保护工作提供指导。筑巢结构已经安装，以吸引鱼鹰和燕子，以及其他需要洞穴的动物前来筑巢，已经启动的监测工作还包括对捕猎者和杂草等方面的控制和监测，以及对野生动物、湿地生态系统发展的监测方案。

如果制定得当，收集的数据会显示出项目场地的具体特征，以便对遵守或达到某一特定标准或一套标准进行独立的比较或评估。土壤化学成分、遗传物质差异或对种子、植物材料的捕食可能会改变植物的生长性能，这些以及一系列其他状况可能会经常出现。有时，这些变化表面上不明显，只有通过数据分析后才能看到。当它被发现时，让合适的团队成员参与讨论可能对后面的影响变得非常重要。

Tongway 和 Ludwig（2011）提供了几个非常好的案例，说明了监测结果是如何影响利益相关者做出调整或重新审视项目的。只有通过监测和评估数据，才能采取相应的补救措施，并产生预期的效果。另外一种情况可能是发生了意外事件，而结果却是正常的。在许多情况下，这些单一事件会随着时间推移而自我调整，"无为而治"的方法可能会有效。或者，有时缺乏性能表现的原因是未知的，很有可能需要进行一个详细的调查以确定项目之前的场地调查清单是否完全执行（如土壤化学分析中的重金属含量）。无论响应计划如何，重要的是必须要有充分的推导过程、响应行动，以及必要的进一步讨论和时间表。归根结底，无论有过人类干预还是自发形成的自然系统，都会由于场地的不同而表现不同。根据建立数据的轨迹，检查收集的数据会提供额外的信息，可能会指导我们向另外一个方向发展。因此，我们敢决定要执行生态修复的"常规动作"吗？

第 5 部分

项目统筹

我们希望这本书能够揭开对于如何完成一个生态修复项目的大部分甚至全部谜团,虽然不是所有项目都类似,但在书中所讨论的生态修复过程可以应用在所有项目中。下文中所列举的一个小项目,展示了我们的生态修复理论框架在实际中的应用。本书回顾了与生态修复相关的重要规划策略和管理原则,并不厌其烦地强调生态修复群落的重要性,同时,交流经验,以及和同行们相互学习是获得和丰富实践经验最好的方式。

第 14 章

案例项目

在本章中，我们会将前面讨论的重点结合起来，通过具体案例的引导，将修复规划和设计的主要步骤联系起来（图 14-1）。我们从一个已完成的生态修复项目中选取项目文件进行讨论，这些是项目文档的摘录，并附带说明以供参考。因为规划文件内容太多，本章只能选取其中的一部分，以解释某项技术或者某个具体要素。

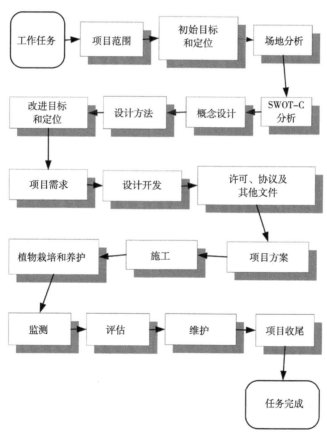

图 14-1 洛斯佩纳斯基多斯峡谷保护区（Los Peñasquitos Canyon Preserve）生态修复项目流程图

14.1 项目背景：洛斯佩纳斯基多斯峡谷保护区

20 世纪 90 年代初，本书的两位作者当时在加利福尼亚州交通运输部（Caltrans）工作，为附近的一个高速公路项目制定了一个生态缓解计划，缓解计划要求建立 3 英亩的南方柳树灌木植被。作为项目发起人，加利福尼亚州交通运输部承担了该任务，经过分析，笔者设计了一个生态修复项目，以满足监管机构提出的生态缓解要求。我们进行了场地适宜性分析，并调查了几个备选的参考场地，监管机构的工作人员帮助项目组确定了洛斯佩纳斯基多斯峡谷保护区（Los Peñasquitos Canyon Preserve，缩写 LPCP）作为生态缓解项目的合适区域。

笔者与公园所有者、圣地亚哥县公园和娱乐局、圣地亚哥市、监管机构和当地社区规划小组合作，制定了一项全面计划以恢复洛斯佩纳斯基多斯峡谷保护区内范围约 3 英亩的土地。洛斯佩纳斯基多斯峡谷保护区位于圣地亚哥中心地带，有一个面积约 3400 英亩的开放绿地从东到西穿越保护区。圣地亚哥郡是保护区的主要权属人，负责保护区的运营和维护。

洛斯佩纳斯基多斯峡谷保护区最早形成于 19 世纪 60 年代，曾经是一个繁荣的牧场，由于早期西班牙的土地出让，这个牧场从最初的 4230 英亩迅速增加到 14000 多英亩，主要农业活动包括畜牧业（主要是牧牛）和一些粮食作物。从历史上看，洛斯佩纳斯基多斯河是一个多样的、繁荣的水岸栖息地，河床附近以南方柳树丛为主，溪流旁有郁闭的总状悬铃木（*Platanus racemosa*），加利福尼亚州栎（*Quercus agrifolia*）和三角叶杨（*Populus fremontii*）。峡谷北坡上覆盖着厚厚的常绿阔叶灌木丛，南坡则是海边鼠尾草灌木丛。当牧场经营如火如荼之时，许多原生峡谷底部的植被已经被改变，包括砍伐植被让牲畜吃更多的草并获得水源，砍伐河流两岸和峡谷底部的原生乔灌木以为生火之用。

到了 20 世纪 60 年代，圣地亚哥县收购了洛斯佩纳斯基多斯牧场（图 14-2），于 20 世纪 70 年代中期建立了洛斯佩纳斯基多斯峡谷保护区。设立保护区的目的是保护和加强峡谷的自然资源，保护牧场的历史核心区，并作为展示加利福尼亚早期牧场生活的博物馆。保护区的其他目标包括修复自然植被，保持远足、自行车骑行、慢跑和马术等娱乐性项目的使用。保护区也为中小学生提供科普教育，让他们更多地了解加利福尼亚州早期的牧场生活情况。在 1987 年，由我们制定了一个保护区总体规划草案，为县公园部门提供保护管理的总体框架，用来保护、管理、恢复并增强这一地区的生物多样性，这一地区是南加利福尼亚州最后一个未被拦蓄成水坝的峡谷。除了提升自然资源（包括本地植被、野生动植物、溪流和峡谷壁）状况的目标外，总体规划草案还特别提出了生态修复目标是恢复到 1962 ~ 1872 年即牧场刚开始经营时期的面貌，修复目标同样适用于核心保护区内的原有牧场建筑（黏土建筑），以及峡谷植被群落的保护。

图 14-2　修复后的约翰逊·泰勒牧场黏土屋，该历史建筑始建于 1860 年前后。美国加利福尼亚州，洛斯佩纳斯基多斯峡谷保护区（Mary F.Platter-Rieger 摄）

图 14-3　修复后的泉水屋。曾经遭 40 棵棕榈树破坏的历史悠久的泉水屋。移除这些棕榈树是县公园局提出的项目要求。美国加利福尼亚州，圣地亚哥（Mary F.Platter-Rieger 摄）

14.2 规划

该项目范围是在洛斯佩纳斯基多斯河岸上3英亩的南方柳树灌木丛，并在峡谷底部建立水岸植被群落，尽可能呈现1862～1872年时期的状态。修复规划采用"历史重建"的设计方法，要求将3处大规模非本地桉树群（*Eucalyptus* spp.）进行移除，这些树木已经占据了峡谷保护区的范围。项目组使用了档案照片和19世纪的印刷品作为参考，通过保护区工作人员和洛斯佩纳斯基多斯峡谷保护区之友（Friends of Los Peñasquitos Canyon Preserve，简称FLPCP）等公益组织获得历史信息，历史照片显示，项目区曾经分布着多种水岸植被，包括悬铃木、三角叶杨、木薯和橡树等。此外，项目组还对附近溪流进行了实地调查。

通过使用公园绿地来缓解公共项目的投入，县公园部门还要求项目组移除几棵位于历史遗迹泉水屋附近的棕榈树（图14-3），这些棕榈已经逐步开始破坏建筑地基，然而，在泉水屋以外，对建筑没有影响的5棵历史久远的棕榈树将保留。

风景园林师与加利福尼亚州交通运输部的生物学家协商，制定了项目计划和投标方案。加利福尼亚州交通运输部建设处负责项目施工的合同，该项目交由一个承包商来实施。本项目的编制文件和主要内容包括：

（1）场地分析，1991年2月；

（2）概念规划，1991年4月；

（3）项目方案，1991年6月；

（4）项目开工，1991年9月；

（5）植被栽培和播种，1992年1月；

（6）剩余部分施工，1992年6月；

（7）与加利福尼亚州渔业和野生动物管理部门签订相关的河流修复许可协议，1994年11月；

（8）年度监测报告，1992～1994年；

（9）完成植被栽植，1995年5月；

（10）移除所有地上部分的项目辅助设施，1995年7月；

（11）项目完工，1995年11月。

14.2.1 项目目标及定位

该项目要满足高速公路的生态环境缓解要求，项目组确定了三个具体的修复目标，以及每个目标下的具体策略。

1. 目标1

建立3英亩可自我维持的南方柳树灌木栖息地，其环境特征要类似于19世纪60年代早期的洛斯佩纳斯基多斯牧场。

基于目标 1 的策略：

1-01，在栽植和播种之前，移除项目范围内所有非本地植被；

1-02，将场地上 6 ~ 8 英寸表层土、落叶和垃圾等彻底清除；

1-03，在 10 月 15 日之前开始树木栽植；

1-04，按照设计方案在洛斯佩纳斯基多斯峡谷保护区内栽植 3 英亩的南方柳树灌木；

1-05，根据需要使用围栏或 / 和植物保护设施，以确保免受草食动物破坏和人为故意破坏；

1-06，在项目完工后的 3 年内，从现场移走所有物理设施（如围栏、灌溉等）。

2. 目标 2

保护项目区域内的历史环境特征。

基于目标 2 的策略：

2-01，5 棵靠近泉水屋（遗存的老建筑）的棕榈树要进行处理；

2-02，在项目实施和监测过程中，保持公园小径的功能性使用，并最大程度地减少 3 英亩场地内和附近的用户干扰；

2-03，为重型机械建立专门的道路，以防止机械振动对黏土建筑的影响。

3. 目标 3

保护项目范围内现存的本地植物。

基于目标 3 的策略：

3-01，在开工前，现场确定施工工段和储存区域，并清晰地划定边界；

3-02，在开始签订合同之前，绘制一份详细的本地植物分布图，并在现场确定位置，使用标记或围栏在施工区域划定保护范围，以供承包商使用。

14.2.1.1 场地分析

项目组成员制定了详细的场地分析计划。在实际调研之前，我们研究了卫星影像、地形图、公共设施规划、土地利用情况以及从县政府部门获得的其他前期报告，综合起来，这些文件提供了有关项目场地的历史和各种问题的宝贵信息。使用附录 10 中的场地分析清单并记录了现场分析调查的结果。利用清单中的信息，可以制定一个概念方案（图 14-4）。场地分析清单提供了一个机会，既可以记录观察结果，也可以记录由现场出现的问题所引起的任何行动计划。

14.2.1.2 SWOT-C 分析

在场地分析期间就可以进行初步评估，并根据场地的优势、劣势、机遇、挑战和限制对场地分析清单进行分类。在场地分析和现场调研之后，项目组总结调查结果并制定了 SWOT-C 分析列表：

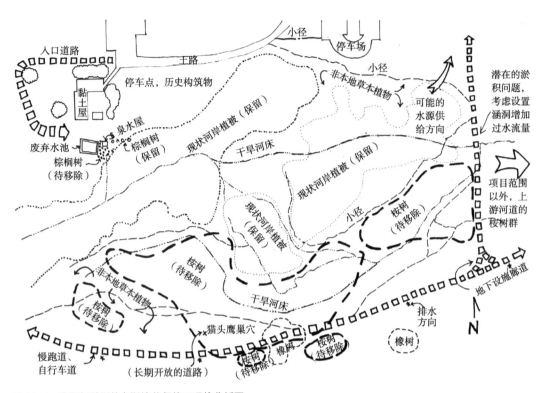

图 14-4 洛斯佩纳斯基多斯峡谷保护区现状分析图

1. 优势

（1）现状保留的悬铃木、栎树和香根菊属植物；

（2）常年流动的河道；

（3）湿地土壤结构完整；

（4）峡谷壁作为缓冲，将河流区域和邻近居民区分开；

（5）积极参与的县公园部门管理人员。

2. 劣势

（1）非本地的单一种植（桉树）在河流上下游占据主导，桉树群落分散在整个项目区域内；

（2）河岸沿线缺乏本地林下植被；

（3）远足者、山地自行车爱好者和马术爱好者很多；

（4）大量桉树落叶和种子覆盖表层土壤；

（5）一些棕榈树靠近项目地的历史建筑泉水屋，并挤占了当地植被。

3. 机遇

（1）洛斯佩纳斯基多斯峡谷保护区之友（FLPCP）等公益组织提供了现状保护基础资料；

（2）利益相关者的友好合作；

（3）项目组可以控制未经授权的步道开发；

（4）将在牧场运营期间移栽的三角叶杨等重新栽植；

（5）洛斯佩纳斯基多斯峡谷总体规划草案列入县政府提案；

（6）现状有间歇性河道平行于洛斯佩纳斯基多斯河。

4. 威胁

（1）一系列为马术、徒步和山地自行车爱好者使用的道路小径；

（2）在植物彻底形成前有被洪水淹没的可能；

（3）保留的 5 个棕榈树会产生种子，代表土壤种子库有外来物种的可能性；

（4）由于公园的持续使用，发生破坏行为的可能性很高；

（5）被城市发展所包围；

（6）公共设施走廊和公用服务设施优先权，可能会因大型公用事业维护活动而干扰项目区域；

（7）河流上方牧场建筑和小径存在侵蚀和沉积等问题。

5. 限制

（1）保护项目区域内的所有历史遗存；

（2）保护项目区域内的本地植被；

（3）活跃的猫头鹰巢穴；

（4）日常大量的公园使用者；

（5）公用设施走廊提出了人员不间断出入的要求。

14.2.1.3　项目要求

项目组将 SWOT-C 分析和项目目标结合，并将这些内容转化成具体的项目策略，与县公园工作人员讨论后补充一些其他的项目要求。在河道和牧场道路之间的非本地杂草将被移除，取而代之的是本地野花种类；限制进入和穿过项目场地，以防止对历史构筑物的破坏。

其他的项目要求包括：

（1）执行一个三年期的栽植计划，直到植被可以自我维持生长；

（2）将猫头鹰巢穴从项目区域内的桉树上迁移至施工区外附近的悬铃木中；

（3）在成功完成栽培树木之后，移除项目设置的围栏；

（4）在施工期间保证施工道路畅通。

这些项目要求会变成设计过程中的关键动力。

14.2.2　设计方法

县总体规划草案确定了将水岸地区修复到 1862 ~ 1872 年时的生态环境状况，也就是牧场刚开始运营的时候的状况，因此，"历史重建"就成为这个项目合适的修复设计方法。概念设计的依据来自现状条件分析和参考资料，包括牧场的历史图片、绘画、存留下来的本地植被斑块（在溪流附近或岸边），以及当年牧场主人记录的日志等。FLPCP 的成员一直致力于保护区的保护工作，他们提供了很多关于峡谷生态系统的信息和见解，这是非常有价值的。他们提供的关于水文循环的详细信息以及野生动物活动的具体情况，如果没有对于场地的长期了解和监测，我们无法收集到这些信息。这些多种数据集的组合被用于开发生成设计的参考模型。

14.2.3 概念方案

在概念方案中会确定项目的主要特征，该概念方案是根据从现场分析中收集的数据得到的。概念方案（图 14-5）是总体设计方案的基础。

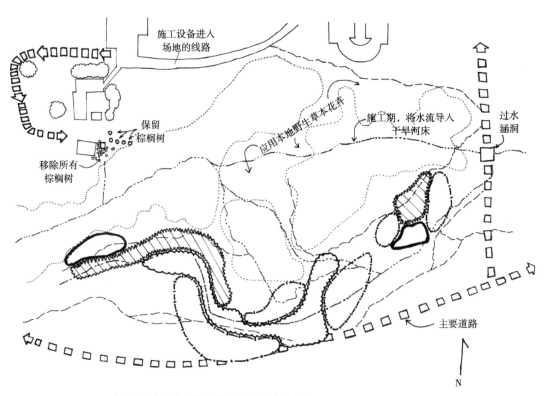

图 14-5   洛斯佩纳斯基多斯峡谷保护区概念规划分析图（气泡图）

14.3 设计

初步种植方案是从概念方案产生的（图 14-6）。根据生物学家建立的修复植被群落，确定种植方案的物种组成、所需空间、植物容器大小和类型。该群落模型在之前一个类似的生态修复项目中使用过，该模型的基础是对濒危鸟类所占据的类似栖息地植被进行的广泛的野外

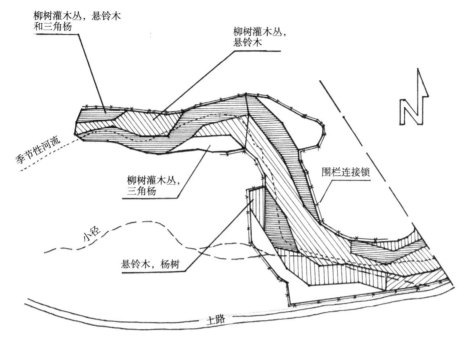

柳树灌木丛，悬铃木
和三角杨

柳树灌木丛，
悬铃木

季节性河流

柳树灌木丛，
三角杨

围栏连接锁

小径

悬铃木，杨树

土路

图 14-6 洛斯佩纳斯基多斯峡谷保护区初步植物设计图

调查。种植模式、预算限制以及在栽植过程中预期的环境压力，都会影响苗木的大小和数量；同时，种植模式和预期的场地植被存活率决定了种植的密度和规格大小。

14.3.1 许可、合同和其他文件

涉及河流变更的许可和协议（美国陆军工程兵团 401/404；加利福尼亚州渔业和野生动物部河流变更协议 1601）需要从具有管辖权的州和联邦机构获得，此外，在县公园内进行工作还需要获得几项当地的批准。6 个当地社区的规划项目组和由各政府代表组成的洛斯佩尼亚斯基多峡谷工作组获得了批准。FLPCP 再次为该项目提供了重要的支持，为几个委员会、规划项目组和其他政府机构发言表示支持，并撰写新闻稿。

14.3.2 项目方案

项目正式方案和计划（见第 9 章）是根据初步种植方案编制的。正式方案将提供准确的种植位置（按照比例）、准确的植物种类数量以及栽植的规格大小，其他项目特征，如边界围栏、出入口、出入控制，以及公共设施连接处等均在图纸上显示或注明。其他的图纸包括灌溉方案、移除（拆除）方案、施工细节、项目区位图和种植具体要求等信息，将以上这些汇集起来，就形成设计图集。这些设计方案是计算所有施工材料数量的基础，包括植物、灌溉设备、围栏、标识标牌和种子等。

下一步，需对工程量进行计算汇总，并根据该县的现行成本数据核算每项工程的单位成本。由此产生的物料清单将成为投标文件的基础，并在合同管理期间被广泛使用，包括进行合同变更的谈判。项目设计人员会在项目生态学家和施工主管的协助下编制项目设计条文，这些设计条文会描述关于材料和工艺的要求，条文不会描述如何完成具体的工作，而是描述预期的产品或成果交付的要求。

三个项目文件——项目方案、物料清单和设计条文，会组装成一个标书，并分发给承包商。投标周期约 4 周，一旦确定低价投标人并达成协议，承包商将于 1991 年 9 月开始工作。

14.4　施工

加利福尼亚州交通运输部的工程合同主管和项目生物学家、风景园林师密切配合，拟定合同以确保承包商按照计划完成项目（图 14-7）。工程监理根据日常的现场检查，以确保施工过程符合设计图纸、物料清单和设计条文，一旦发现和方案有偏差，就会向承包商发出通知，要求其修改方案以符合项目要求，如果没有达到要求，则扣留每月进度款。定期咨询项目生物学家和风景园林师以获得额外的支持，因为现场有很多不可预知的情况。在这个项目中有

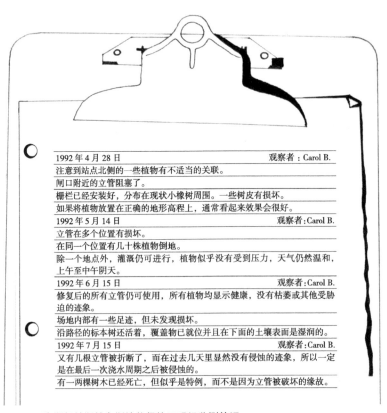

图 14-7　洛斯佩纳斯基多斯峡谷保护区现场监测笔记

几个结构性要素需要重点关注，包括选址、规格和数量的信息有时会不准确，需要及时调整。

该项目是在雨季之前开始的，主要是移除桉树、清理落叶和种子，这些工作大约在6周内完成，并在工作日志中认真记录。砍下的木头切割成柴火的长度，供给当地社区使用，这有助于降低运输和处理废物的成本，也增进了与附近居民的友好关系。落叶、种子、杂草和其他垃圾、杂质等被清理并运送到当地的垃圾填埋场。

在现场清理和土壤移除完成后，就可以开始灌溉工作了，将PVC管埋在距离地面12英寸处。在种植树木的前2年，在位于2英尺高的地面上安装旋转喷洒器用来补充水源，同时安装太阳能电池板，为浇水设施的控制器和定时器提供电力。

当一块场地的灌溉工作完成后，就立即开始种植，以便在冬天雨季之前完成所有的栽植工作。事先已经与当地苗木供应商联系好，以确保按照所需规格提供植物材料。以前使用过的项目设计条文可以在这个项目中使用，同时，确保现场采用适当的施工方法。我们安排项目监理去检查植物材料的健康状况和活力，以及任何可能的感染问题。分期施工阶段的同时也开展快速的项目进度追踪，确保项目施工要在第一场冬季暴雨来临前完成，如果没有快速追踪技术，这个计划将很难完成。每个种植区周围都竖立起一道6英尺高的铁丝网围栏，包括一个3英尺宽的检修门。在不同位置设置指示牌，拆除非法的山地自行车穿越路径（这是保护区要求的行动），清理杂质以及进行其他维护工作，最终完成种植施工。

14.5 监测

施工完成后，项目团队成员会定期回访检察场地（图14-8），监督生态恢复的进度并记录在场地监测报告中。这个项目规模较小，因此可以监测项目范围内的所有植被情况。此外，所有桉树被移走的位置都要检查是否有再生的情况。在数据方面，只是简单地记录单棵植物的死亡数量，因为死亡的植株很少，并且在植被栽种阶段就进行了替换，要注意灌溉系统维护和替换死亡的树木等补救问题，并向工程主管汇报并进行讨论。

在第一年，出现了几起破坏行为并记录在案，这些报告很多是由洛斯佩纳斯基多斯峡谷保护区之友（FLPCP）撰写的，这些行为通常是损坏旋转喷头，或者移走小部分植物。及时报告破坏情况使我们能够在二次影响发生之前修补这些破坏。

在第一年，承包商会每两个月进行一次除草。这些费力的工作是必须的，因为以前就曾发生过桉树和棕榈树自然入侵的情况，其他入侵种类也会时不时建立新的栖息地。控制措施包括连根拔除，以及在一些有集中问题的地块有限地使用除草剂。

年度评估会根据场地监测报告进行总结，这些评估是为了确定场地的未来发展趋势，并作为生态缓解措施的基础。在死亡率超过预期的地块会更换树种，根据之前类似的栖息地和该地区几个项目的经验，我们构建出对该项目的预期和构想。将项目植被存活率与之前项目

图 14-8　清除了桉树，该地点补充了容器栽植的柳树、杨树和悬铃木。种植完成后，恢复原来河床上的水流。栽植后 4 个月拍摄的照片。美国加利福尼亚州圣地亚哥（John Rieger 摄）

的成功标准进行比较，尽管死亡率和破坏行为带来了一些挑战，但是总体上这个项目还是非常成功的。植被总体的死亡率不超过 5%，远低于我们提出的 20% 死亡率界限。

14.6　项目收尾

此时，开始编制竣工图，以记录施工和栽植过程中对项目设计方案的变更，这些竣工图会被传送回项目组以供参考和储存。所有其他项目文件，包括许可证、报告、监测报告、评估文件等都会汇编成一个项目历史档案，并传输到加利福尼亚州运输部的记录中心进行备案。此时，还要编制最终的支出报告以确定项目总成本，这些费用会和预算进行比较，并向项目投资人提交一份报告。承包经理编写的最终报告要说明项目方案中的不足，强调承包变更情况，以及对未来项目的建议。此报告提交给项目经理并分发给项目组，此项目在提交该报告后结束。

14.7　项目小结

场地、植被、落叶层堆积以及野生动物的出现如我们预期的那样在发展。洛斯佩纳斯基多斯河第一个生态修复项目的成功促使志愿者小组（FLPCP）为项目区外围制定了除草计划。志愿小组清除的目标是保护区内的剩余桉树群，位于洛斯佩纳斯基多斯河大约 9 英里范围内。虽然最初的修复项目清除了大部分集中生长的桉树，但仍然还有一些散落在保护区的小片桉树，这些树群体量相对较小，志愿者们手动操作就可以完成清理。志愿小组还清理了其他的入侵种群，极大地提高了保护区范围内的生物价值。

　　在后续的观察中，我们注意到一些发生在场地恢复中的有趣事情。竞争的结果是所有物种都保持着一定的死亡率，这是河岸植被成熟过程中的自然过程，这并不意外，随着一些植物的死亡，旁边的植被就会占据空地并扩张其范围。落叶层缓慢增加，各种草本植物自我调节形成各种形式，现在还不清楚是什么因素在推动这种变化。轻微的侵蚀情况还会出现，这在很大程度上是水体径流的结果。场地已经发生了洪水，但不是预期的频率；该地区的降雨量与前几个季节不同。20 多年来，林下空间没有过度使用的迹象（图 14-9）。场地正处在一个正确的生态发展道路上。

图 14-9　栽植 20 年后恢复场地呈现的另一种面貌；三角杨和悬铃木高度已超过 35 英尺。经历过几次洪水后，河床已经稳定，并发展出丰富的林下生境。美国加利福尼亚州圣地亚哥（Mary F·Platter-Rieger 摄）

　　洛斯佩纳斯基多斯峡谷保护区项目体现了本书提出的工作框架是如何在一个修复项目的规划和实施中提供帮助的。相比之下，这个项目很简单而且尺度较小，然而，它并非没有挑战。我们有一支由多名项目经理组成的强大的项目管理团队，使用我们的工作框架能够快速完成一个项目，基本不会返工或拖延工期，但是我们也没有料到会召开这么多次公共会议，我们也收到了一些反对意见。我们和主要利益相关者的紧密联系在推动项目进展中起到了重要作用，如果没有在早期的设计阶段和利益相关者培养这种密切关系，那么在最终的评审会议上我们很难获得一致同意，导致拖延时间。

　　本书第 3 章提出的生态修复项目规划方法是帮助我们快速推进项目的重要原因。在项目实施过程中，我们确实发现了一些在最初的现场勘查中不易发现的问题，遵循场地分析清单，我们不但发现了这些问题，还通过 SWOT-C 分析的结论发现了新的机会。在后期维护中，场地经历了洪水并造成一些破坏。监测工作已经到位，为期 1 年。我们认为需要足够的时间来使树木完全成熟以承受洪水的影响，因为洪水是周期性的并且在排水系统中是可变的。

　　我们坚信，只要使用得当，这本书中提出的框架将大大有益于任何生态修复项目。换句话说，并非本书中的所有内容都适用于每个项目，这取决于具体项目中所关注的问题，我们建议在决定是否使用本书之前，至少浏览一下书中的每个条目，通过这种方式，应该会大大减少返工或重做的风险。我们编写这本书的目的是提高项目成功的可能性，在项目阶段遵循书中介绍的工作框架将会通向最终的成功。

第 15 章

总结

通过阅读本书，希望读者学到很多关于如何规划和实施生态修复项目的知识。书中提供的工作框架和工具将帮助人们实现一个成功的生态修复项目。

15.1 项目规划和管理原则

本节将对项目的规划和管理原则加以概括和总结，以便更好地回顾生态修复规划的步骤，在和利益相关者、团队、监管部门或赞助人交流时，此列表也会有所帮助。遵循这些生态修复规划和管理原则是在预算内按时完成生态修复项目的关键。

（1）准备一个计划，根据项目的需要量身定制一个完整的规划和设计过程。

开展生态修复项目的整个过程包括四个阶段，其中前两个阶段是规划和设计。在每个阶段中，都需要通过一系列步骤才能最终达成一个构思良好的项目，以实现利益相关者对恢复场地的愿景。同时，应评估用于实施项目的一种或两种策略（管理和施工/安装）的实施效果。

（2）从一开始就让所有的利益相关者和利益相关方参与项目的规划过程。

让所有的利益相关者参与项目规划和设计阶段对项目的长远成功至关重要。利益相关者，不仅包括项目发起人，还包括那些将从项目中受益的人，以及那些可能会受到项目影响的人。在规划过程中，如果监管机构人员能够参与项目，则为更高效的项目批复铺平道路。

（3）全面调查项目场地和周边地区的现状和历史环境，并确定未来影响该场地的趋势。

场地分析是一个不断反复的过程，包括对场地进行的一系列调查。初始数据为项目目标提供了基础，持续调查所提供的大量数据有助于进一步明确项目目标，并设定项目的最终定位。了解项目场地所在流域或区域的过去、现在和未来的变化，将有助于设计出一个可以适应周围影响的项目。

（4）在利益相关者就相关内容达成共识之后，以书面形式明确清晰地表达项目目标和定位。

目标和定位可以帮助我们根据利益相关者所期望的结果来定义项目。正式的利益相关者协议和非正式的利益相关者对项目目标、定位和项目要求的认同，可以防止项目在实施、维护、监控和评估过程中产生误解。这一过程为后续的决策提供了基础。监管机构在这一阶段的签字可以在许可证签发时减少变更的可能性，特别是在机构人员临时有变化的情况下。

（5）确定并消除会影响项目场地生态系统的干扰因素。

除非能够消除那些导致场地退化的干扰因素或者至少使之最小化，否则修复的场地还会受到之前的不利影响。如果影响项目场地的压力源来自项目以外，则可能需要通过项目所在的区域来解决问题。使用概念分析工具如 SWOT-C，是解决场地分析的有效方法，该方法整合了场地条件，并根据初始目标对场地进行评估从而调整目标。这个工具还可以帮助我们发现以前没有把握的机会来考虑新的目标。

（6）项目的设计方案，不仅要考虑项目目标定位，还要结合场地条件、周边环境、场地所在的景观环境以及任何气候变化所带来的所有预期影响。

将项目目标转化为项目现场的设计绝非易事。尽管项目的参考模型可作为要实现的目标指南，但仍然需要确定场地上所需的操作，以恢复缺失的生态系统功能和价值。有时需要改变地形来修复驱动生态系统的过程，例如地表水流方式或到达地下水位的距离，有时需要大量的施工活动；在其他情况下，可能只需要一个设计，在适当的位置栽植树木就可以。植物群落的布局非常重要，因为我们需要去模拟这些植被群落的自然发生过程，以符合项目场地特征。此外，设计方案需要符合目标野生动物种群的栖息地要求。某些情况下，可能只需要进行管理活动如引入火种等，但是此时仍将面临有关在哪里燃烧和如何燃烧的决定。有时，需要同时结合施工和管理工作。

在任何情况下，都需要将场地周围的自然景观和人工环境特征结合在设计方案中。最后，在当今这个气候变化的时代，设计方案应该考虑到项目场地如何提供较好生态完整性和连通性，以便在面对变化无常的天气模式、极端事件和自然过程的变化（如洪水、火灾和虫害爆发）时具有韧性。

（7）确定项目的生态修复方案，并以项目文件的形式将方案内容书面（或电子文档）呈现。

项目文件对于沟通将要进行的工作至关重要，尤其是当项目实施是由承包商和分包商或从未参与过生态修复项目规划设计的志愿者团队来执行时。根据项目的规模、复杂程度和特征，项目方案可能是一个简单的设计方案，或者更可能由一系列包含项目不同要素的多张图纸组成，包括条文说明。编制物料清单会起到许多作用，它可以是一个预算工具、分析工具和沟通工具。最后，设计条文应该侧重于功能性，并包括衡量结果的标准。这些项目文件统称为招标文件或合同文件。

（8）项目施工时要进行详细方案设计，在施工之前应留出足够的时间来进行承包、采购等工作任务。

在制定生态修复项目的方案之后至项目施工之前，通常有很多细节工作需要处理。进度计划和施工方案有助于确保所有材料和设备的按时交付，在合适的时间，对现场可用的材料、设备和劳动力进行协调，以保持项目进度。即使将所有工作外包出去也需要足够的时间来选择承包商。即使由项目团队自己完成全部或者大多数工作，也仍然需要时间来安排项目工作的每个方面，包括采购所有必要的材料、设备和服务等，以便有序高效地完成工作。

（9）在将植物、种子等材料引入项目场地之前，要做好所有采购植物材料的计划。

有关植物材料的决定包括树种选择、繁殖体类型和数量等。每一个决定都会影响项目预算，因此需要详细了解植物/繁殖体的可用性、劳动力需求、时间安排以及其他辅助材料的情况。在许多情况下，收集或繁殖本地植物需要很长的准备时间（1年或更长），对于那些需要在本地苗圃进行培育的植物，其收集过程所需的时间会更长。在种植之前，要把所有的辅助系统和可能出现的压力源都考虑进去。

（10）监督施工过程中的每个步骤，并为进行管理、施工和建设等活动提供指导。

当参与生态修复项目规划和设计的人员也能够监督项目的实施时，成功完成修复项目的概率会大大增加。在实施管理策略或施工安装策略时，由合格的生态修复师进行现场检查是成功完成项目的关键。作为现场监督员，生态修复师的角色通常更像是老师而不是警察，在植物栽培期间，他们的指导将有助于确保植物材料的正确安排和种植，以防止在项目完成时出现损失。

（11）记录所有进行的工作，并确保准确和详细的记录。

任何项目的方案和设计条文都有可能发生改变，保持这些变更记录有助于制定竣工方案。记录所有在管理制度或方案中的任何变化，在进行项目后期维护时，需要保留所有维护和管理活动的详细记录，也要保留所有的监测数据、分析数据和评估报告，这些报告将发挥多种功能，包括帮助了解项目每个步骤中哪些有效、哪些无效，为未来类似的项目提供参考，并为研究人员进行项目评估提供宝贵的信息。

（12）保留足够的时间和资源来保障场地的持续改进，有足够的资金维护植被，并聘用项目场地的长期员工。

很少有人能在项目实施阶段结束时就抽身离开，通常都需要一段时期的后期维护。一个项目可能需要重复管理以获得所需的效果，维护（短期维护）通常需要对场地进行"改进"，例如修复来自洪水、大风或者人为破坏造成的损坏。项目场地可能需要修剪或除草，或者可能需要维修各种辅助设施，包括植物保护设备、灌溉系统和围栏。生态修复项目最关键的时期是在施工或刚完工后，后期维护通常会根据生态系统和场地条件持续1~3年，许多项目场地需要长期的管理人员，以确保生态修复过程朝着符合预期的方向发展。项目经理们需要将后期维护所需的人员和资源编入预算，并获得所需的资金。

（13）制定、资助并实施监测计划，以评估能否以及何时实现项目目标。

所有生态修复项目都需要某种类型的监测和评估，并根据项目的重要性和复杂性提供充足的资金保证。不必监测场地上的一切，而应监测那些将帮助我们确定是否已符合性能标准且让场地成熟的元素，实现项目目标的增量要素是从项目目标派生出来的。了解在多大程度上实现了项目目标，将会让利益相关者了解项目的进度，或使我们能够提出未来发生状况的补救措施。

（14）使用适应性管理方法有助于改进生态修复项目的每个后续阶段，并为将来类似的项目优化规划方法。

使用适应性管理方法可以提高我们对于如何规划、设计和执行生态修复项目的理解。在施工阶段，实际情况可能不会按照计划发展，由于项目的多元性，可能需要进行调整以更正项目中表现不佳的要素。在实施过程中已确认有问题时，不要等到项目快完成时才进行必要的修改，使用监测数据来确定是否需要在项目的后期维护阶段采取补救措施。在每个项目结束时，项目团队将进行评估，包括哪些措施有效，而哪些措施可以在将来的项目中以其他方式出现等。适应性管理是一个很好的方法，可以增加生态修复的专业知识并提高消费者对该行业的信心。

（15）要保持创新精神，对新的事物保持开放的态度，尝试新的、创造性的方法以实现生态修复项目的成功。

对于生态修复项目，创造力和创新是重要的属性。没有两个项目是相同的，这就是为什么本书更多是作为一个引导和思考框架，而在实际工作中仍然需要思考，我们很有可能会遇到很多"第一次"的挑战。正确使用本书中所包含的工具，会为解决这些挑战做好准备。

15.2　助力职业发展

我们编写这本书，无论你是生态修复师（业界新人或老将）、一个热情的志愿者，或是寻找工作的大学生，我们都希望你们能从我们的经验中学到些什么。并希望对生态修复行业的发展有所帮助！以下是我们的一些建议：

（1）加入一个或多个促进生态修复的专业协会，保持交流；

（2）通过担任董事会或委员会成员、会议组织者或研讨会主席等，积极参与其中的组织运作；

（3）在有关生态修复的会议上，提交关于生态修复工作的文件和展板；

（4）对生态修复项目现场进行实地考察；

（5）向组织提交文章和章节通信，描述从项目活动中吸取的经验教训；

（6）准备并发表自己的生态修复项目案例研究；

（7）使用各种媒体向公众宣传生态修复工作的益处。

15.3　保护地球

祝愿你们在未来的工作中取得成功，因为你们选择在生态修复行业中成长。请谨记，尽管一次只能修复一块场地，但是我们正在恢复这个受到破坏、退化和受伤的地球，使之恢复生态系统健康和生物多样性，恢复生态系统的物质和服务功能，创造可持续的生存环境，以及减缓气候变化带来的影响。

附录 1　甘特图

甘特图介绍　　　　　　　　　　　　　　　表 A1-1

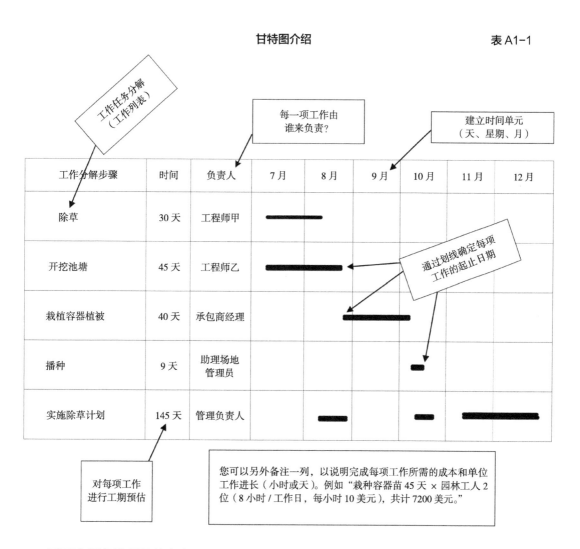

下面介绍各类项目的内容：

A."工作分解步骤"列出了执行项目所需要的一系列单独的操作要求。

B.估算每项工作所需时间，即每项工作将花费的天数和小时数。

C.建立时间单位，如天、周或月。这是对 B 项内容的图示表达，显示每项工作的起止日期。

D. 创建单独一列来标识任务所需的资源，例如任务所需的人力、设备或资金。

E. 进度条表示每项工作的开始和结束。基于与其他工作的相关性，按照从开始到结束的顺序来组织这些时间进度条。

F. 通过姓名或职位来确定负责执行每项任务的人员。为了消除沟通错误，要避免兼顾多项任务的情况。

如何运用甘特图安排项目进程

在表 A1–1 的案例中，假设计划在 10 月 1 日开幕的本地博览会之前及时完成此项目。在构建了甘特图并检查了各项条目之后，会发现一个问题：项目很晚才能完成。参考上面的进度条，注意"栽植容器植被"的工期为 40 天。我们希望从 8 月 1 日开工，9 月 15 日完成。但是在开始种树之前，必须完成"除草"和"开挖池塘"两项工作，有可能除草任务及时完成，但开挖池塘没有完成。由于存在限制性要求，开挖池塘不能早于 7 月 8 日，导致挖掘工作的结束日期为 8 月 21 日，因此播种不能在 8 月 21 日之前开始。这种日期和持续时间方面的冲突需要同时解决并做出决策以迎接 10 月 1 日。甘特图清晰地显示问题和情况，并有助于我们选择执行哪些任务以符合完成工作的时间节点。

附录 2 项目成本估算清单

项目：

日期：

项目阶段	任务	劳动力	设备	材料	总计
启动阶段	项目管理				
	目标定位				
	项目说明				
	场地选址				
	初始成本估算				
	需求评估				

项目阶段	任务	劳动力	设备	材料	总计
分析阶段	场地分析				
	航拍照片				
	土壤取样和分析				
	水井测量和（或）安装				
	土地利用分析				
	水文分析				
	水质分析				
	确定退化源				
	评估退化程度				
	危险物评估				
	地下水监测				
	资源调查：生物学、地质学				
	地形分析				

项目阶段	任务	劳动力	设备	材料	总计
设计阶段	概念方案				
	植物配置和选择				
	物种组合与布局				
	植物清理 / 垃圾清除				
	外来物种根除				

项目阶段	任务	劳动力	设备	材料	总计
施工阶段	初步地形处理和量化				
	种子应用方法				
	表层土处理和量化				
	植物、石头和木头的假植和储存				
	土壤准备				
	防侵蚀材料				
	防侵蚀措施				
	生物技术措施				
	排水装置及其安装				
	表层土铺设				
	围栏				
	植物保护				
	土壤改良：化学方法				
	土壤改良：覆盖物				
	客土（表层土）				
	确认土地所有权				
	解决土地使用权问题				
	确定植物物种清单				
	确定植物繁殖类型				
	计算栖息地规划面积				
	计算植物材料数量				
	确认植物清单的可用性				
	需提前订货的品种				
	如果收集种子，安排好准备工作和储存地点				
	安排好收集或培育种子和植物的相关合同				
	将植物材料运至场地				

续表

项目阶段	任务	劳动力	设备	材料	总计
施工阶段	辅助灌溉设计				
	灌溉设备的安装和费用				
	如果在苗圃培育苗木，确定温室需求和储存区，并在移栽之前做好维护工作				
	种子播种方法				
	水力播种				
	购买土壤改良剂				
	土壤改良剂的应用				
	购买覆盖物				
	铺设覆盖物				
	容器苗的栽培				
	临时浇水装置				
	地标和施工障碍物				
	永久性围栏 / 障碍物				
	场地准备				
	螺旋钻 / 开沟工作				
	检验工作：假植				
	检验工作：栽培				
	最终方案				
	地形方案				
	种植方案				
	灌溉方案				
	说明条文				
	工时估算				
	预算编制				
	申请许可				
	听证会、协调会等				

项目阶段	任务	劳动力	设备	材料	总计
维护阶段	补充水源				
	水费				
	系统检测和维修				
	手动系统操作				

续表

项目阶段	任务	劳动力	设备	材料	总计
维护阶段	杂草控制				
	除草剂处理				
	害虫防治：昆虫及其他				
	植物保护设施的维护和拆除				
	植物置换				
	清理枯死的植物				
	数据记录的维护				
	侵蚀检查和修复				
	场地检查				
	围栏维护、迁移和维修				
	垃圾和杂质清理				
	数据检索				
	监测植物生长				
	存活率				
	多样性				
	健康度				
	繁殖力				
	山火，控制性燃烧				
	放牧轮作和持续时间				
	围栏迁移				
	动物调查				
	鸟类				
	哺乳动物				
	爬行动物				
	两栖类动物				
	鱼类				
	昆虫				
	编写调查报告				
	摄像记录				
	为他人制定维护手册				
	维护人员培训				

附录 3　风险管理步骤

确定所有可能发生的已知风险（项目或任务），并自问："什么地方可能会出问题？"。

评估项目中某个时候发生风险的可能性。使用简单的 H（高）、M（中）、L（低）三档进行分类。在风险管理工作表（表 A3-1）的第二栏进行评级。

确定风险发生时对项目产生的影响。同样使用 H、M 或 L 三档。结合上面的发生风险可能性评级，将两个评级结合起来形成"总风险"评级。保持每个等级的顺序很重要，因为它们有不同的含义。评级中排名前三的是 HH（高–高）、MH（中–高）和 HM（高–中）这三个等级，这三个等级的全部内容通常是需要我们花时间分析和制定操作方案的。一般情况下，会同时处理 8 ～ 12 个最重要的问题。

对于前三个等级的每一项，请制定适当的措施以纠正该情况，并自问："当问题发生时，如何干预或处理？"为每一个风险事件指派专人进行监督和管理。风险管理计划使我们能够在风险问题变为现实时立即采取应对措施；它还可以帮助减少或避免危机，尽管挫折或问题通常会导致进度的延迟，而团队在不断解决问题时通常也会拖延时间，但这仍然可以让我们保持项目最初设定的时间表。

风险管理工作表　　　　　　表 A3-1

范围、计划、成本	可能性	影响	综合评级	措施和行动方案
任务或项目	（H，M，L）	（H，M，L）	HH, MH, HM 等	

附录 4　项目评估技术

项目评估技术（The Project Evaluation and Review Technique，PERT）是一项估算工期的技术。有时我们需要在可能出现大量变量且无法从图表进行常规估计的情况下完成工作任务。在一些变量可能影响工作的持续时间时，使用项目评估技术是一种有效的方法。关键是采访那些熟悉复杂任务的有经验的人士，主要问以下三个问题：

（1）根据对项目的了解，完成此任务最可能需要多长时间？（最可能值）

（2）最少需要多少时间？（乐观值）

（3）最长需要多少时间？（悲观值）

经验法则是，悲观的持续时间不应超过最可能时长的 3 倍。如果这种情况真的发生了，应该获取更多信息让估算更加准确。

$$估算工期 = \frac{乐观值 + 4 \times 最可能值 + 悲观值}{6}$$

注释：

乐观值：是指在没有挫折、延误或中断的情况下完成任务或项目所需的时间。

最可能值：根据个人经验，包括了解项目过程中通常会发生的情况下，所预测的项目工时。

悲观值：包括那些可能导致延误的事件，如天气、运输、材料短缺、劳动力不足等。

附录 5　场地分析清单

场地分析清单　　　　　　　　　　　　　　　　　　　　　表 A5-1

影响因素		SWOT-C	诊断
一般因素	备选场地所有权		
	地役权、优先权和其他条件		
	历史背景		
	土地之前的使用情况		
	独特的场地特征、结构和地貌		
	土地利用现状		
	政治环境		
	访问 / 访问管控 / 人类使用形式		
	文化资源（历史、考古）		
	农业或其他检疫要求		
	危险废弃物、杂质等		
	现状生态系统压力源		
物理因素	地形		
	坡度坡向		
	高程		
	地质		
	土壤		
	土壤化学和营养状况		
	表土和底土剖面		
	水文		
	地下水状况		
	地表径流		
	水质状况		
	对动物、授粉者等活动的景观生态学考虑		

影响因素		SWOT-C	诊断
生物因素	现状植被群落		
	现状群落的植被动态		
	场地退化状态评估		
	外来入侵物种		
	栖息地价值和特点		
	野生动物资源		
	濒危、受威胁、处于危险中的物种和敏感物种的状况或季节性使用的栖息地状况		
	期待的场地改进		
	地形调整		
	引进和运出土壤		
	水景观		
	排水／防洪		
	灌溉系统		
	缓冲区问题和要求		
	访问管控		
	人为破坏问题，需要控制措施		
	确定的工作备选区域		
其他			

附录6 种子数量和成本计算

表 A6-1 描述了计算种子数量及其成本的 Excel 表格。由于种子是散装的，所以重要的是要知道散装中纯活种子的数量，以便转换为项目指定的数量。图表的排列方式可以应用于计算机电子表格软件中。实例表明了得出最终散装种子数量和成本所需的不同计算方式。这些计算仅对供应商、种植者或实验室提供的具有确定的种子纯度（P）和发芽率（G）的特定种子批次有效。订购种子时，确认其来自一个还是多个批次，并确定各自的种子纯度（P）和发芽率（G）。

种子数量和成本计算表　　　　　　　　　　　　　　　　　　表 A6-1

A 编号	B 物种	C 每磅散装种子成本（美元）	D 种子纯度（%）	E 发芽率（%）	F 纯活种子率（PLS%）D×E	G 纯活种子成本（美元）C/F	H 单位面积纯活种子量	I 单位面积散装种子数量（磅）H/F	J 单位面积成本（美元）C×I 或者 G×H	K 总面积	L 总散装种子重量（磅）I×K	M 总成本（美元）C×L
1	物种A	4.75 美元	0.6513	0.6592	42.93%	11.06 美元	5	11.65 磅	55.32 美元	1.5	17.47 磅	82.98 美元
2	物种B	3.25 美元	0.3258	0.1525	4.97%	65.41 美元	4	80.51 磅	261.65 美元	2.5	201.27 磅	654.13 美元
3	物种C	15.5 美元	0.8573	0.7562	64.83%	23.91 美元	1	1.54 磅	23.91 美元	4	6.17 磅	95.64 美元
4	物种D	4 美元	0.5598	0.2599	14.55%	27.49 美元	3	20.62 磅	82.48 美元	2.5	51.55 磅	206.2 美元
5	物种E	6.35 美元	0.7584	0.6573	49.85%	12.74 美元	2	4.01 磅	25.48 美元	0.5	2.01 磅	12.74 美元
总种子成本												1051.68 美元

注：C、D、E 和 F 由种子供应商提供或通过种子测试来计算，H、K 由生态修复师的项目设计和所需品种，或种子供应商/种植者的建议来决定。

列注释：

A：为每个物种编号，以便于开展工作并减少混淆。我们可以认为这是一个内置的"B计划"，特别是当我们订购同一属的多个种时。

B：使用拉丁文名。这里不能使用替代名，特别是处理亚种或变种时。

C：单位重量散装种子的成本。

D：种子纯度，用于测量散装种包中活种子和其他物质的数量。精确到小数点后四位（也适用于E），因为这对于在最后计算时获得准确数字至关重要。

E：发芽率。不是所有的种子都能成活，这个数值在最后的计算中至关重要。

F：纯活种子率（PLS）。D和E的乘积，反映了一磅散装种子中活种子的数量。

G：纯活种子成本。用购买散装种子每磅的成本除以PLS而得出。在表A6-1的示例中，种子2每磅只需要3.25美元，看起来是不错的价格，但是当计算出非种子和死掉的种子时，我们真正需要的种子每磅的成本是654.13美元！

H：这是决定在项目场地上播种纯活种子的数量。通常以场地单位面积所需的重量表示。

I：应用于单位面积上所需的散装种子重量。

J：单位成本，即单位面积上应用的种子的成本。单位成本用于计算项目上或应用范围内的种子成本。

K：播种面积。在表A6-1的示例中，这些播种面积是不同的。

L：应用于设计区域的总的散装种子量。在多数情况下，供应商只需订购纯活种子（PLS）单位数量的种子就可以为我们提供所需的总量。

M：种子材料清单中每类种子的总成本。这里的总和是案例项目的种子成本。人工和其他费用需要输入项目成本估算工作表中（附录3）

附录 7　植物栽培和栽培规范

一个生态修复项目有可能使用从小的到大的、从种子到成熟植株的各种各样的植物材料。植物汇总清单可以用于跟踪植物材料的多个方面，包括数量、特别的土壤改良方式、种植穴类型、种植模式和间距等。通常情况下，种子材料是单独的一张清单，但也可以和其他材料放在一起。

表 A7-1 是我们在许多项目中使用的典型植物清单。它清晰展示了重要的数据，包括每个树种的数量、规格，以及每个项目的特殊要求。土壤改良是多样化的，因此，这个清单在明确所需的内容后，便可以快速进行计算，以编制施工标书。无论是拥有自己的苗圃或是打算从商业苗圃里购买苗木，该清单将有助于我们获得所需的植物。如果无法确定某些树种能否获得，则可能需要在文件中保留可接受的替代树种列表，以防承包商无法在植物列表中找到所需物种。

植物栽植列表和说明　　　　　　　　　　　　　　　　　　　　**表 A7-1**

植物编号	符号	拉丁名	常用名	规格	数量	种植穴尺寸（英寸）直径	种植穴尺寸（英寸）深度	花盆类型	商业肥料 栽植中	商业肥料 栽植后	覆盖物	支架	种植间距（距离树干中心，英寸）	备注
1	@	*Cercis occidentalis*	紫荆	5	84	18	36	–	1 片剂量	0.5 磅	4	1，2	60	灌木
2	%	*Prunus llicifolia*	荷叶樱桃	5	67	18	36	1	–	–	4	1，2	120	灌木
3	*	*Rhamnus californica*	咖啡果	1	171	12	24	1	1 片剂量	0.5 磅	4	–	84	灌木
4	+	*Quercus kelloggii*	加利福尼亚州黑橡树	1	184	12	24	–	–	–	3，4	–	198	乔木
5	^	*Quercus wislizenii*	室内橡树	1	127	12	24	–	–	–	3，4	–	154	乔木
6	#	*Populus fremontii*	佛蒙特柳树	15	45	24	36	–	–	–	–	1，2	216	乔木

缩写：

Amend——修改
Dia——直径
Ea——每个 / 每项
Oz——盎司
In——英尺
Yd——码
LBS——磅
Max——最大值
Min——最小值

Pit Estb——植物建立期
Tab——片（剂）
1– 见第 10 列说明
2– 见特殊说明
3–15 英尺直径区域
4– 在覆盖区域

计算 / 设计人		日期	修改人		
审核			日期调整		

植物清单和种植规格

根据表 A7-1 的植物清单可以修改此表以满足项目需求和条件。

植物简表是在场地修复的整体计划和施工中使用的重要工具。该表一目了然，由此可以确定所需的植物数量、类型和规格。更重要的是，可以将列表与交付到场地的植物材料、或由志愿者收集的材料进行对比。在计算苗木成本和劳动力成本时，该表也可作为重要工具。以下是有关表 A7-1 的一些注释。

植物编号： 编号是跟踪不同植物材料的有用方法。同一植物物种的不同大小会有不同的编号。使用植物编号进行此操作将使我们可以清楚地与其他人交流，即使他们不知道具体植物。

符号： 符号由我们自己选择。如表 A7-1 案例所示，它们可能是个符号，也可能是一个模式，对于要种植面积较大的区域，比如 1 公顷的土地上要大面积种植，而在平面图上对同一种植物标记一万次是不能接受的！

植物名称： 在植物名称上，我们可能不想用完整的拉丁学名。表 A7-1 中的这些简称是这个项目所特有的，不一定适用于其他项目。北美风景园林师使用的缩写词是另一种方式，可以清楚地标记平面图，而不会让植物名称与平面图混淆。有时可能没有通用的简称，因此可以插入"无通用名称"或缩写"NCN"（No Common Name）。

规格： 规格尺寸的标识可任意选择。与缩写不同，使用一个简单的数字代码（每个项目必须保持不变）可以简化此表。测量值可以包括容器顶部的尺寸（管子的形状和长度通常以总长度给出）。对于较大的尺寸，在美国使用"1 加仑""5 加仑"等。对于移植样本，规格是移植容器的宽度。这一类还包括任何可能不常见的材料，例如插条、块根、裸根或块茎（如仙人掌）等。

种植穴尺寸： 种植穴的尺寸通常和种植材料的类型有关。有些特殊情况，如土壤贫瘠或需要接近地下水位，则可能会不同于常规的种植穴。

花盆类型： 在生态修复项目中，通常不使用花盆，因为花盆会阻止水分进入根系，从而无法让植物吸收水分。但这需要根据具体情况进行评估，在斜坡上种植就需要某种类型的容器做防护，以防止根系受到侵蚀。

商业肥料： 在大多数情况下，这是非必要的；但在需要的地方，可以根据树种和植株数量清晰地确定下来。

覆盖物： 地膜覆盖是一种常用的方法，用来控制水分条件，提供有限的杂草控制，并帮助养分进入土壤中并维持一定时间。项目方案的设计条文应提出覆盖物的类型和应用尺寸，如覆盖面积、距离植物主干的距离以及覆盖物厚度。

支架： 在特殊情况下，有时会需要在生态修复项目上立支架。为恢复生态而种植的植物，如果是种子或营养繁殖，从一开始就不应该使用支架。当需要立支架时，通常是应用在大型的植物上。如果项目场地受到极端环境条件的影响，例如持续或间断的强风或类似的天气状况，那么设立支架将是帮助植物存活的合理的过渡方法。设计条文应该准确提出项目需要的植物，以及支架、牵锁等设施的尺寸和布置方式。

种植间距：植物之间的种植距离是另一种检查种植数量的方法，并可以衡量植物栽植后的密度。通常，距离不需要很精确。要注意的是，不同植物之间的种植距离和同一树种的栽植距离之间的差别。例如，乔木的间距可以在 10 ~ 30 英尺之间；但灌木和草本植物更多是在这些乔木之间栽植。

备注：这一栏主要是生态修复师用于交流种植的一种方式。如果有可能混淆植物或种植方式，这里可以做笔记。同一物种在海岸种植的形态有许多不同的特征，同一物种在不同的土壤上生长也有许多差异。植物分类学可能赶不上生态修复师所看到和需要恢复的东西。

这个植物列表在生态修复项目中会非常有用，但是这取决于输入的信息。同时，可以调整这个列表以适应项目或工作习惯，重要的一点是可以在一些地方获得类似表中的相应信息。无论是从苗圃购买植物还是自己培育植物，都需要知道每种植物的数量和规格。营养繁殖是另外一件事，这需要协调，因为插条只能在每年特定的时间来收集。这些内容都可以写入备注中。

附录 8　项目方案评价检查表

在进行生态修复设计或工程的过程中，最好能够经常对工作进行复查和评价。以下内容是根据笔者的项目或同事的经验汇编的，它不是一个正式的检查表，而是作为一个项目要点提示板。尽管某个特定的问题可能不适用于我们的项目，但它会让我们联想到与项目相关的一些情况。我们鼓励对项目展开讨论，观点越多对项目越有好处。

总体部分

（1）项目的定位已经确定了吗？

（2）每个项目目标都明确了吗？

（3）项目所在区域是否已经按照植被类型或栖息地类型进行了量化识别？

（4）是否为不同的土地管理技术（如山火、放牧、破坏行为、洪水等方面的控制）建立了分区和时间表？

（5）项目实施标准是精确的定量要求还是制定易懂的定性标准？

（6）是否已确定施工日期或非施工日期，以避免噪声影响敏感地区（如住宅、动物栖息地等）？

（7）地面标高是否已经明确？

现状分析

（1）项目场地内或附近是否有敏感物种？

（2）敏感区、施工区、公共设施和其他土地权属、储存区和假植区是否已经在项目方案中明确表达？

（3）是否已经从分区规划或总体规划中确定了邻近地区的土地利用情况，并将其纳入项目规划设计？

（4）是否有计划在项目地与可能存在冲突的土地利用或环境敏感地区之间设立缓冲区？

（5）敏感资源区域是否明确？

（6）项目范围是否已经明确？

（7）是否在非工作区域安装了提示说明、标志和围栏？

（8）施工道路、进出入口、运输道路和储存区域是否有明确的标识和标记？

（9）是否有经承包商确定的施工相关工作的规定，需要在开工前获得批准？

（10）项目现场的物理和生物侵蚀控制措施是否到位？

（11）场地的太阳方位对所选择的植物种类影响严重吗？

场地准备

（1）场地分级是场地准备的一部分吗？

（2）潮汐通道或河流需要开挖吗？

（3）废料处理区有没有足够空间容纳开挖的土方量？

（4）是否会在敏感区域（如敏感栖息地、濒危物种栖息地、文化保护地或任何其他独特的资源）附近进行开挖施工？

（5）在敏感区域工作是否有相应的规定和要求？

（6）废料处理区是否有控制侵蚀功能？

（7）废料处置区是否会因为侵蚀或沉淀而影响邻近水系统？

（8）挖出的土方材料可以成为最终地形完工后的覆盖表层土吗？

（9）项目方案中是否确定了特定的表层土保存区？如果没有，是否表述了防止污染和侵蚀的表层土保存条件？

（10）在种植前是否进行了松土，以更好地协助种植？

（11）土壤需要改良吗？

（12）如果要进行覆盖，在洪水或强降雨期间如何让覆盖物固定在场地表面？

（13）设计方案是否依赖表层土和腐殖质作为种子、球根、菌根和覆盖物的来源？

（14）表层土是否和刚暴露出来的土壤基质混合形成土壤混合物？

（15）表层土使用的材料是否会改善土壤质地并提供养分？

（16）如何处理不规则地面以防止在不合适的位置出现积水？

（17）最终的场地高程是根据常规洪水位来确定还是根据特殊风暴情况的标准确定？

（18）在洪水出现时，如何控制场地以防止重大的土壤流失？

（19）对于种子源的使用，是否明确了储存表层土、腐殖质或客土的具体方法以及持续的时间的规定？

（20）地形调整后的场地上坡度是否合适，并具有径流特征以控制对场地的侵蚀作用？

（21）是否需要对场地上的建筑物进行维护？

植被

（1）与修复目标和成功标准相比，种植密度是否合理？

（2）如果种植量看起来很少，那么该树种是否包含有活力的植株个体可以在场地上快速繁殖，或者可以从附近自然地区获得所需的树种？

（3）修复目标是否包括了和参考模型一样的植被覆盖率、植被高度或结构多样性？

（4）植物规格和数量是否能符合成功的标准，或者有时间可以达到标准？

（5）种植地点能否反映每个物种的自然海拔和位置？

（6）是否为每个树种或植被群落、种植类型和规格提供了清晰、简明的种植说明？

（7）如果种植槽通过机械来开挖，光滑的槽壁是否会有问题？

（8）如果使用扦插条，有没有确定采集来源？控制是否到位？这些计划是否可以确保在每年正确的时间实施？是否包括允许在无法满足时间要求的情况下更换容器苗木的规定？替代树种是否可行？

（9）在改变植被规格或类型时，是否包括适当处理成本变化的规定？

（10）规定是否确定了所有必要的生物材料，比如种子、菌根等？

（11）是否要求承包商在项目开始时可以按期提供根据设计方案规定的植物材料的数量和规格的证明？如果没有，还制定了哪些其他规定以确保在现场施工的适当阶段提供植被材料？

（12）是否需要特定于场地的植物材料？进度安排是否包含了足够的时间来提前收集或培育植物材料以保证项目按照进度完成？

（13）设计方案中所有涉及的树种种类和数量是否都可以从市场上、承包商或苗圃购买到？

（14）是否有任何树种列入官方濒危物种或受保护物种名单？如果名单上确实有濒危树种，是否获得了相应的许可？还是要求承包商或栽植人员获得相应的许可？

（15）任何植物材料、树种有没有相互排斥的情况？

（16）混合的种子包里是否包括了种子的常用名和拉丁学名，以及每英亩播种磅数、发芽率和纯度？

（17）有检查种子发芽率和纯度的方法吗？

（18）在播种种子之前，是否规定项目检查员、项目经理或其他负责人可以对少量种子样本进行试验？

（19）有没有描述了二次播种的方法？

（20）如果无法在最合适的时间播种，是否规定可以另外选择一个播种时间？

（21）是否有规范来控制种植和第一次浇水之间的持续时间？

（22）如果需要立桩，有没有讨论用隔离带包围项目的详细程序，以防止在维护阶段外界对植物和立桩的破坏？

水

（1）是否调查过洪水水位和地下水位深度？

（2）项目场地的最终地面高程是否足够低，以允许持续的水流通过场地？

（3）现场的构筑物是否会被拆除或调整，以允许水源进入场地？

（4）项目是否需要补充灌溉水？

（5）对于灌溉用水或洪水的来源在项目文件中是否有描述？

（6）项目方案中是否包括灌溉或洪水？

（7）现场使用的水源是否可以持续供应并且水质较好？

（8）修复项目的所有区域对补充水源的要求是否都相同？（如果不同，应该为每个特定位置设计独立的灌溉操作系统）

（9）如果使用高架冲击式洒水喷头，是否有足够的高架装置来避免植物间的阻挡？喷灌装置是否够高，以避免幼苗、灌木或杂草的干扰？

（10）如果灌溉设备安装在地面上，是否有确保设施安全的措施？

（11）是否对灌溉系统需求进行了流量和水压的计算？

（12）滴灌喷头是否够大，以防止藻类、矿物质沉淀和昆虫活动的堵塞？

（13）水进入场地并通过场地构筑物时会不会影响水流速度？

（14）涵洞是否有适当的保护以防止冲刷？

（15）是否使用岩石护坡？是否有足够的空隙防止阻塞或阻碍水流？

（16）如果在设计中包含一个以上的水环境，那么如何控制水位并让不同的水环境独立运行？

（17）对于把水体作为觅食地的动物，设计中是否计算了水深以满足目标动物群的需求？

（18）涵洞是否设有遮挡物，以防止鱼类进入项目区域？

（19）是否会在植被中出现一个"自然开口"？如何维持开口状态？是否包含维护计划？

（20）如果水源是通过泵引入项目地，其规格是否满足在 1 年中最热时期提供足够的水量来补充渗透、蒸发和蒸腾掉的水量？

（21）如果使用虹吸管，应采取哪些措施防止被破坏？

（22）如果使用潮汐闸，是否有措施用以防止藻类和浮渣对闸门造成故障？

（23）如果水源来自一家自来水厂，预算中是否包含水费？

后期维护

（1）设计条文是否包括除草维护？是否有杂草的定义，包括植株大小、寿命以及覆盖范围？是否有除草时间表？

（2）在安装保护设置后，是否有对其进行维护的规定？

（3）是否规定在不再需要时，应移除桩柱、防护罩、设备管套等？

（4）如果施肥是局部的，是否制定了控制杂草生长的规定（如表面施肥）？

（5）是否要求安装围栏或其他屏障，包括植物保护屏障等？

（6）项目的维护费是否会纳入现有的维护部门预算中？如果没有，是否分配单独的资金？

（7）在场地上是否有家禽（假设它们是新植被的掠食者）？

（8）是否有对于处理可能破坏植物、围栏、标牌和灌溉设备的相关规定？

（9）更换植株是否包含在维护合同中？

具体操作

（1）水的供应是通过协议还是水权方案核算的？

（2）是否制定了控制燃烧操作的预算？

（3）燃烧的频率是否包含在项目预算中？

（4）是否与项目所在区域内对燃烧有管辖权的任何机构或部门进行了协调？

（5）是否规划了适当的缓冲带或燃油管来控制燃烧？

（6）在于放牧操作方面，是否有长期持续的牛群和马群？

（7）有保持畜群数量的规定吗？是否有确定引入和驱散的日期？

（8）畜群是否需要额外的饲料来源？

（9）如果畜群来自其他地区，是否有协议或合同内容，包括引入和驱离期限？

（10）维持畜群的引入和驱散日期是基于季节还是基于植被情况？

（11）如果目标之一是通过牛群踩踏来改良土壤，那么是否有对于现场牛群的数量和持续时间的相关测试？

（12）对于强调除草和自然恢复的项目，是否制定了监测计划？

（13）是否有关于现场所需设备进行置换的规定？

（14）如果使用除草剂，是否获得必要的许可？

（15）是否安排在场地外或现场处理杂草废弃物？

（16）所涉及的杂草的物候特征是否需要识别（如发芽、结实等）？

（17）除草后需要进行哪些维护以确保本地植物的重建？

（18）如果焚烧杂草是规划的一部分，是否需要空气质量许可证？有日期或季节的限制吗？

其他情况

（1）是否有除虫或动物控制计划？

（2）如果有的话，是否联系了适当的机构并获得了许可？

（3）批准的设备、诱捕器、诱饵和其他装置是否已包含在预算中？

（4）如何处理来自河道的漂浮物？在需要清理之前，场地是否允许一定程度的杂质堆积？

（5）对于隔离地区，是否有维护方案来确保围栏的完整性？

（6）更换材料以及材料安装和维护的工时是否包括在预算内？

（7）如果开工现场附近有敏感地区，设备和工序是否需要降低噪音或减少粉尘等条件？是否有其他限制使用设备类型的要求？

（8）在施工和植被栽培期间，是否有一份承包商负责的工作和项目的简明清单？

（9）是否会有海狸、鹿、麋鹿、兔子或其他动物经常出现在场地上？

（10）在生态修复最初的阶段，是否有保护场地免受牛、马、野生动物、人或机动车影响的规定？

（11）如果在当前场地上有娱乐活动项目，那么在施工和建设阶段是否会对该活动加以限制？

附录 9　美国生态修复项目相关法律法规、许可证书

法规、许可、协定	相关部门	相关法律	关键资源或问题	特定要求
联邦政府				
考古调查和/或挖掘许可证	管理公共/部落土地的联邦或部落机构	1979年《考古资源保护法》（ARPA）	考古资源保护	需要在联邦或部落土地上进行考古调查和/或挖掘
鸟类脚环及标记许可证	美国地质调查局鸟类环志实验室	经修订的1918年《候鸟条约法》	候鸟保护	要求对捕获和处理的任何候鸟进行捆扎脚环或标记；还可能需要相关州的许可证
海岸带地区联邦—一致性审查	与国家海洋和大气管理局、国家海洋和沿海资源管理办公室合作的国家牵头机构	1972年《海岸带管理法》（CZMA）	海岸资源保护	联邦一致性是CZMA的要求，其中联邦机构的活动（一致性决定、融资或其他行政行动）会对沿海地区的任何土地或水的使用，或自然资源产生可合理预见的影响
通过有保证的候选保护协议以加强生存许可（CCAA）	美国鱼类和野生动物保护管理局（USFWS）	1973年《濒危物种法》（ESA）	保护拟议、列出或候选濒危或受威胁动植物物种的栖息地	土地所有人自愿承诺采取保护行动，帮助稳定或恢复物种，目标是不必列入名单；协议向土地所有者提供保证，他们的保护努力不会导致未来的监管义务超过他们在签订协议时同意的义务
通过安全港协议加强生存许可（SHA）	美国鱼类和野生动物保护管理局（USFWS）或国家海洋和大气管理局（NOAA）	1973年《濒危物种法》（ESA）	联邦政府列出的濒危物种	与非联邦土地所有者的自愿协议，保护私人或其他非联邦财产所有者，其行为有助于恢复被《濒危物种法》列为受威胁或濒危物种的物种；参与的业主得到正式保证：未经业主同意，联邦政府不会要求任何额外或不同的管理活动
濒危物种咨询和/或生物意见书（USFWS）	美国鱼类和野生动物保护管理局（USFWS）	1973年《濒危物种法》（ESA）	联邦政府列出的物种和关键栖息地	适用于任何联邦土地上的野生动物栖息地恢复项目或使用联邦资金的野生动物栖息地恢复项目，在任何指定为恢复所列物种的关键栖息地的区域；对已知存在联邦列出的淡水鱼类物种和其他水生物种（如两栖动物、蜗牛）的河流修复项目
濒危物种咨询和/或生物意见书（NMF）	国家海洋渔业局（NMFS）	1973年《濒危物种法》（ESA）	所列物种（海洋和淡水鲑鱼）和重要栖息地	对于可能影响溯河产卵鱼类和重要栖息地的河流恢复项目而言是必需的

续表

法规、许可、协定	相关部门	相关法律	关键资源或问题	特定要求
联邦应急管理局地图修订函（LOMR）	联邦应急管理局（FEMA）	经修正的 1968 年《国家洪水保险法》和经修正的 1973 年《洪水灾害保护法》	防洪通道保护及防止洪灾	地图修订函（LOMR）通常基于对洪水源的水文或水力特性有影响的物理措施的实施，因此会导致对现有调节性防洪通道的调整；适用于因大坝拆除引起的洪泛区或洪水高程变化的生态修复项目；有时需要这样做，以证明恢复项目不在受监管的洪泛区中
附带许可：第 10（a）（1）（B）条	美国鱼类和野生动物保护管理局（USFWS）	1973 年《濒危物种法》（ESA）：第 10（a）（1）（B）条	保护所有联邦政府列出的动物物种	附带许可证与《栖息地保护计划》有关；获得许可的其他原因包括但不限于可能影响联邦所列物种的规划建设和开发，以及河流和流域内活动
通过《栖息地保护计划》附带获得许可证	美国鱼类和野生动物保护管理局（USFWS）	1973 年《濒危物种法》（ESA）：第 10（a）（1）（B）条	保护所有联邦政府列出的动物物种	只要有一个经批准的《栖息地保护计划》（HCP），允许进行其他导致"附带"名单上的物种的法律内容
MMPA 附带授权书或授权书	国家海洋渔业局（NMFS）	1972 年《海洋哺乳动物保护法》	所有海洋哺乳动物	对海洋哺乳动物进行"掠夺"或骚扰的生态修复项目，包括对海洋哺乳动物的迁移
农药使用许可证	多个机构	《联邦杀虫剂、杀菌剂和灭鼠剂法案》（FIFRA）	野生动物保护与水质保护	使用除草剂防治联邦土地上的杂草
研究 / 回收许可证（回收和州际贸易许可证）：第 10（a）（1）（A）条	美国鱼类和野生动物保护管理局（USFWS）	1973 年《濒危物种法》（ESA）：第 10（a）（1）（A）条	保护所有联邦政府列出的物种	进行科学研究或开展活动以增强所列物种的繁殖和生存能力，以及增强可能直接"被夺走"的野生物种的繁殖和生存能力；工作包括丰度调查、基因研究、迁移、捕获和标记、远程监测，以及从濒危植物种群中收集种子
研究 / 回收许可证（回收和州际贸易许可证）：第 10（a）（1）（A）条	国家海洋渔业局（NMFS）	1973 年《濒危物种法》（ESA）：第 10（a）（1）（A）条	保护联邦政府列出的溯河产卵鱼类	与上述相同，但具体涉及溯河产卵的物种，包括鲑鱼；例如，鱼类调查、基因研究、孵化操作、迁移、捕获和标记，以及远程监测
美国陆军工程兵团通用许可计划 – 程序通用许可	美国陆军工程兵团（USACE）	1899 年《河流和港口法》：第 10 条；1972 年《联邦清洁水法》：404 条（经修订）	美国所有可通航水域、潮汐水域、湿地和水域	程序性通用许可由 USACE 逐个州签发
美国陆军工程兵团全国许可证（NWP）—施工前通知	美国陆军工程兵团（USACE）	1899 年《河流和港口法》：第 10 条；1972 年《联邦清洁水法》：404 条（经修订）	美国所有可通航水域、潮汐水域、湿地和水域	美国全国范围内与生态修复相关的许可证包括 NWP 5（科学测量设备），NWP 6（调查活动），NWP 13（河岸稳固），NWP 27（水生栖息地恢复，建立和增强活动），NWP 33（临时建设，使用和排水），NWP 37（紧急流域保护和修复）和 NWP 43（雨水管理设施）；USACE 地区办公室可能会设置其他要求

续表

法规、许可、协定	相关部门	相关法律	关键资源或问题	特定要求
美国陆军工程兵团第10条许可	美国陆军工程兵团（USACE）	1899年《河流和港口法》：第10条	美国所有可通航水域、潮汐水域、湿地和水域	用于建造桥墩、防波堤、舱壁、突堤、堰和进水建筑物，疏浚或处置疏浚物，以及对美国国内水域进行挖掘、填充或其他改造；在可通航水域内、上方或下方作业，或影响航道、位置、条件或容量的作业
美国陆军工程兵团第404条许可	美国陆军工程兵团（USACE，也需要根据第401条获得州批准）	1972年《联邦清洁水法》：第404条（经修订）	美国的湿地和水域	涉及： （1）向美国国内水域（包括湿地）排放填料或疏浚物的项目； （2）住宅、商业或娱乐开发用场地的开发填料； （3）护岸、丁字坝、防波堤、堤坝和堰的施工； （4）抛石和道路填料的铺设； 适用于联邦土地上或使用联邦资金的生态修复项目
州和/或区域政府					

法规、许可、协定	相关部门	相关法律	关键资源或问题	特定要求
考古调查许可证	国家历史保护局（SHPO）	州法规	位于州土地上的考古资源	需要在州土地上或在州控制水域内进行考古现场研究
《联邦清洁水法》（CWA）第401条水质认证和/或废物排放要求确定	国家水资源管理委员会、水质管理局、国家环境保护部等	1972年《联邦清洁水法》：第401节，经修订	符合州水质标准	任何涉及疏浚或填充活动的生态修复项目，如果可能导致向美国地表水和/"州水域"排放，则需要获得CWA第401条水质认证和/或废物排放要求（疏浚/填充项目）确定；也适用于任何需要联邦许可证的生态修复项目
沿海开发许可证	州海岸委员会或地方海岸带管理法	1972年《联邦沿海地区管理法》和《州沿海地区管理法》	海岸资源保护	位于州指定海岸带内的项目，包括使项目场地恢复到开发前状态的项目；包括湿地和沿海泻湖生态修复项目
文化资源咨询	州历史保护局（SHPO）和/或部落历史保护局（THPO）	1966年《国家历史保护法》（NHPA）和《州历史保护法》	考古文化资源保护	就可能影响州和联邦土地上考古和文化资源遗址的项目咨询SHPO和/或THPO（NHPA第106条）
历史地段工作许可证或历史建筑物改造项目授权书	州历史保护局（SHPO）和/或部落历史保护局（THPO）	1966年《国家历史保护法》（NHPA）和《州历史保护法》	历史建筑保护	与上述相同，但用于历史建筑，例如破坏历史大坝
水利水文项目批准书或许可证	鱼类和野生动物部—州分部或其他州机构	州法规	普通高水位内河道（OHWM）	对州内水资源，存在使用、转移、改变或阻碍河床或水流的任何施工活动；在一些州内鲑鱼栖息地恢复项目是必需的（包括原木、伐木或废物的清理）
附带许可证	鱼类和野生动物部—州分部	州濒危物种法	珍稀、濒危和受威胁的物种	可能影响列入州保护物种的活动，包括物种栖息地的改善

续表

法规、许可、协定	相关部门	相关法律	关键资源或问题	特定要求
湖泊或河床改造协议	鱼类和野生动物部—州分部	州鱼类和野生动物法规	湖泊、河床和河岸	通过实质性地改变河床、河道或河岸来显著改变湖泊、溪流或河流的活动；可适用于河岸植被的改变，包括外来植被的移除
堤防种植通知和/或批准	堤防区和/或填海区和/或防洪委员会	USACE 运维指南和州洪水管理机构指南	堤坝和防洪道维护	适用于防洪堤上或附近的植物种类选择以及堤上或附近的植物管理
灭蚊咨询	灭蚊区	州和地方法律法规	蚊虫：蚊虫传播疾病的媒介	导致增加蚊子幼虫栖息地的项目；有时适用于溪流生态恢复项目
国家排污系统许可证	环境保护署（EPA）地区办事处和/或合作的地方机构	《联邦清洁水法》	保护地表水水质和防止沉淀	项目场地大于 1 英亩，土壤暴露于潜在的土壤侵蚀中；可能需要结合雨水污染防治计划（SWPPP）来防止污染径流
农药使用推荐表	州农药监督管理局	州法规	保护鱼类、野生动物和水资源	使用杀虫剂和/除草剂时
规定的燃烧许可证	州—区域空气质量控制委员会	《州—区域空气质量法规》	保护空气质量	使用规定的火作为管理工具
植物采集许可证或植物研究许可证	鱼类和野生动物部—州分部	《州濒危物种法》和/或《州本土植物保护法》	珍稀、濒危和受威胁的植物	项目涉及列入州名录中的植物物种，包括收集种子或其他繁殖体，用以植物繁殖和恢复活动，以及濒危和受威胁物种的移植
科学采集许可证或科学使用许可证	鱼类和野生动物部—州分部	《州濒危物种法》和/或《州法规》	野生动植物资源和国家列入名录的物种的保护	涉及抽样的监测计划，涉及活体诱捕或其他形式的抽样，可能会损害受保护的野生动植物物种；也用于在项目之前，期间和/或之后对鱼类种群进行采样
木材采伐许可证	国家林业部—州分部	《州森林实践法和守则》	森林资源保护	涉及清理可销售木材（树木）的项目；可能需要涉及树木间伐和/或树木移除的项目
诱捕许可证或执照	鱼类和野生动物部—州分部	《州鱼类和野生动物法规》		临时捕获和清除可能破坏植物的本地野生动物有害物种（如海狸）
水权许可证或引水限制许可证	州水务委员会或州水权司	《州水资源法规》	无水权使用水资源	需要在短期或固定时间内分流（包括抽水）和使用溪水灌溉非河岸土地的项目
地方政府				
农用地转用许可证	县、区、乡、市、镇	《地方土地用途转换条例》	农地保护	可能需要将农业用地转换为野生生物栖息地。在某些州，州具有管辖权
燃烧许可证	县，区，乡镇或城镇空气质量控制区和/或地方消防区	县、市等条例或农业专员政策	空气质量和火灾隐患	燃烧用以消除杂物；燃烧用以控制杂草；规定的火

续表

法规、许可、协定	相关部门	相关法律	关键资源或问题	特定要求
侵占许可证	防洪委员会或县、区、乡、市、镇防洪中心	州法规	开发（包括种植）对排洪道潜在的影响	侵占河流、河道、防洪堤和洪泛区；评估项目对洪水流量和河流高程的"改善"情况；可能需要防洪种植设计
侵蚀控制许可证	县、区、乡、市、镇	县、市等《侵蚀防治条例》	土壤侵蚀与沉积	任何超过指定面积（平方英尺）、超过一定坡度或超过一定程度的土地干扰活动，或沿水道或海岸带的任何土地干扰活动
地形调整许可证	县、区、乡、市、镇	县、市等《地形调整条例》	当施工涉及移动一定数量的土方量时	
除草剂使用报告	县、区、乡、市、镇农业委员会	县等农业专员政策	除草剂使用记录	喷洒除草剂以控制杂草
中水使用许可证	县、区、乡、市、镇	县、市等条例或政策	水质保护	打算将处理后的废水用于湿地以及可能用于旱地种植灌溉的项目
雨水管理许可证	县、区、乡、市、镇	县、市等《雨水管理条例》	水质保护	可能显著增加径流、洪水、土壤侵蚀或水污染或显著影响湖泊、溪流或湿地区域的活动
移树许可证	县、区、乡、市、镇	县、市等《树木保护条例》	保护指定的遗产树木和一定直径的树木	实施树木保护条例的地方
油井拆解或销毁许可证	县、区、乡、市或镇环境卫生局	州标准和县、市等条例	地下水污染防治	停用未使用或废弃的井；必须遵循州标准和任何其他本地要求
钻井许可证	县、区、乡、市、镇	县、市等《钻井法》	防止地下水污染	为浇灌植物或其他目的而钻生产井

附录 10 "洛斯佩纳斯基多斯峡谷" 场地分析清单

洛斯佩纳斯基多斯峡谷场地分析清单 表 A10-1

		SWOT-C	评价
一般因素	政治考量	S	移除高耸的桉树，这些桉树对公园游客和附近居民产生影响
			咨询风景园林师进行视觉研究
	历史背景	S	峡谷地区从 19 世纪中期开始经营牧场；保护区工作人员说，峡谷主要用于放牧；旧照片显示早期牧场有悬铃木、橡树和杨树
	危险废弃物	–	没有废弃油桶或清洗垫的相关迹象
			查看县志记录，以了解有关历史牧场经营的相关信息
	资源限制	C	该地区现存的原生植被；河道水流正常
			标记出不同区域；开发滨水道路系统
	历史 / 考古学	C	靠近大橡树的墓地；泉水屋（地基被棕榈树破坏）；有一处国家注册保护地（兰乔）
			与保护人员就需求和限制进行协调
	野生生物	S	桉树林中的大角猫头鹰巢
			保护和重新安置巢穴；咨询生物学家以确定迁移巢穴的最佳时间或季节
	人类使用形式	T	步道小径遍布整个项目区域；日常使用者包括徒步旅行者、慢跑者、马术者、山地自行车手；兰乔（国家注册保护地）附近的学校项目
			在施工和栽植期间，与保护人员协调关闭步道小径
	确认生态系统压力点	W	大片桉树覆盖着河床；在佩纳斯基多斯河源头有大片桉树林；在整个峡谷中散布着几棵孤植桉树
		W	在泉水屋和溪流地区是棕榈树（*Phoenix spp.*）占主导
		W	落叶量大，根系浅
	备选场地所有权	S	整个场地归县政府所有
			从县志记录中获得矢量地图
	限制	C	在施工和栽培期间是否需要保持游步道可通行
		C	上午 / 下午是大量使用步道的时期；在施工期间可能需要工作窗口期（关键期）

续表

		SWOT-C	评价
一般因素	地役权，优先权	T	公共设施走廊纵横交错；主要服务干道上可以看到下水道检修孔；供水管南北走向；和架空线路共用同一地权
			向公共事业公司申请地役权限制要求和详细信息
		T	沿主干道的地表侵蚀
	农业检疫		无
	土地利用	S	项目地点位于县政府运营的开放式公园内；住宅用地位于南北峡谷边缘的顶部
物理因素	明确的备选场地		公园内部占地3英亩；项目区覆盖着大量非本地桉树
	景观生态学	S	大型河岸植被群落的一部分，与邻近的山坡直接相连；野生动物可以轻松到达现场而没有任何障碍地在上下游移动；河流流经植被，存在多条水道；仅鱼类迁移向下游，因为场地下方的瀑布阻止了鱼类向上游运动
	水文	S	佩纳斯基多斯河全年无休；三条小的溢流通道平行穿过整个场地，在暴雨期间可能会积水
	地下水	S	自然矿泉水会补充泉水屋附近的溪流
	地表水	S	看起来很干净；没有杂质和沉淀，城市径流必然有利于河流全年不断流
		T	牧场房屋旁的小径有潜在的沉降问题
	水质	?	按盐度/氮/磷酸盐/重金属的顺序进行试验
	地形	S	峡谷底部宽阔；东西向相对平坦；台地位于峡谷的北部和南部
	高程	S	200英尺 ± 公海平面
	坡度和坡向	S	南峡谷壁陡峭（坡度约30%），并被丛林覆盖；北峡谷壁平坦，以非本地草本为主；阳光充足；峡谷底部阳光充足
	土壤测试	O	项目范围主要为沙壤土，主要道路和小径附近为沙质土和砾质壤土
			需要明确是否可以从县里获得数据
生物因素	确定现有植被的演替模式	W	桉树群发育成熟，但缺乏林下植被；周边小范围地区仍然显示了本地植物的多样性，但成小簇状；一些地区正在生长幼龄桉树，说明场地仍处在退化过程中；桉树群落附近的本地植被呈现出典型的受洪水影响而有规律变化的河岸生态格局
			在该地区建立柳树灌木林地将有助于将上下游植被连成一个群落，从而提供更好的微生境

续表

		SWOT-C	评价
生物因素	确定栖息地价值和特征	O	高大的树木为猛禽和大型鸟类提供栖息和筑巢的环境；猫头鹰和其他鹰类筑巢的位置不同；上游有鱼向下游运动；哺乳动物经常出没，山猫、狐狸、浣熊和臭鼬在这个公园里很常见；在沿河小径上可以看到鹿的踪迹
			该项目将在当前的桉树林内提供动物觅食区；该项目将鼓励野生动物更频繁地访问该地区，并增加使用植被的动物种类的多样性，使之超过大型食肉性鸟类
	评估退化程度	W	沿河岸的大片区域没有原生林；主要是桉树
		W	土壤表面大概有 6 ~ 10 英寸厚的桉树叶和种子
			与团队讨论如何去除表层土壤以摆脱桉树种子库的麻烦
	野生动物资源	C	大角猫头鹰在桉树上筑巢
			将巢穴迁移至附近的悬铃木上
期待的场地改善	地形调整	S	移除树桩后，只需进行轻微的平整即可
	引进和运出土壤	W	移除桉树林中 6 ~ 10 英寸的土壤以清理种子库
	排水 / 防洪	O	施工期间，利用现有的排洪道分流
			增加河流穿越场地，降低沉积程度
	缓冲要求		无
	访问管控	W	为了保护新栽植的植物，有必要在恢复区周围搭起临时围栏
			为种植施工提供专门入口
			与保护区工作人员协调围栏的位置
	工程设施	O	与牧场房屋的电力服务相连接；位于小溪北侧，距离场地约 400 英尺
	水源		位于小溪北侧约 600 英尺的城市自来水服务连接点

续表

		SWOT-C	评价
期待的场地改善	电力		考虑太阳能控制器,特别是目前的灌溉只是暂时的
	灌溉		需 2 年

注释:
S—优势
W—劣势
O—机遇
T—威胁
C—限制

术语词汇表

actions：行动。为实现既定目标而采取的措施。

adaptive management：适应性管理。在面对不确定性时进行优化决策的结构化迭代过程，旨在通过系统监控来逐步减少不确定性。

anthropogenic environmental stressor：人为环境压力源。人为诱发的环境状况或反复发生的事件，不利于生态系统的稳定性或发展。

best management practices（BMPs）：最佳管理实践，缩写为 BMPs。用于减轻直接或间接影响的技术、过程、活动或结构。

bioengineering：生物工程。植物工程的一个分支，将有生命的植物和植物部位用作材料以进行侵蚀控制和景观恢复，也称为土壤生物工程。

biotechnical stabilization：生物技术稳定。综合利用或结合使用活的植物和惰性结构成分来稳定斜面或斜坡。

buffer zone：缓冲区。位于核心保护区与周围景观或海洋景观之间的区域，保护核心区免受潜在的外部影响或破坏；本质上是过渡区域。

community：群落。聚集在特定景观或位置的生物群，生物群通常与分类组（植物群落、昆虫群落、寄生植物群落等）结合使用。

compensatory mitigation：补偿性缓解。政府机构要求通过生态修复或其他活动（恢复、改造、改善等）来补偿不可避免的环境损害的方法或策略。

connectivity：景观连通性。景观连通性可以定义为景观在多大程度上促进或阻止物质在资源之间的移动。

corridors：生物廊道。野生动物使用的狭长地带景观，潜在的允许生物因子在两个区域之间移动的廊道。

creation：创建。为满足补偿性缓解要求，通常需要用另一种被认为具有更大价值的生态系统来取代现有的生态系统。

cultural ecosystems：文化生态系统。在自然过程和人为组织共同作用下发展的生态系统。

design-build contractor：设计—建造承包商。承包商准备生态修复项目计划以供利益相关者批准，然后根据单个合同进行项目建设。

　　ecological attributes：生态属性。生态系统的生物物理性质（组成、结构、非生物／景观支持）和紧急状态（功能、复杂性、自组织、复原力、自我可持续性、生物圈支持）等特性。

　　ecological engineering：生态工程。操纵和使用生物体或其他有机体的材料来解决影响人类的问题。

　　ecological integrity：生态完整性。生态完整性是生态系统的一种状态或状况。它表现出参考系统的生物多样性特征（例如物种组成和群落结构），并且能够完全维持正常的生态系统功能。

　　ecological restoration：生态修复或生态修复。协助恢复已经退化，受损或破坏的生态系统的过程。

　　ecological restoration practitioner：生态修复师。积极参与生态修复的各个阶段和各个方面，并且对生态修复的概念以及生态修复的原理和实践有丰富知识的个人。

　　ecological restoration project：生态修复项目。旨在使规定的（已绘制的）边界内的特定项目场地的已退化、受损或遭破坏的生态系统得以恢复的计划性工作。生态修复项目试图恢复大部分（如果不是全部）的生态系统属性。

　　ecological trajectory：生态轨迹。随着时间的推移，生态系统的生态属性（生物和非生物）的预计发展路径。

　　ecosystem degradation：生态系统退化。由于持续的压力事件或间断的小扰动而造成的生态系统逐渐的和渐进的损害，其发生得十分频繁导致大自然没有时间进行自行恢复。

　　ecosystem processes：生态系统过程。指生态系统的基本过程，例如能量转移、初级生产、食物链动态、水文路径和养分循环。它与生态系统结构有着千丝万缕的联系，但与生态系统功能并非同义。

　　ecosystem recovery：生态系统恢复。如果确实发生了生态修复，则生态系统将恢复其在无压力状态下的发展速率和动态方式，或遵循与无压力参考系统一致的时间顺序发展（通常称为轨迹）。

　　ecotone：生态过渡带。生态系统之间的过渡区。

　　edge effect：边缘效应。两个相邻植物群落之间的边缘地带野生动物丰富度和多样性增加的现象。

　　electroconductivity：导电性，指水或土壤提取物的电导率。通常用于估计溶液中的可溶性盐含量。另请参阅土壤电导率相关章节。

　　environmental engineering：环境工程。整合科学和工程原理以改善自然环境（空气，水或土地资源）；提供健康的水，空气和土地，供人类居住（房屋或家庭）和其他生物使用，并修复污染场所。

environmental stressor：环境压力源。一种经常发生的状况或重复发生的事件，对某些物种的危害大于对其他物种的危害，并在很大程度上决定了生态系统中物种的组成和丰度。压力源包括冰冻温度、干旱、盐度、火和营养物质的缺乏等。

fabric mulch：纤维覆盖物。将合成材料放在植物周围的地面上，以控制杂草的生长，也称为杂草垫。

fabrication：构建。在以前没有生态系统的土地上建立生态系统，也称为创建。

flaming：燃烧。通过使用丙烷火炬燃烧植物部位来根除杂草和入侵植物。

function：功能。属于生态系统的动态方面，例如光合作用、初级生产、矿质养分的隔离和回收以及食物链的维护。有时在含义上仅限于这些代谢活动，有时会扩展到包括所有生态系统过程。

geomorphology：地貌学。地貌的描述和研究。

girdling：环剥。从木本植物的树枝或树干的整个圆周上完全除去一圈树皮（包括表皮层、韧皮部、形成层，有时进入木质部）。环剥会让上述部位损伤而导致树木死亡。

habitat：栖息地。存在于某个区域中的资源和条件，这些资源和条件会被生物体占用（包括生存和繁殖）；栖息地是特定于生物体的。

hard seed：硬核种子。任何具有坚硬的不透水外壳的种子。直到当外壳被划破或微生物作用使种皮破裂才可以发芽。

hardpan：黏土层。一种具有限制根部渗透和限制水分流动的物理特性的土壤层。

herbivore：草食动物。以植物为食的动物。草食是指以植物为食的状态或条件。

hydroperiod：水文周期。在一年或其他时间段内土壤或基质被浸泡或淹没的持续时间。

imprinter：压印机。一种压路机，用锯齿形、圆锥形或 V 形褶皱排列成一定图案以引导水流的微型集水器，通常由拖拉机、推土机或其他重型设备牵引。

indigenous：原住民。世代生活在某一特定地方的人。

indigenous people：原住民。在特定的区域或环境中，由共同的文化、传统和血缘关系相结合的，并由其塑造、生长，生活或自然而然形成的一群人；表现出共同的社会、经济、环境的特征和共同的精神信仰。

inoculation：接种。将菌根或细菌（菌种）引入植物的行为。

keystone species：关键物种。一个对其他物种产生重要积极影响的物种，其影响的数量和程度往往比预测的要大。

landscape：景观。以可识别的方式排列并交换生物和物质的生态系统集合，如水景。

landscape ecology：景观生态学。研究形成景观的相连生态系统与环境之间的动态相互作用，包括人类活动。

landscape mosaic：景观镶嵌体。由不同的斑块拼凑而成，形成一个整体景观。镶嵌体的实际组成和分布模式对于每个景观都是唯一的。

leach tube：利奇管。一种可重复使用的锥形塑料容器，用于育苗。为了便于运输，这些容器可以安装在机架上，并以发明家雷·利奇（Ray Leach）的名字命名。

liner：笔管。一种可以让植物幼苗生长的细长管（通常高 10 英寸，直径 1.5 英寸），可以方便地移植到植被恢复场所。

local ecological knowledge（LEK）：本地生态知识（LEK）。以可持续的方式生活在乡村中的人们所收集的关于物种和生态系统的当前的和不断扩大的有用的生态知识。另见传统生态知识（Traditional Ecological Knowledge，TEK）。

macronutrient：大量营养素。在植物中发现的较高浓度（＞500 毫克／千克）的植物营养素。通常指氮、磷和钾，但也可能包括钙、镁和硫。

microclimate：小气候。由生态系统中的群落结构（例如，阴影、防风林）和过程（例如，蒸腾作用）引起的相对于该地区宏观气候改善的气候条件。

micronutrient：微量营养素。在植物中发现的含量相对较低（＜100 毫克／千克）的植物营养素。通常指硼、氯、铜、铁、锰、钼、镍、钴和锌。

mitigation：缓解。缓解措施包括：①通过不采取某些行动或部分行动来完全避免影响；②通过限制行动及其执行的程度来尽可能地减少影响；③通过修复、恢复或复原受影响的环境来纠正影响；④在缓解措施的整个生命周期内，通过保存和维护操作来减少或消除影响；⑤通过更换或提供替代资源或环境来补偿影响。"缓解"一词通常用于指代补偿性缓解。另请参见"补偿性缓解"。

mycorrhiza：菌根。植物和真菌之间的互惠共生关系，位于根或根状结构中，其中能量主要从植物转移到真菌，无机资源从真菌转移到植物。

nurse plants：辅助植物。保护或促进相关植物生长的植物种类。

nutrient holding capacity：营养保持能力。土壤吸收和保持养分的能力，以便营养能被植物的根吸收。

organic matter present/content：有机物的存在／含量。动植物分解后其残渣的重量；表示为直径小于 2 毫米的土壤材料的重量百分比。

passive restoration：被动恢复。通过无辅助的原生复原力进行演替或自然再生过程，对退化的生态系统进行自主或自生的恢复。

performance standard：性能标准。通过监视确定的值或阈值条件，当达到该值或阈值条件时，将验证是否已达到特定目标。

perturbation：扰动。外部或内部机制引起的生物系统功能的改变。

plant band：植物带。长而狭窄的容器，用于种植植物。

plant establishment period：植物建立期。植物栽植后的一段时间，以确保在没有外部支持的情况下，修复场地上栽种的植物能够成活。

plant palette：植物菜单。引入恢复场地的植物物种的组合。也称为植物物种调色板或仅称为物种菜单。

plugs：球根。在长于其宽度的小的圆柱形或正方形容器中生长的草本植物。其较长的形状允许植物在移栽前建立根系。

power auger：动力钻。电动螺旋钻，用于在地面钻孔，通常由两名工人手持。

prescribed fire or burning：规定的火或燃烧。出于一个或多个目的故意使用火来管理森林或其他类型的自然区域，包括减少危害、控制林下植被、场地准备、疾病控制以及野生动物栖息地的改善，杀死目标植物物种或有利于依赖燃烧的植物和动物物种的生长或存在。

prevegetated mats：生长垫。在聚丙烯或植物纤维层的网状材料顶部的土壤介质中生长的较为扁平的植被层（通常为草、莎草和草丛）。

process：过程。属于生态系统或景观的动态方面，有时被认为是功能的同义词，包括诸如蒸腾作用、竞争、寄生、动物介导的授粉和种子传播、菌根关系和其他共生关系等相互作用。

project requirements：项目要求。汇总了所有场地需求、利益相关者的期望以及修复项目的强制要求。

project scope statement：项目范围说明。一份书面声明，描述生态修复项目的规模，包括项目目标和目的、项目要求、项目预算、项目进度以及项目团队所做的任何假设。

propagule：繁殖体。任何繁殖的，有性和无性的植物生殖结构，例如种子，孢子或砧木。

pure live seed（PLS）：纯活种子（PLS）。通过将发芽率和纯度与种子总体积相乘得出收获的种子材料中有活力种子的数量。

purity rate：纯度。散装种子的度量指标，指示种子和非种子物质的量。

reclamation：复垦。将通常认为相对无用的土地转换为有生产条件的土地，通常用于农业和造林。恢复生产力是主要目标。

reference：参考。一个或多个实际生态系统（称为参考场地），通过其书面生态描述或来自辅助资源的信息（例如历史图片或记录，古生态数据），可作为指导生态修复项目发展的基础。另请参阅参考场地和参考模型。

reference model：参考模型。生态系统的生态描述，可作为制定生态修复计划的基础；来自参考场地的研究或来自第二信息来源。

reference site（s）：参考场地。一个或多个实际的生态系统，项目的生态修复规划基于此场地，可作为评估已完成生态修复项目的基础。

rehabilitation：复原。恢复生态系统过程以恢复系统的正常功能和服务，而不必恢复参考模型或其预测轨迹的生物多样性。

resilience：韧性。生态系统能够自发地承受或完全恢复的能力。

resistance：抵抗性。生态系统吸收干扰影响的能力，吸收后其结构和功能几乎没有变化。

resoiling：上土。人工建立或重建土壤剖面的过程。

restoration ecology：生态修复学。生态修复实践的基础科学，为从业人员提供了所依赖的概念和模型。通过研究恢复的生态系统和正在恢复的生态系统来推进理论生态学前沿的科学。

restrictive layer：限制层。具有一种或多种物理、化学或热学性质的土壤层，可大大减少水和空气在土壤中的流动。限制层通过限制生根区的界限来限制植物的生长。

revegetation：重建植被。不论种源如何，通常在物种数量有限的空地上建立植物覆盖。

reverse backfilling：反向回填。按照与原材料（母材、底土、表土）相反的顺序回填先前挖掘的区域。

rhizome：根茎。具有营养繁殖能力的植物的茎。根茎从解剖学上与真根不同，根茎在上部和下部生根，并在芽、节和通常呈鳞片状的叶方面不同于真根。

salinization：盐碱化。由于灌溉水蒸发或其他与土地利用有关的原因，构成根区的土壤变得越来越咸的过程。

scarify：划刻。破坏、划伤或改变土壤表面。还有，刮掉坚硬种子的不透水的种皮。

seed bank：种子库。存放种子以供以后购买和使用的地方。

seed increase：种子增加。一种在受控环境下利用种植的苗床生产更多种子的方法。

smothering：窒息。通过用某种类型的材料（例如木屑、杂草控制织物，塑料）覆盖土壤以排除阳光来杀死不需要的植被或防止发芽的技术。

sod slabs：草皮块。从含有土壤、植物根和地上植被的湿地、天然草地或草甸中获得的块状草皮。

soil electrical conductivity：土壤电导率。土壤的导电能力。

soil horizon：土层。大致平行于陆地表面的一层土壤或土壤材料，在物理、化学和生物特性或特征上不同于相邻土地的遗传相关层，如颜色、结构、质地、稠度、存在的生物种类和数量、酸碱度等。

soil imprinting：土壤印压。一种使用有角度的锯齿（通常连接到沉重的滚轮上）在土壤表面形成漏斗状凹陷以促进植物生长的技术。该技术与传统的耕作方法（如犁、耕或播种）不同，因为它不会翻土，并且对土壤腐殖质的破坏最小。凹陷的深度可以设计成收集适合的水量，从而帮助生长较慢的植物发芽。

soil inversion：翻土。翻转表土并从地表以下 3 英尺处抬高底土的过程。

soil permeability：土壤渗透性。气体、液体或植物根系渗透或穿过大量土壤或一层土壤的难易程度。

soil ripping：松土。把钢柄（尖齿或裂土器）拉过土壤，使压实的土壤地下层破裂的过程。

柄长超过 45 厘米，松土间距大致相同。也称为深耕。

soil seed bank：土壤种子库。储存在土壤中的活种子，能够在适当的条件下发芽，并能在场地受干扰后补充植被。

soil texture：土壤质地。根据土壤类别（如黏土、粘壤土、壤土）所描述的各种土壤的相对比例。

soil type：土壤类型。土壤自然分类系统中的最小单位；土壤系列的一个分支，包括和描述具有所有相似特征（包括表土和底土）的土壤。就土壤质地而言，土壤类型通常是指特定土壤样品中不同大小的矿物颗粒。

solarization：日晒。利用太阳能杀死不需要的种子和土壤危害生物。

species reintroduction：物种重新引入。试图在曾经属于其历史范围但已被灭绝的地区重建物种的尝试。

stakeholder：利益相关者。积极参与项目或其利益可能会因项目的进行或完成而受到正面或负面影响的个人或组织。

state：状态。生态系统或景观的外观、表达或表现形式，取决于物种组成、生命形式、个体的大小和丰度以及群落结构。

stratification：分化。使用化学和机械系统打破种子的休眠状态并促进发芽。

structure：结构。由主要植物物种的大小、生命形式、丰度和分布决定的群落的物理外观，也称为群落结构。

swailing：控燃。控制燃烧以减少危害；在英国也用于管理荒地。

target：目标。生态修复项目的预期长期结果（终点或目标），有时直到生态修复项目工作停止很长时间后才能完全实现。

target species：目标物种。正在为其创建栖息地的物种（通常是特殊状态物种）列表。生态修复设计将基于这些物种的综合栖息地要求。

traditional cultural practices（TCPs）：传统文化习俗（TCPs）。传统生态知识的应用引发文化生态系统的发展和维护。

traditional ecological knowledge（TEK）：传统生态知识（TEK）。传统生态知识是人们通过与自然和自然资源互动，在传统社会中积累的社会经验和看法而得出的。传统生态知识通常是通过反复试验而产生的，并经常通过口头传承传给后代。另请参阅本地生态知识（local ecological knowledge，LEK）。

tree spade：树铲。一种专门的机器，由许多刀片组成，这些刀片环绕一棵树，先在地面上挖洞，然后将整棵树（包括树的根和土壤）抬离地面，以进行重新栽种。

vegetation zonation：植被分区。一种植被布局，其中某些植物物种会集合出现在某区域中，通常在临水的地方。

vegetative propagation：营养繁殖。通过从母本植物中分离出的营养部分（例如，树枝、匍匐茎、根茎、芽）并进行种植，使它们生根和生长，从而实现无授粉繁殖。

viability：种子活力。通过确定种皮中是否存在种胚来确定种子是否能够发芽。

water budget：水量预算。通过将来自然降水、地下水和其他来源的各种输入水量的总和，减去与通过径流、蒸腾作用和地面渗透而损失的水量来确定一个地区的需水量。

water holding capacity：持水力。土壤在重力作用下保持水分的能力，并使其可供大多数植物使用。

waterjet stinger：喷水刺枪。高压水泵连接到一根长的空心管（"刺枪"），枪头插入地面，喷水形成一个长而狭窄的孔。常用于沿河岸的种植。

watershed：分水岭。分隔流向不同河流或流域的水的线；两个排水区之间狭窄的升高的地面。

wattles：编条篱笆。用麻线或塑料网包裹的长条状植物材料卷，用于控制侵蚀和稳定河岸或斜坡。篱笆可以用休眠的插条或任何其他营养材料（例如椰壳纤维、稻草、松针）制成。术语"编条篱笆"也指与细长的树枝或芦苇交织的紧密固定的柱子状的构筑物。参见柳条篱笆。

weed：杂草。任何不希望出现的、未经耕种的植物，会大量生长以排挤所需的农作物或所需的本地植物。

weed-free straw：无杂草的稻草。已被证明不含有害杂草的收获植物材料，用于稻草包、秸秆覆盖物和稻草垂。

whips：长扦插条。

willow wattles：柳条篱笆。由休眠的柳树插条构成的圆柱形束丛；通常用麻线或金属丝捆扎，长度不同且末端逐渐变细。用于控制侵蚀和河岸稳定，休眠茎干可以使用与潮湿土壤接触时会生根的任何木本植物构建。也称为柴笼。另请参阅编条篱笆。

参考文献

Adams, Lowell W., and Louise E. Dove. 1989. *Wildlife Reserves and Corridors in the Urban Environment*. Columbia, MD: National Institute for Urban Wildlife.

Allen, Michael F. 1991. *The Ecology of Mycorrhizae*. New York: Cambridge University Press.

Alwash, Suzanne. 2013. *Eden Again: Hope in the Marshes of Iraq*. Fullerton, CA: Tablet House Publishing.

Anderson, Bertin W., and Robert D. Ohmart. 1985. "Riparian Revegetation as a Mitigating Process in Stream and River Restoration." In *The Restoration of Rivers and Streams*, ed. James A. Gore, 41–79. Boston: Butterworth Publishers.

Anderson, M. Kat. 2001. "The Contribution of Ethnobiology to the Reconstruction and Restoration of Historic Ecosystems." In *The Historical Ecology Handbook: A Restorationist's Guide to Reference Ecosystems*, ed. Dave Egan and Evelyn A. Howell, 55–72. Washington, DC: Island Press.

———. 2005. "Tending the Wild: Native American Knowledge and the Management of California's Natural Resources." Berkeley: University of California Press.

Aqua Dam Inc. 2012. Website. http://www.aquadam.com.

Bainbridge, David A. 2007. *A Guide for Desert and Dryland Restoration*. Washington, DC: Island Press.

Baird, Kathryn, and John Rieger. 1989. "A Restoration Design for Least Bell's Vireo Habitat in San Diego County." In *Proceedings of the California Riparian Systems Conference: Protection, Management, and Restoration for the 1990's*, ed. D. L. Abell, 462–67. Berkeley, CA: Pacific Southwest Forest and Range Experiment Station, Forest Service, US Department of Agriculture.

Blackburn, Thomas C., and Kat Anderson, eds. 1993. *Before the Wilderness: Environmental Management by Native Californians*. Menlo Park, CA: Ballena.

Bonham, Charles D. 1989. *Measurements of Terrestrial Vegetation*. New York: Wiley-Interscience.

Boustany, Ronald G. 2003. "A Pre-vegetated Mat Technique for the Restoration of Submerged Aquatic Vegetation." *Ecological Restoration* 21:87–94.

Bradley, Joan. 2002. *Bringing Back the Bush: The Bradley Method of Bush Regeneration*. Sydney, Australia: Reed New Holland.

Bradshaw, Anthony D., and M. J. Chadwick. 1980. *The Restoration of Land: The Ecology and Reclamation of Derelict and Degraded Land*. Berkeley: University of California Press.

Burkhart, Brad. 2006. "Selecting the Right Container for Revegetation Success with Tap-Rooted and Deep-Rooted Chaparral and Oak Species." *Ecological Restoration* 24:87–92.

California Tahoe Conservancy. 2012a. "Trout Creek Restoration." http://tahoe.ca.gov/trout-creek-restoration-69.aspx.

California Tahoe Conservancy. 2012b. "Upper Truckee Marsh." http://tahoe.ca.gov/upper-truckee-marsh-69.aspx.

Clewell, Andre, John Rieger, and John Munro. 2000. *Guidelines for Developing and Managing Ecological Restoration Projects.* 1st ed. Washington, DC: Society for Ecological Restoration.

———. 2005. *Guidelines for Developing and Managing Ecological Restoration Projects.* 2nd ed. Washington, DC: Society for Ecological Restoration. http://www.ser.org.

Clewell, Andre F. 1999. "Restoration of Riverine Forest at Hall Branch of Phosphate-Mined Land, Florida." *Restoration Ecology* 7:1–14.

Clewell, Andre F., and James Aronson. 2013. *Ecological Restoration: Principles, Values, and Structure of an Emerging Profession.* 2nd ed. Washington, DC: Island Press.

Clewell, Andre F., and James Aronson. 2007. "Reference Models and Developmental Trajectories." In Andre F. Clewell and James Aronson, *Ecological Restoration: Principles, Values, and Structure of an Emerging Profession,* 75–87. Washington, DC: Island Press.

Cox, George. 1999. *Alien Species in North America and Hawaii: Impacts on Natural Ecosystems.* Washington, DC: Island Press.

Daigle, Jean-Marc, and Donna Havinga. 1996. *Restoring Nature's Place.* Schomberg, Ontario: Ecological Outlook Consulting and Ontario Parks Association.

Diamond, Jared. 1975. "The Island Dilemma Lessons of Modern Biogeographic Studies for the Design of Natural Reserves." *Biological Conservation* 7:129–46.

Dorner, J. 2002. "An Introduction to Using Native Plants in Restoration Projects." Center for Urban Horticulture, University of Washington; USDI Bureau of Land Management; US Environmental Protection Agency.

Doyle, Michael, and David Straus. 1976. *How to Make Meetings Work.* New York: Berkley Publishing Group.

Edmonds, Michael. 2001. "The Pleasures and Pitfalls of Written Records." In *The Historical Ecology Handbook: A Restorationist's Guide to Reference Ecosystems,* ed. Dave Egan and Evelyn A. Howell, 73–99. Washington, DC: Island Press.

Egan, Dave, and Evelyn A. Howell. 2001. "The Historical Ecology Handbook: A Restorationist's Guide to Reference Ecosystems." In *The Historical Ecology Handbook: A Restorationist's Guide to Reference Ecosystems,* ed. Dave Egan and Evelyn A. Howell, 1–23. Washington, DC: Island Press.

Elzinga, Caryl L., Daniel W. Salzer, and John W. Willoughby. 1998. *Measuring and Monitoring Plant Populations.* Denver, CO: Bureau of Land Management, National Business Center.

Elzinga, Caryl L., Daniel W. Salzer, John W. Willoughby, and James P. Gibbs. 2001. *Monitoring Plant and Animal Populations.* Malden, MA: Blackwell Science.

Falk, Donald A., Margaret A. Palmer, and Joy B. Zedler. 2006. *Foundations of Restoration Ecology.* Washington, DC: Island Press.

Fogerty, James E. 2001. "Oral History: A Guide to Its Creation and Use." In *The Historical Ecology Handbook: A Restorationist's Guide to Reference Ecosystems,* ed. Dave Egan and Evelyn A. Howell, 101–20. Washington, DC: Island Press.

Frame, J. Davidson. 1995. *Managing Projects in Organizations: How to Make the Best Use of Time, Techniques, and People.* San Francisco: Jossey-Bass.

Friederici, Peter, ed. 2003. *Ecological Restoration of Southwestern Ponderosa Pine Forests.* Washington, DC: Island Press.

Gray, Donald H., and Robbin B. Sotir. 1996. *Biotechnical and Soil Bioengineering Slope Stabilization: A Practical Guide for Erosion Control.* New York: John Wiley & Sons.

Griggs, F. Thomas. 2009. *California Riparian Habitat Restoration Handbook.* Chico, CA: River Partners.

Grossinger, Robin. 2001. "Documenting Local Landscape Change: The San Francisco Bay Area Historical Ecology Project." In *The Historical Ecology Handbook: A Restorationist's Guide to Reference Ecosystems,* ed. Dave Egan and Evelyn A. Howell, 425–39.Washington, DC: Island Press.

Hall, Jason, Michael Pollock, and Shirley Hob. 2011. "Methods for Successful Establishment of Cottonwood and Willow along an Incised Stream in Semiarid Eastern Oregon, USA." *Ecological Restoration* 29:261–69.

Hammer, Donald A. 1997. *Creating Freshwater Wetlands.* Boca Raton, FL: Lewis.

Hammer, Joshua. 2006. "Return to the Marsh: The Effort to Restore the Marsh Arabs' Traditional Way of Life in Southern Iraq—Virtually Eradicated by Saddam Hussein—Faces New Threats." http://www.smithsonianmag.com/people-places/return-to-the-marsh-132043707.

Harris, James A., Paul Birch, and John Palmer. 1996. *Land Restoration and Reclamation: Principles and Practice.* Singapore: Addison Wesley Longman.

Harris, Jim. 2009. "Perspective: Soil Microbial Communities and Restoration Ecology: Facilitators or Followers?" *Science* 325:573–74.

Hindle, Tim. 1998. *Managing Meetings.* New York: DK Publishing.

Hoag, Chris, and Jon Fripp. 2002. *Streambank Soil Bioengineering Field Guide for Low Precipitation Areas.* Fort Worth, TX: USDA-NRCS Aberdeen Idaho Plant Materials Center and NRCS National Design, Construction, and Soil Mechanics Center.

Hoag, J. Chris, and Dan Ogle. 2008. "The Stinger: A Tool to Plant Unrooted Hardwood Cuttings. Plant Materials Technical Note No. 6." http://chapter.ser.org/northwest/files/2012/08/NRCS_TN6_the_stinger.pdf.

Hoag, John C., Boyd Simonson, Brent Cornforth, and Loren St. John. 2001. "Waterjet Stinger: A Tool to Plant Dormant Unrooted Cuttings of Willow, Cottonwood, Dogwood and Other Species." http://www.plant-materials.nrcs.usda.gov/pubs/idpmctn1083.pdf.

Howell, Evelyn A., John A. Harrington, and Stephen B. Glass. 2012. *Introduction to Restoration Ecology.* Washington, DC: Island Press.

IUCN WCPA Ecological Restoration Taskforce. 2012. *Ecological Restoration for Protected Areas: Principles, Guidelines and Best Practices.* Gland, Switzerland: International Union for Conservation of Nature and Natural Resources.

Karr, James R., and Ellen W. Chu. 1999. *Restoring Life in Running Waters: Better Biological Monitoring.* Washington, DC: Island Press.

Katan, Jaacov, and James E. DeVay. 1991. *Soil Solarization.* Boca Raton, FL: CRC Press.

Kentula, Mary E., Robert P. Brooks, Stephanie E. Gwin, Cindy C. Holland, Arthur D. Sherman, and Jean C. Sifneos. 1993. *An Approach to Improving Decision Making in Wetland Restoration and Creation*. Boca Raton, FL: C.K. Smoley.

King County Department of Natural Resources. 2011. "Get Involved in the Native Plant Salvage Program." http://www.kingcounty.gov/environment/stewardship/volunteer/plant-salvage-program.aspx.

Kloetzel, S. 2004. "Revegetation and Restoration Planting Tools: An In the Field Perspective." *Native Plants* 5 (1):34–42.

Kondolf, G. Mathias. 1995. "Five Elements for Effective Evaluation of Stream Restoration." *Restoration Ecology* 3:133–36.

Kotler, Philip. 1999. *Marketing Management: Millennium Edition*. Upper Saddle River, NJ: Prentice-Hall.

Krebs, Charles J. 1989. *Ecological Methodology*. New York: Harper Collins.

Lambrecht, Susan C., and Antonia D'Amore. 2010. "Solarization for Non-native Plant Control in Cool, Coastal California." *Ecological Restoration* 28:424–25.

Larson, Marit. 1995. "Developments in River and Stream Restoration in Germany." *Restoration and Management Notes* 13:77–83.

Leck, Mary A., V. Thomas Parker, and Robert L. Simpson, eds. 1989. *Ecology of Soil Seed Banks*. San Diego, CA: Academic Press.

Lewis, Henry T. 1993. "Patterns of Indian Burning in California: Ecology and Ethnohistory." In Thomas C. Blackburn and Kat Anderson, *Before the Wilderness: Environmental Management by Native Californians*, 55–116. Menlo Park, CA: Ballena.

Luce, Charles H. 1997. "Effectiveness of Road Ripping in Restoring Infiltration Capacity of Forest Roads." *Restoration Ecology* 5:265–70.

Maehr, David S., Thomas S. Hoctor, and Larry D. Harris. 2001. "The Florida Panther: A Flagship for Regional Restoration." In *Large Mammal Restoration: Ecological and Sociological Challenges in the 21st Century*, ed. David S. Maehr, Reed F. Noss, and Jeffery L. Larkin, 293–312. Washington, DC: Island Press.

Manley, Patricia N., Beatrice Van Horne, Julie K. Roth, William J. Zielinski, Michelle M. McKenzie, Theodore J. Weller, Floyd W. Weckerly, and Christina Vojta. 2006. *Multiple Species Inventory and Monitoring Technical Guide*. General Technical Report WO-73. Washington, DC: US Department of Agriculture, Forest Service.

March, Rosaleen G., and Elizabeth H. Smith. 2011. "Combining Available Spatial Data to Define Restoration Goals." *Ecological Restoration* 29:252–60.

Margoluis, Richard, and Nick Salafsky. 1998. *Measures of Success: Designing, Managing and Monitoring Conservation and Development Projects*. Washington, DC: Island Press.

Martin, Paula, and Karen Tate. 1997. *Project Management: Memory Jogger*. Methuen, MA: GOAL/QPC.

McHarg, Ian L. 1969. *Design with Nature*. New York: American Museum of Natural History/Natural History Press.

Merriam-Webster Inc. 2003. *Merriam-Webster's Collegiate Dictionary*. Springfield, MA: Merriam Webster Inc.

Middleton, Beth. 1999. *Wetland Restoration: Flood Pulsing and Disturbance Dynamics*. New York: John Wiley & Sons.

Montalvo, Arlee M., and Norman C. Ellstrand. 2000. "Transplantation of the Subshrub *Lotus scoparius*: Testing the Home-Site Advantage Hypothesis." *Conservation Biology* 14:1034–45.

Montalvo, Arlee M., Paul A. McMillan, and Edith B. Allen. 2002. "The Relative Importance of Seeding Method, Soil Ripping and Soil Variables on Seeding Success." *Restoration Ecology* 10:52–67.

Moore, Charles W. 1960. "Hadrian's Villa." *Perspecta: The Yale Architectural Journal* 6:16–27.

Morrison, Michael L. 2009. *Restoring Wildlife: Ecological Concepts and Practical Applications*. Washington, DC: Island Press.

Morrison, Michael L., Thomas A. Scott, and Tracy Tennant. 1994. "Wildlife-Habitat Restoration in an Urban Park in Southern California." *Restoration Ecology* 2:17–30.

Muhar, Susanne, Stefan Schmutz, and Mathias Jungwirth. 1995. "River Restoration Concepts: Goals and Perspectives." *Hydrobiologia* 303:183–94.

Murphy, Stephen D., Jay Flanagan, Kevin Noll, Dana Wilson, and Bruce Duncan. 2007. "How Incomplete Exotic Species Management Can Make Matters Worse: Experiments in Forest Restoration in Ontario, Canada." *Ecological Restoration* 25:85–93.

Naveh, Zev. 1989. "Neot Kedumim." *Restoration and Management Notes* 5:9–13.

Naveh, Zev, and Arthur S. Lieberman. 1984. *Landscape Ecology: Theory and Application*. Berlin, Germany: Springer-Verlag.

Nelson, Harold L. 1987. "Prairie Restoration in the Chicago Area." *Restoration and Management Notes* 5:60–67.

Newton, Adrian, and Philip Ashmole, eds. 2010. "Carrifran Wildwood Project: Native Woodland Restoration in the Southern Uplands of Scotland," Management plan. Wildwood Group of the Borders Forest Trust.

Oldham, Jon A. 1989. "The Hydrodriller: An Efficient Technique for Installing Woody Stem Cuttings." In *Proceedings of a Symposium: First Annual Meeting of the Society for Ecological Restoration*, ed. Glenn Hughes and Tom Bonnicksen, 69–78. Madison, WI: Society for Ecological Restoration.

Packard, Stephen, and Cornelia F. Mutel, eds. 1997. *The Tallgrass Restoration Handbook: For Prairies, Savannas, and Woodlands*. Washington, DC: Island Press.

Pierce, Gary J. 1993. *Planning Hydrology for Constructed Wetlands*. Poolesville, MD: Wetland Training Institute.

PMBOK. 2008. *A Guide to the Project Management Body of Knowledge (PMBOK Guide)*. 4th ed. Newtown, PA: Project Management Institute.

Pritchard, Carl L., ed. 1997. *Risk Management: Concepts and Guidance*. Arlington, VA: ESI International.

Rea, Amadeo M. 1983. *Once a River: Bird Life and Habitat Changes in the Middle Gila*. Tucson: University of Arizona Press.

Savory, Allan. 1998. *Holistic Management: A New Framework for Decision Making*. Washington, DC: Island Press.

Smith, Daniel S., and Paul C. Hellmund. 2006. *Designing Greenways: Sustainable Landscapes for Nature and People*. Washington, DC: Island Press.

Southwood, Thomas R. E., and Peter A. Henderson. 2000. *Ecological Methods*. Oxford: Blackwell Science.

St. John, Loren, Brent Cornforth, Boyd Simonson, Dan Ogle, and Derek Tilly. 2008. *Calibrating the Truax Rough Rider Seed Drill for Restoration Plantings*. Plant Materials Technical Note No. 20. Boise, ID: USDA Natural Resources Conservation Service.

Schiechtl, Hugo M., and Roland Stern. 1996. *Ground Bioengineering Techniques for Slope Protection and Erosion Control*. Oxford: Blackwell.

——. 1997. *Water Bioengineering Techniques for Watercourse Bank and Shoreline Protection*. Oxford: Blackwell.

Sutherland, William J., ed. 1996. *Ecological Census Techniques: A Handbook*. Cambridge: Cambridge University Press.

Tongway, David J. 2010. "Teaching the Assessment of Landscape Function in the Field: Enabling the Design and Selection of Appropriate Restoration Techniques." *Ecological Restoration* 28:182–87.

Tongway, David J., and John A. Ludwig. 2011. *Restoring Disturbed Landscapes: Putting Principles into Practice*. Washington, DC: Island Press.

Valentin, Anke, and Joachim H. Spangenberg. 2000. "A Guide to Community Sustainability Indicators." *Environmental Impact Assessment Review* 20:381–92.

van Andel, Jelte, and James Aronson. 2012. *Restoration Ecology: The New Frontier*. Oxford: Blackwell.

Weekley, Carl W., Eric S. Menges, Dawn Berry-Greenlee, Marcia A. Rickey, Gretel L. Clarke, and Stacy A. Smith. 2011. "Burning More Effective than Mowing in Restoring Florida Scrub." *Ecological Restoration* 29:357–73.

White, Peter S., and Joan L. Walker. 1997. "Approximating Nature's Variation: Selecting and Using Reference Information in Restoration Ecology." *Restoration Ecology* 5:338–49.

Zentner, John. 1994. "Enhancement, Restoration and Creation of Freshwater Wetlands." In *Applied Wetlands Science and Technology*, ed. Donald M. Kent, 127–66. Boca Raton, FL: Lewis.